JULIEN LEFÈVRE

PROFESSEUR SUPPLÉANT A L'ÉCOLE DE MÉDECINE DE NANTES
PROFESSEUR A L'ÉCOLE DES SCIENCES

LE CHAUFFAGE

ET

LES APPLICATIONS DE LA CHALEUR DANS L'INDUSTRIE

ET L'ÉCONOMIE DOMESTIQUE

Avec 188 figures intercalées dans le texte

VENTILATION
Ventilation naturelle ;
par cheminée chauffée ; mécanique
CHAUFFAGE
Chauffage par les cheminées, par les poêles ;
par l'air chaud ; par l'eau chaude ; par la vapeur ;
chauffage mixte et indirect ; chauffage des cuisines
Applications à l'économie domestique et à l'industrie
Distillation ; Évaporation ; Séchage ;
Stérilisation et désinfection ; Crémation
PRODUCTION ET APPLICATIONS DU FROID
Conservation des matières alimentaires
par la chaleur et le froid

PARIS

LIBRAIRIE J.-B. BAILLIÈRE ET FILS

19, RUE HAUTEFEUILLE, PRÈS DU BOULEVARD SAINT-GERMAIN

1893

LE CHAUFFAGE

ET LES APPLICATIONS DE LA CHALEUR DANS L'INDUSTRIE

ET L'ÉCONOMIE DOMESTIQUE

INTRODUCTION

Parmi les agents physiques qui nous entourent, il n'en est pas de plus utile que la chaleur. Si l'électricité a engendré un nombre incalculable d'applications, qui fournissent à l'industrie une foule de procédés nouveaux ou perfectionnés, ou qui apportent à notre existence de nouvelles conditions de bien-être et de confort, la chaleur se traduit par un grand nombre de manifestations, dont quelques-unes sont indispensables à notre existence elle-même.

Sans la chaleur solaire, notre globe se refroidirait rapidement et la vie s'éteindrait bientôt à sa surface. C'est elle qui fait naître et grandir autour de nous les plantes dont nous avons besoin, elle qui fait mûrir le blé et qui amène les fruits à leur maturité. Son action bienfaisante n'est pas moins indispensable au développement des animaux. La chaleur et la lumière sont les deux agents qui mettent en jeu toutes les réactions chimiques nécessaires à la vie des êtres animés.

La chaleur produite dans nos organes par la combustion lente des substances organiques maintient notre corps à la température qui lui est indispensable. En brûlant dans des foyers convenables les combustibles que nous fournit la nature, nous obtenons la chaleur nécessaire soit pour chauffer nos maisons en hiver, soit pour alimenter les fours que l'industrie emploie pour la métallurgie, la verrerie, la cuisson du pain, des briques, de la porcelaine, de la chaux, etc.

Les changements d'état produits par la chaleur ne sont pas moins utiles : en fondant les métaux, elle permet de les travailler plus facilement. L'eau, transformée en vapeur, acquiert une force élastique qui actionne les machines à vapeur. La vaporisation des liquides est encore utilisée dans diverses autres applications, telles que la distillation, l'évaporation, le séchage, l'essorage, etc.

Nous nous sommes proposé de décrire dans ce volume les applications si nombreuses de la chaleur à l'industrie et à l'économie domestique. Mais, précisément à cause du nombre et de l'importance de ces applications, nous avons dû faire un choix, pour ne pas sortir des limites qui nous sont assignées. D'ailleurs, un certain nombre de ces applications ayant déjà trouvé place dans d'autres ouvrages de la *Bibliothèque des connaissances utiles*, il devenait inutile de les décrire ici avec détail ; il nous suffira de les indiquer sommairement.

Ainsi que notre titre l'indique, nous avons consacré la plus large place à la Ventilation et au Chauffage. Tous les systèmes employés aujourd'hui pour ces deux opérations sont décrits avec soin. A la fin de cette première partie, nous avons ajouté un certain nombre d'exemples, qui montrent les dispositions adoptées dans des établissements dont l'installation, le plus souvent nouvelle, est considérée comme satisfaisante.

Après les appareils destinés au chauffage des appartements et des édifices, nous avons placé ceux qui servent aux divers usages de l'économie domestique : chauffage des cuisines, des bains, des serres, des voitures et des wagons, etc.

Les chapitres qui suivent sont consacrés aux applications tirées de la TRANSFORMATION DES LIQUIDES EN VAPEURS : *distillation, évaporation, séchage et essorage*. Pour la distillation, nous avons développé surtout les procédés relatifs à la distillation de l'eau et à celle de l'eau de mer, et nous avons traité sommairement la distillation de l'alcool et celle du goudron de houille. Le lecteur trouvera, s'il le désire, des détails très complets sur ces questions dans des ouvrages de cette collection déjà publiés[1].

Nous arrivons ensuite à des applications plus nouvelles, c'est-à-dire à l'emploi de la chaleur pour la DESTRUCTION DES MICROBES ET DES GERMES qui jouent un si grand rôle dans la transmission des maladies épidémiques et de ceux qui provoquent les fermentations capables d'altérer les matières animales ou végétales utiles à notre alimentation ; c'est ce qui constitue la désinfection et la conservation des matières alimentaires.

Un chapitre spécial est employé à décrire les nouveaux *fours crématoires*.

Enfin la dernière partie est consacrée à l'étude des divers procédés mis en œuvre pour la PRODUCTION DU FROID, ainsi qu'à leurs applications : *mélanges réfrigérants, machines frigorifiques, fabrication et conservation de la glace, conservation des matières alimentaires.*

---

[1] Voy. L'ALCOOL, par M. Larbaletrier, et LE GAZ, par MM. Montserrat et Brisac.

LE CHAUFFAGE

ET LES APPLICATIONS DE LA CHALEUR DANS L'INDUSTRIE

ET L'ÉCONOMIE DOMESTIQUE

CHAPITRE PREMIER

PRINCIPES GÉNÉRAUX DE LA VENTILATION

Nécessité de la ventilation. — Volume d'air qui lui est nécessaire. — Divers modes de ventilation. — Ventilation ascendante, descendante, horizontale. — Ventilation naturelle, artificielle, par cheminée chauffée.

Nécessité de la ventilation. — L'homme, de même que les animaux, ne peut respirer longtemps enfermé dans une chambre close sans être incommodé par les produits toxiques résultant soit de ses propres fonctions vitales ou de celles des êtres qui l'entourent, soit des phénomènes de combustion, de fermentation, de putréfaction, qui se produisent autour de lui.

Au dehors, ces gaz délétères sont sans cesse mélangés avec l'énorme masse gazeuse qui constitue l'atmosphère ; l'acide carbonique, qui forme la plus grande partie de ces gaz, disparaît grâce à diverses causes, telles que sa solubilité dans l'eau et la nutrition des plantes, et l'air garde une composition constante, qui le maintient toujours également apte à entretenir la respiration et la vie des animaux.

Il n'en est plus de même à l'intérieur des édifices, où des

causes nombreuses tendent sans cesse à vicier l'air autour de nous, et tout le monde sait qu'un animal enfermé sous une cloche fermée ne tarde pas à périr.

La première des causes qui contribuent à cette altération de l'air est la respiration de l'homme. On sait que l'atmosphère contient normalement en volume environ 20,8 pour 100 d'oxygène et 3 à 4 dix-millièmes d'acide carbonique.

Les êtres humains absorbent, en respirant, une quantité notable d'oxygène et émettent en revanche un volume à peu près égal d'acide carbonique ; ces quantités varient du reste avec l'âge, le sexe, l'état d'activité ou de repos, de santé ou de maladie. L'homme adulte consomme en vingt-quatre heures 520 litres d'oxygène et produit 462 litres d'acide carbonique, ce qui suffirait pour élever à 8 ou 10 pour 100 la teneur en acide carbonique de l'air d'une chambre close de 45 mètres cubes. La respiration est en même temps une source abondante de vapeur d'eau, car l'air qui sort des poumons, à la température de 37 degrés, est saturé de cette vapeur. En admettant que le volume de gaz inspiré, puis expiré, soit de 500 litres d'air supposé sec par heure, ou trouve 21,75 grammes de vapeur d'eau, ce qui fait 522 grammes en vingt-quatre heures.

A ces effets s'ajoutent encore ceux de la respiration cutanée, qui produit un peu d'acide carbonique et une quantité de vapeur d'eau à peu près double de celle qui sort des poumons. La quantité totale d'eau expulsée en vingt-quatre heures est donc d'environ 1500 grammes.

Les diverses parties du corps de l'homme, telles que les poumons, la peau, les glandes sébacées, les deux extrémités du tube digestif, répandent enfin dans l'atmosphère des produits organiques souvent fétides, susceptibles de fermenter sur place, de vicier rapidement l'air et de lui communiquer une odeur désagréable. Ces inconvénients augmentent encore par la malpropreté des sujets ou par leur état pathologique.

D'un autre côté, tout conspire, autour de l'homme, à multiplier les causes d'altération de l'air. Toutes les combustions sont accompagnées, comme la respiration, d'une absorption d'oxygène et d'une production correspondante d'acide carbonique. Les appareils de chauffage et d'éclairage, à part la lumière électrique, ont donc toujours une influence nuisible. Ainsi, une bougie brûlant 10 ou 12 grammes par heure produit à peu près autant d'acide carbonique et de vapeur d'eau qu'un homme adulte ; une lampe à gros bec, brûlant 40 à 45 grammes d'huile, en produit quatre fois plus. Enfin, un bec de gaz qui brûle 100 litres par heure absorbe autant d'oxygène que six personnes. Ces appareils versent en outre dans l'air des vapeurs ou des gaz étrangers, dont quelques-uns, comme nous le verrons plus loin, sont dangereux par eux-mêmes.

Les animaux domestiques, qui vivent souvent dans des rapports beaucoup trop intimes avec leurs propriétaires, exercent sur l'atmosphère ambiante la même influence que l'homme lui-même. Les plantes ont aussi un rôle analogue, quoique moins grave ; si, pendant le jour, grâce à la fonction chlorophyllienne, leurs parties vertes nous débarrassent d'une partie de l'acide carbonique, ces mêmes organes, pendant la nuit, et les fleurs en tout temps, sont une source abondante de ce gaz ; il faut ajouter encore la vapeur d'eau et les produits volatils, souvent odorants ou même nuisibles, qui se dégagent des plantes.

Une foule d'autres phénomènes contribuent encore à vicier l'air dans nos habitations : tels sont les germes et les organismes inférieurs qui vivent et se reproduisent sans cesse autour de nous, et les milieux qui favorisent leur développement, comme les aliments, les ordures ménagères, les produits excrémentitiels, la mauvaise organisation des fosses d'aisances, qui devraient être fermées de façon à intercepter complètement le retour des gaz vers les pièces habitées.

Les causes nombreuses d'altération de l'air que nous venons d'énumérer rapidement montrent combien il importe de ménager dans les édifices une quantité d'air respirable suffisante pour l'usage auquel ils sont destinés ou, ce qui exige moins de place, de renouveler cet air avant qu'il puisse exercer une influence fâcheuse sur l'organisme. C'est là le but de la ventilation.

Pour faire sortir le gaz vicié et le remplacer par de l'air pur, il faut déterminer entre l'intérieur du local et l'air atmosphérique une certaine différence de pression. On peut aspirer les gaz viciés ; l'air pur rentre alors par suite de l'abaissement de pression produit à l'intérieur. On préfère dans d'autres cas insuffler dans l'édifice de l'air pur, et l'accroissement de force élastique qui résulte de son introduction chasse l'air vicié.

Volume d'air nécessaire à la ventilation. — Pour que l'air d'une habitation soit dans des conditions convenables de salubrité, il est indispensable que les produits de la respiration et des combustions ne dépassent pas une certaine proportion limite. Quelle est cette proportion et comment la déterminer ?

Les matières organiques éliminées dans la respiration et la transpiration ont une action très nuisible sur l'organisme ; mais il est impossible de les doser et de déterminer dans quelles proportions elles doivent se trouver dans l'air pour commencer à le rendre insalubre. C'est surtout l'odorat qui nous permet de constater leur présence et d'apprécier, jusqu'à un certain point, leur abondance.

Tout ce qu'on peut dire à cet égard, c'est d'affirmer que la ventilation est insuffisante toutes les fois que l'odeur caractéristique de ces matières se manifeste d'une manière notable dans les lieux habités.

L'humidité ne doit pas non plus être trop abondante, car elle génerait le dégagement de la vapeur d'eau contenue dans l'organisme, et c'est là une des fonctions les plus importantes de la vie. C'est à cette influence qu'on attribue la sensation de chaleur et d'accablement qu'on éprouve souvent à l'approche d'un orage. Inversement, si l'air est trop sec, les transpirations pulmonaire et cutanée sont trop actives, la respiration est gênée, la gorge se dessèche et les bronches s'irritent. Mais les physiologistes ne s'accordent pas sur les limites entre lesquelles doit rester l'état hygrométrique de l'air pour éviter les inconvénients que nous venons de signaler.

De tous les produits insalubres, l'acide carbonique est le plus facile à doser ; aussi la proportion de ce gaz sert-elle ordinairement à reconnaitre si l'air a besoin d'être renouvelé. Les expériences faites pour déterminer la proportion limite d'acide carbonique ont donné des résultats un peu variables. M. Pettenkofer admet que l'air devient irrespirable lorsqu'il contient un centième de ce gaz ; d'après les expériences de Leblanc, il suffirait de 8 millièmes pour rendre l'air lourd et pénible à respirer. Dans les salles d'hôpitaux, qui sont habitées d'une manière permanente, et par des malades, il est de règle qu'on ne doit pas dépasser un millième.

Il serait évidemment désirable qu'on pût toujours produire une ventilation suffisante pour assurer à l'air intérieur une composition à peu près identique à celle de l'atmosphère. Mais ce résultat est impossible à atteindre, car il faudrait produire dans les habitations de véritables courants d'air qui ne seraient pas sans inconvénients. De plus, le travail mécanique absorbé par le ventilateur augmente avec la quantité d'air qu'on veut faire passer, et, en hiver, les frais de chauffage varient dans le même sens. On doit donc se borner à introduire dans les édifices la quantité d'air exactement nécessaire pour une bonne ventilation : cette quantité varie du reste avec les circonstances. Le général Morin admettait les proportions suivantes, par heure et par personne :

		Mètres cubes
Hôpitaux à maladies communes.		60 à 70
— pour blessés et femmes en couches.		100
— pour maladies épidémiques		150
Prisons.		50
Ateliers ordinaires.		60
— insalubres.		100
Casernes, le jour		30
— la nuit.		40
Théâtres		40 à 50
Lieux de réunion (court séjour).		30
— — (long séjour)		60
Écoles d'enfants.		12 à 15
— d'adultes.		25 à 30
Écuries et étables.		180 à 200

L'hôpital militaire de Cherbourg présente un cubage de 22 mètres cubes, celui de Rochefort 41 mètres cubes. Les hôpitaux civils de Paris ont une moyenne de 43 mètres, les hôpitaux anglais 52 (Le Fort).

Les nombres du tableau précédent sont du reste trop élevés, car ils ont été calculés pour la ventilation descendante, dans laquelle l'air neuf, introduit à la partie supérieure du local, se mélange en descendant avec les gaz insalubres, qui tendent à s'élever, et en entraîne une partie avec lui. Les produits de la respiration et de la combustion, en effet, malgré l'acide carbonique qu'ils renferment, sont toujours plus légers que l'air, à cause de la vapeur d'eau dont ils sont chargés, et de leur température, qui est notablement supérieure à celle de l'air ambiant ; ils tendent donc à monter vers le sommet de l'édifice, et il est préférable de les évacuer par cette partie du local, en faisant arriver l'air extérieur, à une température peu élevée, vers la partie inférieure, aussi près que possible des occupants. Ce système de ventilation ascendante, depuis longtemps recommandé par M. Trélat, est généralement adopté aujourd'hui. On fait cependant usage quelquefois, soit de la ventilation descendante, soit de la ventilation horizontale, dans laquelle l'air extérieur entre par une ouverture située à une certaine hauteur, tandis que l'air vicié sort par un orifice placé en face et à la même hauteur. Quel que soit le système employé, il faut éviter soigneusement que le renouvellement de l'air soit accompagné de courants froids, désagréables et nuisibles pour les personnes placées dans le local.

On donne le nom de *ventilation naturelle* à celle qui est obtenue sans le secours d'aucun appareil spécial ; la *ventilation artificielle* est celle qu'on produit au moyen d'appareils mécaniques disposés à cet effet. Une disposition intermédiaire est celle qui utilise pour ventiler les appareils destinés au chauffage.

<hr>

CHAPITRE II

VENTILATION NATURELLE

Ventilation naturelle. — Manches à vent, vasistas, vitres à soufflet, valve de Sheringham, etc. — Ventilation de porosité, briques et vitres perforées. — Appareils pour la ventilation naturelle. — Appareils pour l'évacuation de l'air vicié.

Ventilation naturelle. — Nous n'avons pas besoin de rappeler combien il est utile d'ouvrir fréquemment, et pendant un certain temps, les fenêtres et les portes des maisons. Il est facile de constater, avec une bougie allumée, qu'une porte entr'ouverte, en hiver, dans un appartement, laisse passer un courant d'air dirigé, à la partie inférieure vers l'intérieur de la chambre, et vers l'extérieur au haut de l'ouverture. Si l'on n'ouvre dans une pièce qu'une seule fenêtre ou des fenêtres situées d'un même côté, les courants aériens ne pénètrent pas très profondément, et l'atmosphère n'est renouvelée que dans le voisinage des ouvertures. Mais, si l'on ouvre des fenêtres ou des portes sur deux parois opposées d'une chambre, qui sont toujours inégalement échauffées par le soleil, il se produit aussitôt des courants qui renouvellent très vite l'air intérieur. Un vent ayant même une vitesse insensible, par exemple 0,5 mètre par seconde, introduit à travers une fenêtre de 3 m. carrés de section 5400 mètres cubes par heure.

C'est donc le moyen le plus rapide et le plus efficace de renouveler l'air. Aussi beaucoup d'hygiénistes recommandent-ils d'avoir, même dans les hôpitaux, des fenêtres sur les deux parois opposées et de les ouvrir plusieurs fois par jour, en prenant les précautions nécessaires pour garantir des courants d'air les malades qui ne peuvent quitter leur lit; on peut faire des fenêtres séparées en deux parties et ouvrir seulement la moitié supérieure.

Il arrive seulement quelquefois, par les temps chauds et lourds, que l'air est complètement calme et la ventilation par les fenêtres ouvertes ne se fait pas. De plus ce procédé n'est pas applicable en toute saison.

Enfin, lorsque les portes et les fenêtres sont fermées, les parois de nos maisons, qui présentent toujours une certaine porosité, les joints des portes et des fenêtres, qui sont toujours bien loin d'être parfaitement étanches, produisent déjà une certaine ventilation, qu'on augmente parfois au moyen d'orifices plus ou moins nombreux pratiqués dans les vitres, les murs ou les planchers.

Il est vrai que la ventilation due aux joints des portes et des fenêtres se produit souvent, comme tout le monde a pu le constater, sous la forme de courants d'air extrêmement désagréables; mais elle a l'avantage d'être à peu près inévitable, même lorsqu'on essaie de boucher ces joints plus ou moins complètement à l'aide de bourrelets. La somme des surfaces de ces fissures est beaucoup plus grande qu'on ne le croit communément. Ainsi, dans une expertise sur le chauffage de l'église Saint-Roch, on a constaté que la somme des sections des fissures des fenêtres atteignait 14 mètres carrés. Dans une chambre de 70 mètres cubes, ayant deux fenêtres et quatre portes, on avait dégagé de l'acide carbonique jusqu'à ce que l'air en contînt 0,07. Au bout d'une demi-heure, la ventilation produite par les joints des portes et des fenêtres avait réduit cette proportion à 0,003.

D'un autre côté, les parois des maisons, malgré leur épaisseur, laissent filtrer à travers leur masse un courant de gaz continu. L'air traverse, en effet, non seulement les enduits de plâtre qui recouvrent les plafonds, mais encore les murs de briques. Pettenköfer a montré ce résultat avec une caisse métallique bien close et séparée en deux parties par un mur de briques bien rejointoyé, de 35 centimètres d'épaisseur. Chaque compartiment était muni d'une tubulure, et, en soufflant par l'un des orifices, on pouvait éteindre une bougie présentée devant l'autre.

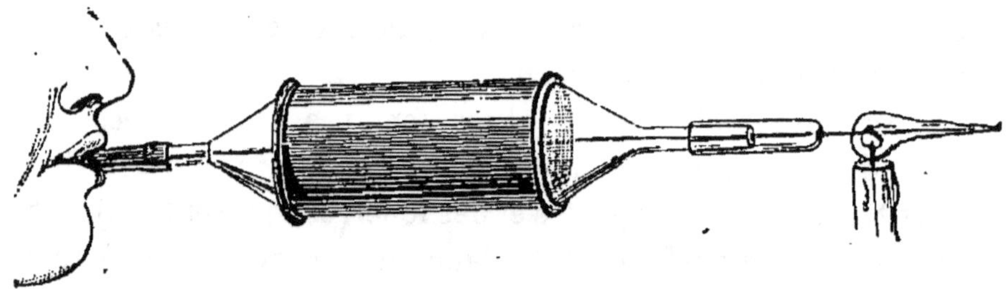

Fig. 1. — Expérience de Pettenköfer.

On peut donner à l'expérience la forme suivante (fig. 1) : la matière qu'on veut examiner, cloison de briques, de pierre, de bois, de mortier, est fixée dans un cylindre imperméable; deux entonnoirs de verre sont adaptés aux extrémités. En soufflant par l'un d'eux, on peut arriver facilement à infléchir et même à éteindre la flamme d'une bougie placée à l'autre bout.

Un mur en briques, hourdé en ciment, laisse encore passer,

sous une pression de 0,01 m. d'eau, 13 litres d'air par mètre carré et par heure. Un mur de moellons est certainement moins poreux.

Il se produit donc toujours, même dans les locaux qui ne sont munis d'aucune disposition spéciale, une certaine ventilation, qui aurait une assez grande valeur si l'on pouvait en apprécier facilement le rendement, et surtout le rendre invariable; l'air ainsi introduit n'a qu'une vitesse insensible, et, tandis qu'il chemine lentement à travers les canaux microscopiques du mur, il s'échauffe peu à peu à la température de la chambre. La ventilation de porosité n'est donc pas à dédaigner, surtout dans les maisons des pauvres, dont les murs sont généralement peu épais et souvent exempts d'enduit ou de peinture au dedans comme au dehors. Néanmoins, comme ses effets sont toujours faibles et irréguliers, qu'ils dépendent de la nature et de l'épaisseur des murs, de l'assèchement des matériaux de construction, des oscillations de la température, de l'intensité et de la direction du vent, il est prudent de ne pas trop compter sur ce procédé, et de lui adjoindre d'autres modes de renouvellement de l'air.

Manches à vent, vasistas, vitres à soufflet, etc. — Pour aérer les entreponts des navires, on se sert souvent d'appareils appelés *manches à vent*, dont on peut tourner l'orifice dans tous les sens, de façon à y faire entrer le courant d'air produit par la marche du navire. Les Égyptiens emploient depuis l'antiquité un système analogue, formé de deux orifices diamétralement opposés, dont l'un, tourné du côté des vents dominants (nord-est), sert à l'entrée de l'air, l'autre à la sortie. Cette disposition a l'inconvénient de produire des courants d'air.

En Allemagne et en Autriche, on a essayé l'emploi de gaines munies d'orifices et de registres; mais la manœuvre des registres est compliquée et le fonctionnement laisse beaucoup à désirer.

En Angleterre on se sert de gaines verticales, dissimulées

dans les murs et couronnées par une sorte de pyramide percée d'orifices nombreux ; l'air introduit dans cet appareil perd une partie de sa vitesse dans la gaine, qui est plus large, et arrive aux appartements par des bouches disposées

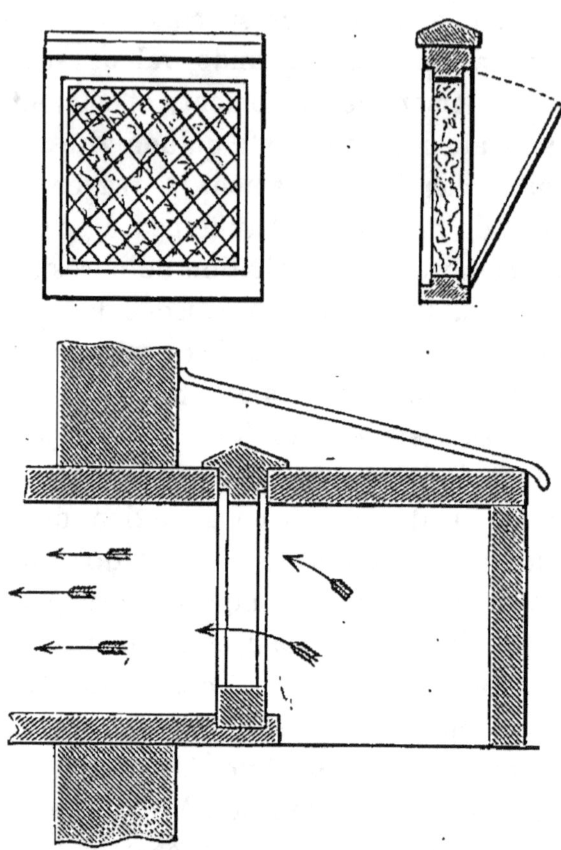

Fig. 2. — Filtre à coton.

à cet effet. Mais les orifices des pyramides sont susceptibles de se boucher plus ou moins rapidement par la poussière et la suie. Cet inconvénient est très sensible à Londres, où l'atmosphère est remplie de fumée. On peut remplacer les pyramides par des filtres à air, qui s'encrassent également, mais qu'on peut changer souvent.

Ces filtres sont souvent garnis de coton ; leur mode d'action se voit facilement sur la figure 2. On peut aussi purifier l'air en le mettant en contact avec une lame d'eau. L'air

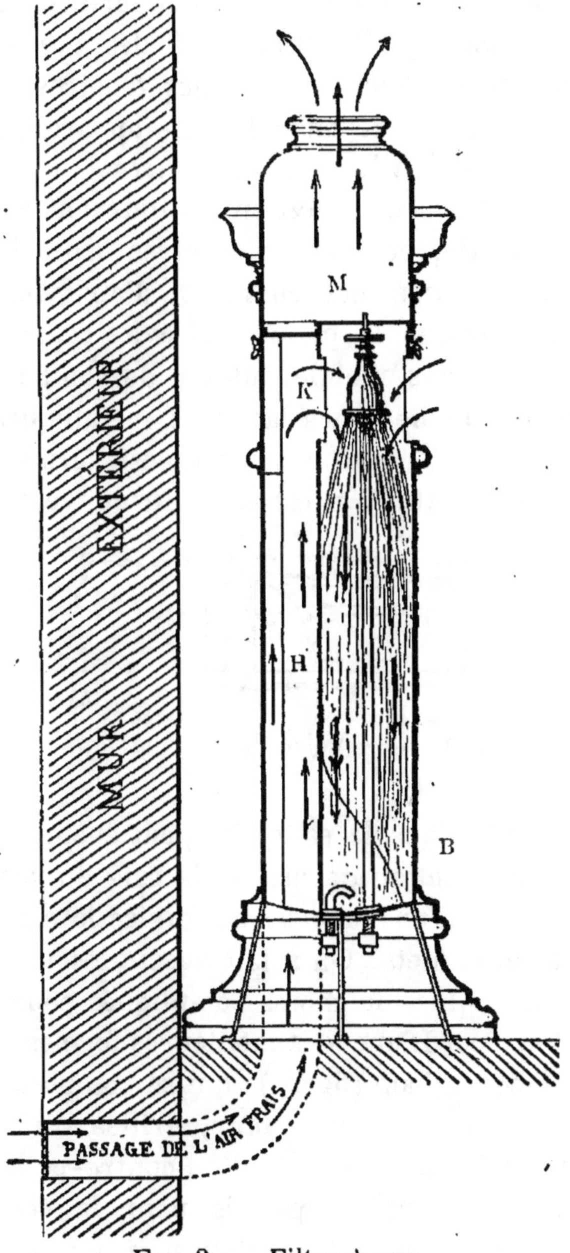

Fig. 3. — Filtre à eau.

frais monte par le tube H (fig. 3), traverse l'ouverture K, redescend jusqu'au bas de l'enveloppe B, grâce à l'aspiration que produit l'écoulement d'eau, et remonte enfin par M pour s'échapper dans l'appartement par l'ouverture du sommet.

En France, on a parfois recours à des ouvertures pratiquées dans la partie supérieure des fenêtres et pouvant s'ouvrir d'une façon indépendante. Ces appareils sont généralement-désignés sous le nom de *vasistas*.

Lorsque ces vasistas s'ouvrent en tournant autour d'une charnière verticale, comme les fenêtres ordinaires, ils ont le défaut de produire des courants d'air violents et de laisser parfois entrer la pluie. On évite ces inconvénients en rendant le vasistas mobile autour de son bord inférieur et en le garnissant de joues latérales métalliques, qui font saillie au dehors lorsque l'appareil est fermé *(vitres à soufflet)*: le courant d'air est alors dirigé vers le plafond,

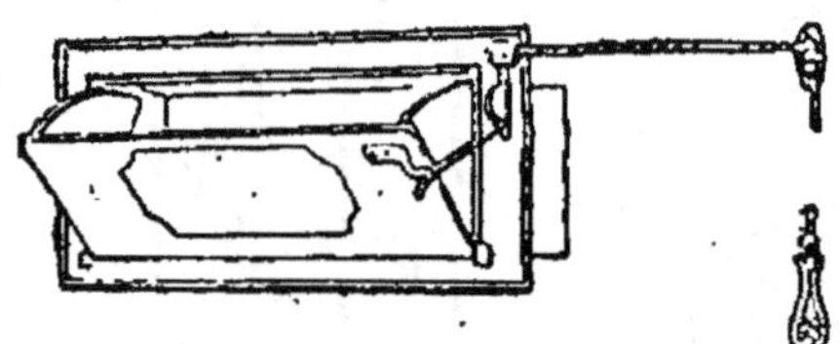

Fig. 4. — Valve de Sheringham.

d'où il s'éparpille dans la salle. On peut encore diminuer la vitesse de ce courant en garnissant la baie du vasistas d'une tôle perforée, ou d'un canevas qui divise la masse d'air en une foule de petits filets. On a fait aussi des vasistas munis de mécanismes plus ou moins compliqués pour graduer la surface de l'orifice. L'une des meilleures formes est celle de la valve de Sheringham (fig. 4), qui se compose d'une boîte métallique encastrée dans le mur, grillée à l'extérieur et s'ouvrant à l'intérieur au moyen d'un contre-poids.

A l'étranger, on utilise parfois pour la ventilation les fenêtres doubles, souvent employées pour préserver les locaux contre le froid extérieur. Dans ce cas, on laisse une partie ouverte au haut du châssis extérieur et une autre au bas du châssis intérieur. L'air entre par la première ouverture, s'échauffe entre les deux fenêtres, et pénètre dans la pièce par l'orifice inférieur.

On peut aussi remplacer une ou plusieurs vitres d'une fenêtre par des lames de verre inclinées comme celles d'une persienne. L'éclairage n'est pas diminué et le courant d'air est brisé par les lames. On peut ajouter par-dessus cet appareil des vitres pleines, que l'on ferme lorsque la ventilation est inutile ou la température trop basse.

Ventilation de porosité, briques et vitres perforées. — Il existe d'autres dispositions dans lesquelles on divise l'air en filets très minces pour éviter les courants nuisibles ou désagréables.

Tel est le système de Reid et de Scharrath, qu'on a désigné sous le nom de *ventilation de porosité (Porenventilation),* bien qu'il n'ait aucun rapport avec la porosité des murs dont nous avons parlé plus haut. Dans un théâtre de Berlin, par exemple, Scharrath a amené l'air par un canal qui se ramifie sous le plancher en un grand nombre de petits conduits ; cet air se répand dans la salle par des appareils placés sous chaque fauteuil et formés d'une gaze tendue sur un cadre. Ce système ne s'est pas répandu.

Dans nos casernes, on a essayé parfois de remplacer une ou plusieurs vitres par des toiles métalliques. Ces toiles donnent peu d'air, mais sous la forme de courants qui sont insupportables pour les personnes placées près de l'appareil. En outre, la poussière bouche bientôt les mailles de la toile et empêche le fonctionnement de l'appareil, qui diminue aussi l'éclairage. Ce système doit donc être abandonné.

On peut encore faire usage de briques perforées, disposées dans les murs, et dont les orifices, très étroits à l'entrée, vont en s'élargissant vers l'intérieur, de façon à diminuer la vitesse de l'air. Ici encore la poussière peut entraver le fonctionnement, sans qu'il soit possible de nettoyer l'appareil pour le remettre en bon état.

La même objection ne s'applique pas aux vitres perforées,

qui ont l'avantage de ne pas diminuer la lumière et de pouvoir se nettoyer facilement. Ces vitres, dont la fabrication présenta d'abord de grandes difficultés, sont obtenues aujourd'hui par MM. Appert et employées par MM. Geneste et Herscher. Ce sont des plaques de verre de 3,5 à 5 millimètres d'épaisseur, percées de 5000 trous par mètre carré. Ces orifices sont en forme de troncs de cône ; ils ont 3 millimètres de diamètre à l'extérieur et 6 millimètres sur la face intérieure, ce qui donne une surface ouverte supérieure à 3 décimètres par mètre carré. Ce système donne d'assez bons résultats quand le vent extérieur n'est pas trop fort ; lorsque ce vent souffle avec violence, il est nécessaire de fermer les châssis vitrés pleins qui doublent intérieurement les vitres perforées.

M. Wallon a expérimenté ces vitres au lycée Janson de Sailly, dans des classes de vingt-huit élèves, chauffées par des tuyaux qui entouraient la partie inférieure des salles. Ces classes étaient d'ailleurs munies de bouches d'introduction près du plancher et de gaines d'évacuation ayant leur entrée près du plafond. Quand la classe reste inoccupée pendant une heure et demie, l'acide carbonique reprend sa proportion normale, 3/10.000.

Après deux heures d'occupation, on a trouvé les proportions suivantes d'acide carbonique en dix-millièmes.

1° Sans aération 27
2° Avec vitres perforées ouvertes sur les deux faces
 opposées de la salle. 20
3° Les vitres fermées et les bouches d'introduction et
 d'évacuation d'air ouvertes. 18
4° Les vitres et les bouches ouvertes. 15

Les résultats donnés par ces vitres sont donc inférieurs à ceux des bouches et gaines d'évacuation du système Geneste et Herscher.

Il est à peine besoin d'indiquer que, parmi les appareils précédents, ceux qui servent seulement à l'introduction de l'air frais doivent être accompagnés d'orifices pour l'évacuation de l'air vicié.

Appareils pour la ventilation naturelle. — Un certain nombre d'appareils auxquels on peut donner le nom de ventilateurs peuvent être employés, seuls ou concurremment avec les dispositions précédentes, pour produire ou pour augmenter la ventilation naturelle. On remplace parfois un carreau de fenêtre par une plaque métallique portant au centre un *moulinet*, qui tourne d'autant plus vite qu'il fait plus de vent. Cet appareil éparpille le courant d'air, mais il a beaucoup d'inconvénients : pour produire une ventilation abondante, il doit avoir des dimensions assez grandes ; il interrompt la lumière et il fait beaucoup de bruit.

On se contente quelquefois de ménager un vide entre le plafond des pièces à ventiler et le plancher de l'étage supérieur ; le vent circule dans cet espace et entraîne l'air vicié par des ouvertures ménagées dans le plafond.

On peut de même, dans certains cas, se servir du toit lui-même comme organe de ventilation, surtout pour les petits bâtiments dont la toiture n'a que deux pentes, en sens opposé l'une de l'autre. Ces deux pentes sont interrompues sur une partie de la longueur du faîte et séparées par une baie de largeur convenable que recouvre un *surtoit (Dach-reiter)*, parallèle au toit principal et porté par quatre montants verticaux. Ce surtoit doit avoir des dimensions convenables pour protéger l'ouverture contre la pluie, tout en laissant passer l'air. Pour l'hiver, on peut munir l'ouverture de vitres mobiles qu'on ferme à volonté.

Les dispositions précédentes ne servent qu'à évacuer l'air vicié, et l'air pur rentre par des orifices disposés à cet effet, grâce à la dépression qui s'est produite. Les appareils suivants sont destinés à produire à la fois la sortie de l'air vicié et l'introduction de l'air pur.

Le ventilateur Watson est formé de deux tubes parallèles, partant du plafond du local à ventiler et s'élevant

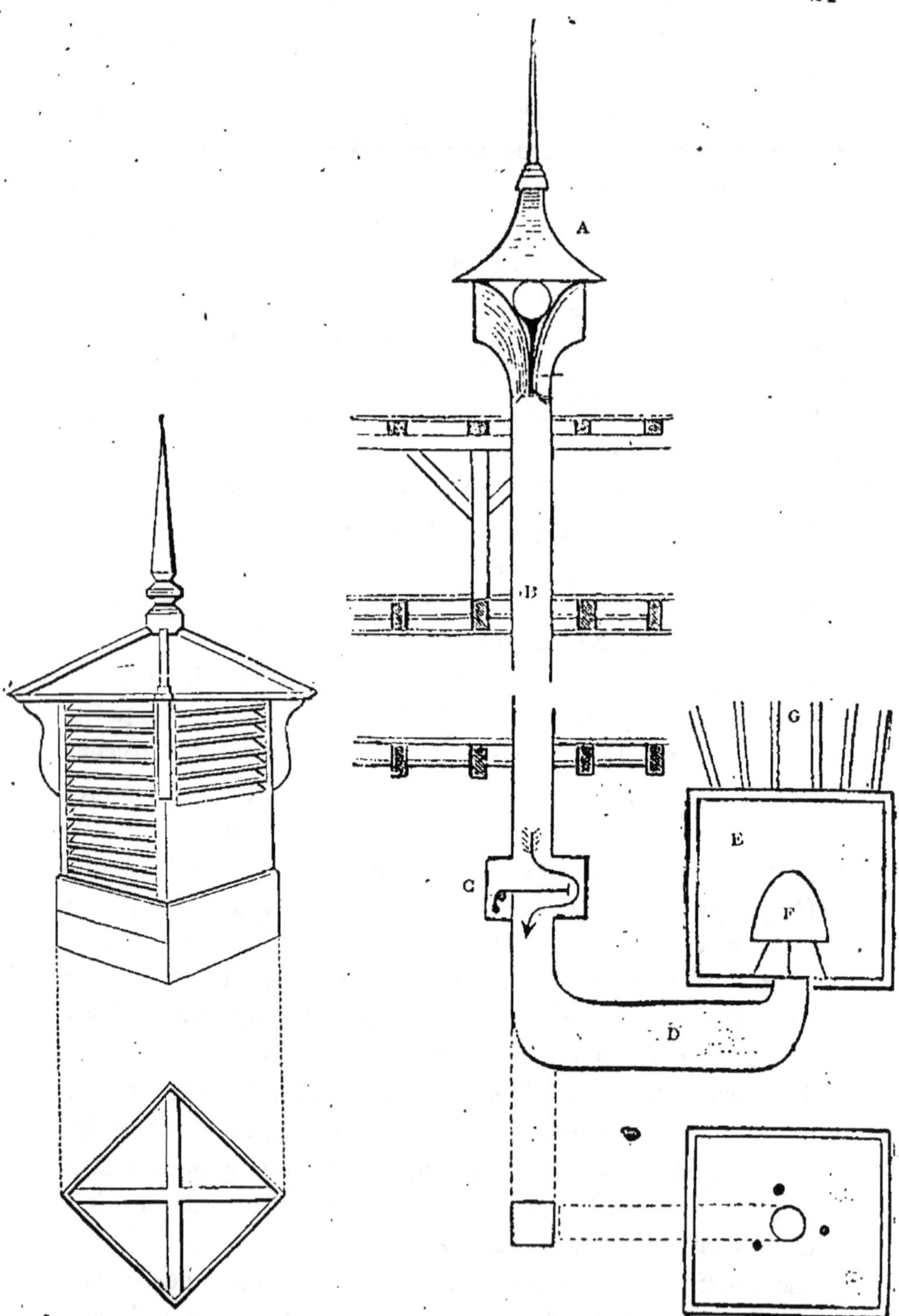

FIG. 5. — Ventilateur Muir.   FIG. 6. — Ventilateur de Wutke.

jusqu'au sommet du toit. Il serait évidemment préférable d'ouvrir l'un des deux tubes près du plancher pour l'introduction de l'air.

Le *ventilateur Mac Kinnel* est semblable au précédent, mais les deux tubes sont concentriques. Ils s'ouvrent encore au plafond, mais le tuyau central, destiné à l'évacuation, dépasse l'autre en haut et en bas.

Le *ventilateur Muir* (fig. 5) se compose d'une sorte de tour carrée en charpente placée sur le toit de l'édifice et fermée sur ses quatre faces par des persiennes ; l'intérieur est divisé en quatre compartiments communiquant avec le local à ventiler. Quelle que soit la direction du vent, l'air pur entre toujours par un ou deux des compartiments et l'air vicié s'échappe par les autres.

Le *ventilateur Wutke* (fig. 6) est formé d'un chapeau A à huit loges, placé sur le toit ; quelle que soit la direction du vent, l'air entre au moins par une de ces loges; des soupapes, s'ouvrant seulement de haut en bas, l'empêchent de refluer au dehors et d'être aspiré par un vent contraire. L'air absorbé descend par le tuyau B jusqu'à la cave, où il dépose, dans la partie élargie D, les poussières qu'il peut tenir en suspension. Il traverse ensuite la chambre E, où il est chauffé en hiver par un calorifère F, et d'où il s'échappe par les canaux de distribution G. En été, l'air peut être refroidi, par exemple en D, au moyen de glace. En C se trouve une soupape, qui rétrécit plus ou moins l'ouverture du conduit, pour régulariser l'afflux de l'air dans le réservoir souterrain.

Appareils pour l'évacuation de l'air vicié. — On emploie quelquefois des appareils spéciaux pour l'évacuation de l'air vicié. L'abaissement de pression ainsi produit appelle l'air pur du dehors, soit par de simples orifices pratiqués dans les parois, soit à travers l'un des appareils décrits ci-dessus. On se contente souvent d'établir des cheminées verticales partant du plafond des locaux à ven-

tiler et s'ouvrant au-dessus des toits, à une hauteur suffisante. On peut les fermer à la partie supérieure, qui est
garnie de lames de persienne pour arrêter la pluie. En
hiver, avec une hauteur de 10 à 15 mètres et une différence
de température de 10 à 15 degrés, on peut obtenir un courant
d'air ayant une vitesse de 0,60 à 0,80 m. par seconde. Mais,
en été, quand la différence de température est à peu près
nulle, le courant peut s'arrêter complètement.

La plupart des systèmes utilisent le vent pour produire
l'écoulement de l'air vicié.

On peut employer une cheminée d'appel, surmontée d'un
chapiteau mobile, qui tourne autour d'elle. Ce chapiteau
porte deux orifices, l'un à la partie inférieure pour l'introduction du vent, l'autre à la partie supérieure et du côté
opposé pour sa sortie; il est terminé par une sorte de
girouette qui, sous l'influence du vent, fait tourner l'appareil
et oriente l'orifice inférieur du côté d'où vient le courant
aérien. L'air pénètre dans le chapiteau et, avant de s'échapper, passe horizontalement devant l'orifice de la cheminée,
entraînant l'air qu'elle contient.

L'appareil, imaginé par Wolpert, et appelé *cape à vent
(Windkappe)*, est analogue au précédent et rappelle un
peu la manche à vent des navires. La cheminée d'appel se
termine par un tube évasé en entonnoir (fig. 7) et tournant
autour de son axe vertical ; une girouette placée à la partie
supérieure oriente l'entonnoir du côté opposé au point d'où
vient le vent. Les courants aériens qui passent autour de
l'entonnoir y font le vide et aspirent l'air de la cheminée
d'appel.

L'appareil (fig. 8), attribué à W. Hammond, doit aussi
terminer une cheminée d'appel. Il est formé de deux cornets
opposés A et B ; la girouette oriente A du côté d'où vient le
vent ; le courant d'air, traversant l'appareil dans le sens de
la flèche, aspire les gaz de la cheminée, et contribue aussi à
les pousser au dehors lorsqu'ils sont arrivés dans le tube

horizontal. La partie étranglée C du double entonnoir est plus rapprochée de A, afin d'empêcher la pression du vent de couper ou même de renverser le courant ascendant.

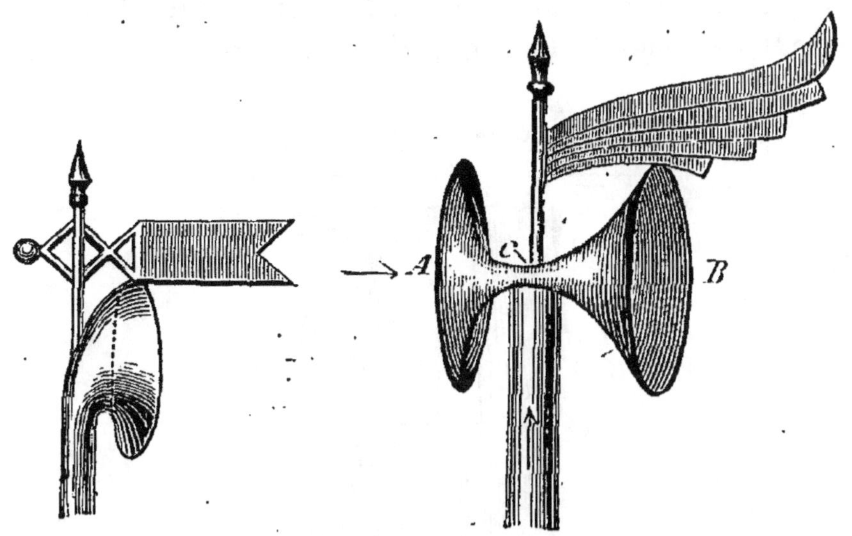

Fig. 7. — Cape à vent.   Fig. 8. — Appareil Hammond.

Les appareils à girouette ont l'inconvénient, une fois rouillés, de faire entendre en tournant un bruit désagréable, ou même de ne plus tourner du tout et par suite de ne plus ventiler. Les appareils fixes, tels que ceux qui suivent, sont donc préférables.

Le *ventilateur fixe de Wolpert* (fig. 9) se compose d'une cheminée d'appel *a*, terminée par une caisse d'aspiration conique *b*, que surmonte un couvercle *c*. L'appareil étant symétrique, l'action du vent est la même, de quelque point qu'il vienne. Les flèches horizontales indiquent la direction du vent : les flèches recourbées montrent le courant d'aspiration produit par le glissement du vent sur les surfaces courbes et inclinées de la caisse *b*. D'après Wiel et Gnehm, ce dispositif donnerait de bons effets sur les maisons et surtout sur les wagons de chemins de fer, grâce au courant d'air produit par le rapide déplacement du train.

Le *ventilateur Noualhier* se compose d'une cheminée d'appel entourée de conduits hélicoïdaux, dont les orifices inférieurs sont disposés en cercle tout autour de la base de cette cheminée, tandis que les orifices supérieurs s'ouvrent au haut de celle-ci. Le vent, quelle que soit sa direction,

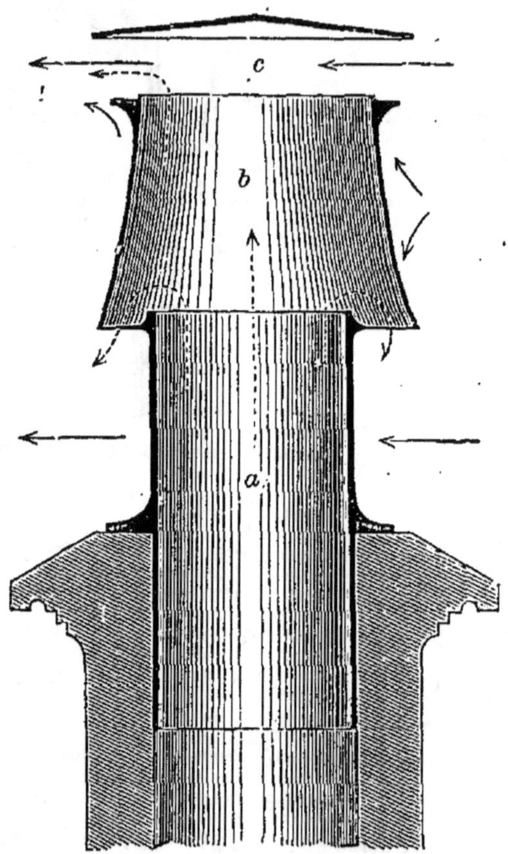

Fig. 9. — Appareil fixe de Wolpert.

s'engage dans un certain nombre de conduits et s'échappe verticalement au haut de l'appareil. L'appel ainsi produit entraîne l'air vicié par le tuyau.

La ventilation naturelle a l'avantage de n'exiger aucune dépense de fonctionnement et de se contenter d'appareils simples, peu coûteux et peu susceptibles de se détériorer;

elle a l'inconvénient de dépendre des conditions atmosphériques, de sorte qu'elle devient à peu près nulle en été. Elle
peut suffire dans des locaux occupés par un petit nombre de
personnes ou d'une manière intermittente. Mais elle est incapable de remédier à la viciation de l'air dans les salles qui
contiennent un grand nombre de personnes, comme les
théâtres, ou dans les édifices dont la ventilation ne peut
s'arrêter sans inconvénients graves, comme les hôpitaux.

CHAPITRE III

VENTILATION PAR CHEMINÉE CHAUFFÉE

Ventilation par cheminée chauffée. — Comparaison des divers
modes d'appel. — Chauffage des cheminées d'appel. — Ventilation par l'éclairage.

Ventilation par cheminée chauffée. — L'une des dispositions les plus simples pour ventiler un local consiste à le
mettre en communication avec l'atmosphère par un conduit
vertical; c'est la disposition ordinaire des gaines d'évacuation
dont nous avons parlé plus haut. L'air vicié et chaud s'élève
dans la gaine et se rend à l'extérieur, tandis que l'air frais
est appelé par d'autres orifices. Mais le fonctionnement de
ces conduits est très irrégulier; comme il dépend de la différence des températures intérieure et extérieure, il est beaucoup meilleur en hiver qu'en été.

On peut obtenir une marche régulière et suffisamment
active en maintenant artificiellement la différence de température nécessaire, au moyen d'un foyer allumé à la partie
inférieure du conduit.

Tous les appareils de chauffage local, que nous décrivons plus loin, sont des organes de ventilation plus ou moins parfaits, car ils consomment une partie de l'air intérieur, ce qui aspire une quantité égale d'air frais. Les cheminées ventilent d'ailleurs beaucoup mieux que les poêles, car elles aspirent et rejettent au dehors un volume d'air bien supérieur à celui que nécessite la combustion. Un grand nombre d'appareils de chauffage sont munis de dispositions spéciales se rapportant à la ventilation ; nous les indiquerons en décrivant ces appareils.

La ventilation obtenue ainsi, par les appareils de chauffage, ne se produit qu'en hiver ; en été, les cheminées sont dépourvues de feu et fonctionnent comme tous les appareils servant à la ventilation naturelle, c'est-à-dire fort mal ; mais on peut obtenir de bons résultats en se servant de cheminées dans lesquelles on entretient en toute saison un foyer destiné à assurer la ventilation. Suivant que cet appareil de chauffage est placé au-dessus des locaux à ventiler, au niveau de ces locaux ou bien au-dessous d'eux, on distingue :

L'appel *par le haut ;*

L'appel *à niveau ;*

L'appel *par le bas.*

Comparaison des divers modes d'appel. — Dans le système d'appel par le haut (fig. 10), le foyer est placé dans les combles, à la base d'une cheminée qui part de ce point et surmonte le bâtiment. Le tirage ainsi produit aspire l'air vicié, que des conduits partant du bas de chaque étage amènent au-dessous du foyer ; de là il se trouve entraîné par la cheminée.

Dans l'appel à niveau, le foyer se trouve à la hauteur de la pièce à ventiler : c'est de là que part la cheminée d'évacuation, qui se termine au-dessus de l'édifice. Les cheminées ordinaires d'appartement, installées pour le chauffage, utilisent l'appel à niveau.

Enfin, il y a appel par le bas (fig. 11) lorsqu'on dispose le foyer à la base d'une cheminée partant du rez-de-chaussée ou même du sous-sol. L'air vicié redescend d'abord par des

FIG. 10. — Appel en contre-haut. FIG. 11. — Appel en contre-bas.

tuyaux partant de chaque étage et qui le conduisent au-dessous du foyer ; de là il s'échappe par la cheminée.

L'appel par le haut est plus favorable l'hiver que l'été, car les conduits verticaux placés dans les murs sont alors chauffés à la température des appartements et produisent un tirage qui s'ajoute à celui de la cheminée. Ce tirage va en croissant du haut de l'édifice au rez-de-chaussée. En été, la température étant la même à l'intérieur et à l'extérieur, ces conduits n'ont aucun effet au point de vue du tirage : c'est donc pour cette saison qu'il convient de calculer les dimensions de la cheminée.

Dans l'appel à niveau, il n'y a pas de différence entre l'été et l'hiver, la cheminée partant directement de l'étage à ventiler. Le tirage augmente, comme pour les cheminées de chauffage, depuis le sommet jusqu'au bas de l'édifice.

Enfin, dans l'appel par le bas, les variations de la température extérieure agissent, mais en sens contraire de ce que nous avons vu dans le premier procédé. En hiver, les conduits verticaux placés dans les murs s'échauffent à la température des appartements et tendent en quelque sorte à produire un tirage opposé à celui de la cheminée d'appel, et qu'il faut par conséquent en retrancher. Le tirage est donc encore plus faible aux étages supérieurs qu'au rez-de-chaussée. En été, les conduits sont à la température extérieure et leur influence devient nulle. Le tirage est donc dû seulement à la cheminée d'appel, et il est le même pour tout l'édifice.

L'appel par le bas présente divers inconvénients. Il exige une cheminée très haute, qui doit dépasser le sommet de l'édifice à ventiler, afin d'assurer le tirage même aux étages les plus élevés. Il nécessite en outre d'importantes canalisations dans le sol, ce qui n'est pas toujours possible, et des conduits verticaux dans les murs allant en s'élargissant vers le bas, ce qui est illogique. L'installation de ce système peut donc être aussi coûteuse que celle d'appareils mécaniques, dont le fonctionnement est toujours beaucoup plus sûr. Aussi l'appel par le bas ne doit-il être employé que lorsqu'il est rendu obligatoire par des motifs particuliers.

Lorsqu'on adopte la ventilation par appel, ce qui ne se fait guère que pour des bâtiments peu importants, il est préfé-

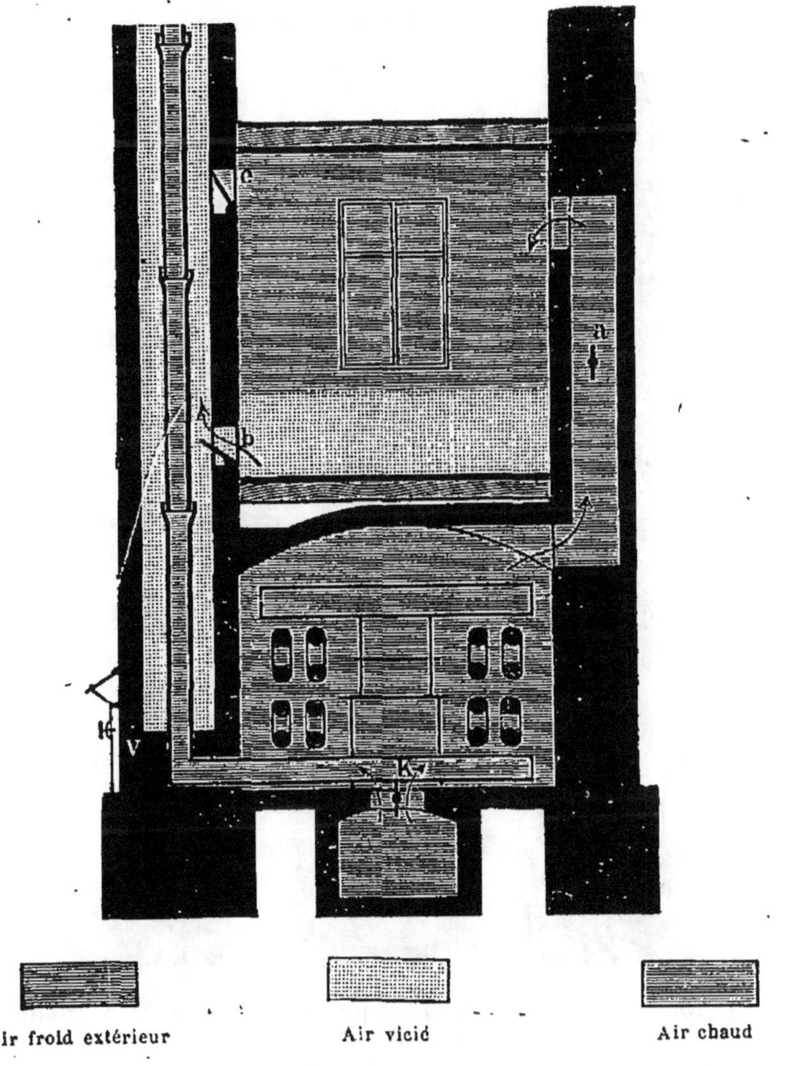

Fig. 12. — Ventilation de l'hôpital militaire de l'Albertstadt
à Dresde (hiver).

rable d'adopter l'appel par le haut, qui se prête à une installation plus économique, sans être plus coûteux d'entretien.

Chauffage des cheminées d'appel. — Pour assurer une
bonne ventilation, il faut en toute saison maintenir l'air de

la cheminée d'appel à 20 ou 25 degrés au-dessus de la température ambiante.

On peut obtenir ce résultat en installant à la base de la

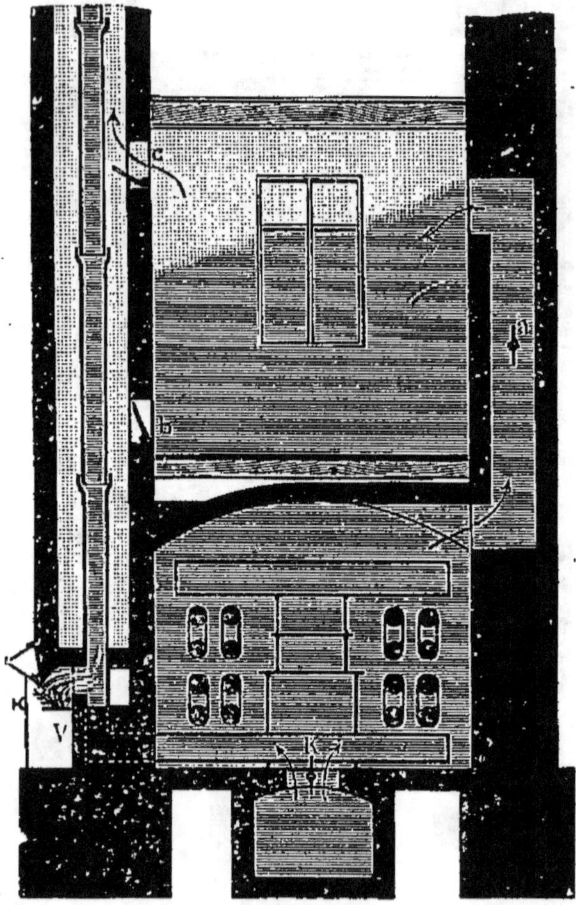

Fig. 13. — Ventilation de l'hôpital militaire de l'Alberstadt,
à Dresde (été).

cheminée un foyer spécialement destiné à cet usage. Ce foyer occupe seulement une petite partie de la section, et la fumée, se mélangeant avec l'air vicié, l'échauffe et l'entraîne avec elle.

Pour mieux assurer le mélange, M. Grouvelle place le foyer dans une cloche portant au sommet une couronne en fonte percée d'un certain nombre d'ajutages. La fumée, sortant par ces orifices, se trouve répartie sur toute la surface du conduit et se mélange mieux avec l'air vicié.

Avec les foyers placés directement dans les cheminées d'appel, la combustion est ordinairement lente, et le mélange intime de l'air vicié et de la fumée assure une très bonne utilisation du combustible ; les pertes dues aux parois sont très faibles, lorsque les précautions sont bien prises.

Dans d'autres systèmes, la gaine d'évacuation de l'air peut entourer le tuyau de fumée ; il n'y a pas de mélange et l'air s'échauffe seulement au contact des parois.

Dans tous les cas, on peut n'employer le foyer destiné spécialement pour l'appel que pendant l'été, et employer à la ventilation, pendant l'hiver, le tirage produit par les appareils qui chauffent les appartements, par exemple en dirigeant la fumée d'une cheminée, d'un poêle, ou d'un calorifère, dans un conduit placé suivant l'axe de la gaine d'évacuation.

La figure 12 montre une installation dans laquelle l'appel est produit par un foyer spécial seulement pendant l'été. En hiver, l'air frais, qui arrive au bas de l'édifice par K, s'échauffe dans le calorifère, qui occupe l'étage inférieur de la figure, arrive par des tuyaux a à la partie supérieure des salles, descend vers le plancher à mesure qu'il devient moins chaud et moins respirable, et s'échappe par b dans la gaine d'évacuation, qui contient une cheminée centrale parcourue par la fumée du calorifère. En été, cette cheminée reçoit les gaz d'un foyer spécial V, destiné à produire l'appel ; on ferme les soupapes b et on ouvre les orifices c, placés au haut des salles. L'air froid arrive encore par K, et traverse les conduits a pour se rendre dans les salles, où il descend vers le plancher, à cause de sa plus grande densité, tandis que l'air vicié et chaud s'échappe par c. On peut reprocher seulement à ce système, imaginé par l'ingénieur Kelling, l'introduction de l'air chaud, en hiver, à la partie supérieure des salles, ce qui a l'inconvénient de chauffer surtout la partie où se trouve la tête des habitants.

On emploie quelquefois, pour le chauffage des cheminées d'appel, des récipients remplis d'eau chaude ou de vapeur. On évite ainsi l'entretien d'un foyer, mais, l'air ne prenant que peu de chaleur par contact, on est obligé d'avoir une surface de chauffe considérable.

On peut encore se servir d'une couronne de becs de gaz ; c'est évidemment le foyer le plus commode, car on n'a besoin ni de surveiller, ni d'entretenir la combustion ; mais le gaz a l'inconvénient d'être toujours coûteux.

Ventilation par l'éclairage. — Les sources de lumière, dégageant presque toujours une quantité assez notable de

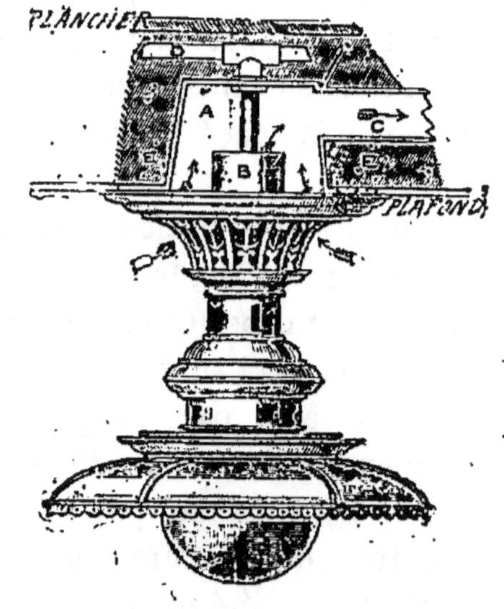

FIG. 14. — Bec Wenham ventilateur.

chaleur, peuvent servir utilement à chauffer une cheminée d'appel. On emploie souvent ainsi les becs de gaz qui éclairent pendant la nuit les salles d'hospices, les dortoirs de lycées, etc. La ventilation produite de cette manière n'entraîne aucun supplément de dépense.

Les lampes à gaz qui éclairent les appartements peuvent

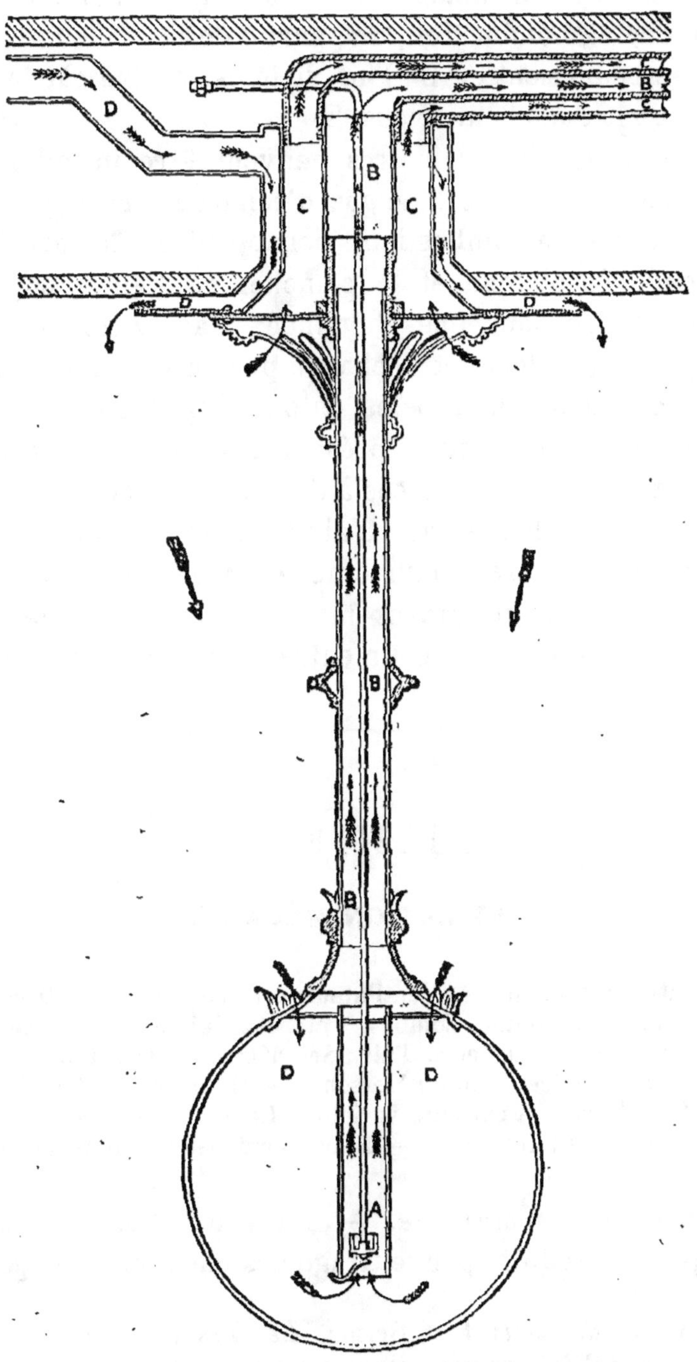

Fig. 15. — Bec de gaz ventilateur.

être disposées pour un usage analogue [1]. La figure 14 montre un bec Wenham qui évacue au dehors, avec les produits de sa combustion, une partie de l'air vicié. Les gaz brûlés se réunissent en B ; l'air vicié est aspiré par la gaine A, pratiquée dans l'entrevous E.

Les becs de gaz ordinaires peuvent être installés de la même manière (fig. 15). Le gaz d'éclairage arrive par A, et les produits de la combustion s'échappent par le tube B, qui passe entre le plafond et le plancher de l'étage supérieur pour se rendre dans une cheminée. L'air vicié est aspiré en C, près du plafond, et s'échappe par un tuyau qui entoure le premier. Ce double tube est entouré lui-même d'une enveloppe incombustible, pour préserver le plancher de l'étage supérieur ; une valve, placée à l'extrémité, peut être fermée quand le gaz ne brûle pas. L'air frais arrive par le tube D, qui s'ouvre à travers le mur extérieur ; une partie de ce gaz pénètre, par les ouvertures marquées de la même lettre, dans le globe lumineux, pour entretenir la combustion.

CHAPITRE IV

VENTILATION MÉCANIQUE

Ventilation mécanique. — Ventilateurs à force centrifuge : Decoster, Bourdon, horizontal, Combes, Letoret, Guibal, Golay, Ser. — Ventilateurs humecteurs d'air : Sée, Kosmos-ventilator. — Ventilateurs à hélice : Geneste-Herscher. — Hydro-ventilateur Dulait. — Ventilateurs à capacité variable : Lemielle. — Ventilation par les injecteurs : Kœrting. — Rendement des ventilateurs.

Ventilation mécanique. — La ventilation naturelle et celle qui est produite par le tirage des cheminées ne peuvent

[1] Voy. de Montserrat et Brisac, *Le Gaz et ses applications,* Paris, 1892 *(Bibliothèque des connaissances utiles).*

établir qu'une faible différence de pression entre l'atmosphère et l'air intérieur ; cette différence ne dépasse pas 25 à 30 millimètres d'eau. Seuls, les puits de mines forment des cheminées assez hautes pour permettre de dépasser notablement cette limite. A part ce cas particulier, si l'on veut avoir une différence de pression capable de produire une ventilation énergique, 300 ou 400 millimètres d'eau, ou même davantage, il est indispensable d'avoir recours aux ventilateurs.

Les ventilateurs sont formés d'un axe animé d'un mouvement de rotation et portant des palettes. Le déplacement de ces palettes produit autour de l'axe un abaissement de pression qui détermine un appel d'air. On peut diviser ces machines en ventilateurs à force centrifuge, ventilateurs à hélice et ventilateurs à capacité variable.

Ventilateurs à force centrifuge. — Les ventilateurs à force centrifuge se composent essentiellement d'un axe, mis en rotation par un moteur quelconque et portant des ailettes planes ou cylindriques ; dans le premier cas, le plan de chaque ailette passe par l'axe, dans le second, les génératrices de tous les cylindres sont parallèles à l'axe. Sous l'influence du mouvement de rotation, l'air est aspiré par des *ouïes* situées aux deux bouts de l'axe : il est entraîné par les palettes et rejeté par la force centrifuge vers la périphérie, où il s'échappe par un ou plusieurs orifices.

Le ventilateur est dit *aspirant et soufflant* lorsqu'un conduit spécial amène l'air aux ouïes et qu'un autre conduit emmène l'air refoulé. Lorsque le conduit central est supprimé et que l'appareil puise directement le gaz dans l'atmosphère, le conduit d'évacuation subsistant seul, le ventilateur est *soufflant* ou *refoulant*. On appelle enfin ventilateurs *aspirants* ceux qui possèdent seulement un conduit d'appel, le tuyau d'évacuation étant supprimé.

L'orifice de sortie du gaz est ordinairement relié à l'appareil par une *buse*, qui va en s'élargissant dans les ventilateurs aspirants, afin de réduire la vitesse des gaz qui s'échappent dans l'atmosphère ; au contraire, dans les ventilateurs soufflants, le diamètre va en diminuant, pour permettre le raccordement avec la conduite de refoulement. Dans tous les cas, l'inclinaison ne doit pas dépasser 1/8, afin d'éviter les remous.

Ventilateur Decoster. — Ce ventilateur est un des plus simples. L'axe tournant porte un disque circulaire, sur chaque face duquel sont fixées quatre ailettes planes et rectangulaires. Les ailettes placées d'un côté du disque sont d'ailleurs à 45 degrés de celles qui sont disposées de l'autre côté, afin de régulariser le mouvement de l'air. L'appareil est enveloppé d'une caisse à section rectangulaire légèrement excentrée. L'air s'échappe par une buse disposée tangentiellement. L'axe tourne dans deux paliers graisseurs et reçoit le mouvement au moyen d'une poulie.

Ce ventilateur, comme tous ceux à ailes planes, présente un inconvénient grave. L'espace compris entre les ailes mobiles étant beaucoup plus grand à la périphérie qu'au centre, l'air ne se détend pas assez vite pour remplir cet espace et il se produit derrière les ailes des remous et des courants rentrants, qui absorbent en pure perte une partie notable du travail.

Ventilateur Bourdon. — M. Bourdon a évité ce défaut, tout en conservant aux ailes une surface à peu près plane, en leur donnant la forme d'un trapèze ayant sa petite base à la périphérie (fig. 16 et 17). Ces ailettes, en très grand nombre, sont disposées radialement et montées sur un disque fixé sur l'arbre ; leur extrémité tangentielle se recourbe un peu vers l'avant. Cette roue, emboîtée entre deux roues latérales inclinées sur l'axe, tourne dans une enveloppe concentrique, d'où l'air s'échappe par une buse dirigée obliquement. L'arbre tourne dans deux paliers à graisseur automatique.

Pour diminuer les remous dans l'espace libre entre la roue mobile et l'enveloppe fixe, l'inventeur a disposé de chaque

côté un plateau annulaire bien ajusté, qui peut, à l'aide de
vis, se rapprocher de la roue jusqu'à ce que le jeu soit
devenu aussi faible que possible.

FIG. 16. — Ventilateur Bourdon (élévation).

Les expériences du général Morin ont donné, pour le
rapport du volume d'air écoulé au volume engendré par les
ailettes 1,06 avec un ventilateur analogue à celui de Decoster
et 2,90 avec un ventilateur Lloyd, muni d'ailes trapézoïdales,
comme celui de Bourdon.

Ventilateurs horizontaux. — Les ventilateurs à force
centrifuge sont souvent disposés pour l'aspiration, surtout

dans la ventilation des mines. Il est alors commode de les placer horizontalement (fig. 18) à l'orifice du puits d'aspiration. L'axe se trouve vertical et repose, à la partie

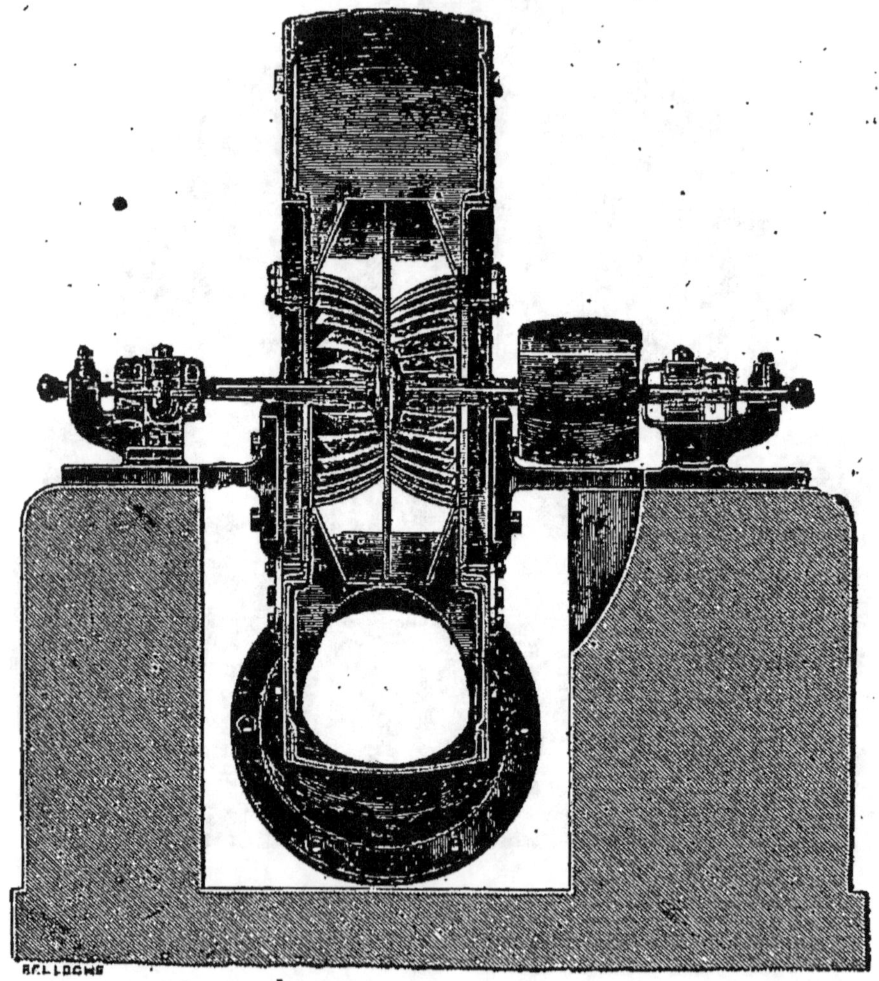

FIG. 17. — Ventilateur Bourdon (coupe par l'axe).

inférieure, sur la crapaudine c, portée par une armature qui garnit la bouche du puits B; il est maintenu à l'autre extrémité par un collet a, et reçoit le mouvement de la poulie p. Les ailettes sont fixées au disque E et à la couronne nn, qui sert à les maintenir plus solidement et empêche en même temps l'air de s'échapper à la partie inférieure des palettes.

La partie inférieure de la couronne porte un anneau saillant *ss*, qui s'enfonce dans une gouttière remplie d'eau. On a ainsi un joint hermétique, qui empêche les rentrées d'air extérieur. Il faut cependant que l'axe ne possède pas une trop grande vitesse, car l'eau serait projetée au dehors et la gouttière se viderait rapidement. L'air aspiré s'échappe horizontalement par des orifices pratiqués en A.

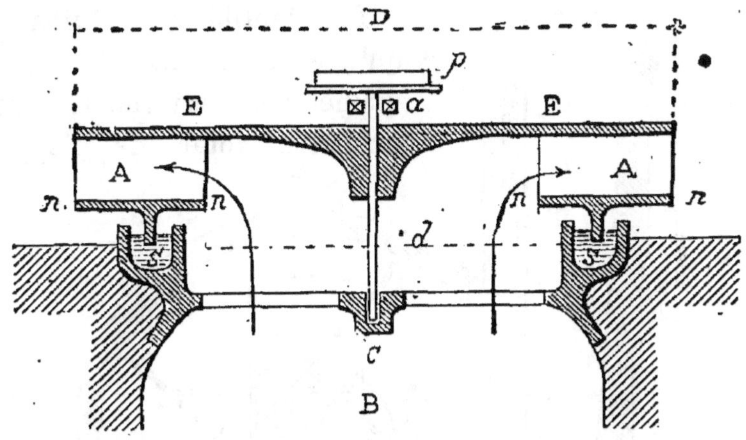

FIG. 18. — Ventilateur aspirant horizontal.

Ventilateur Combes. — Le ventilateur Combes présent une disposition analogue à la précédente : il n'a que trois palettes en tôle mince, dont la courbure est telle que l'extrémité périphérique est tangente à la circonférence extérieure. Cette courbure, dirigée en sens inverse du mouvement, a pour but de réduire au minimum la vitesse d'échappement dans l'air. Ce résultat n'est du reste obtenu que d'une manière insuffisante.

Ventilateur Letoret. — Ce ventilateur a quatre palettes rectangulaires en tôle, articulées sur des bras en fer forgé fixés à l'arbre de rotation. Cette disposition permet de faire varier l'inclinaison des ailes pour leur donner la position la plus favorable. L'appareil n'a pas d'enveloppe : il tourne entre deux murs en maçonnerie, qui portent les ouïes, munies de conduits pour l'aspiration. L'air refoulé s'échappe librement dans l'atmosphère.

Ventilateur Guibal. — Ce ventilateur, qui est, comme les précédents, souvent employé dans les mines, se construit avec de grandes dimensions. Il a souvent 9 à 10 mètres de diamètre et ne doit pas faire plus d'un tour par seconde. Il en est de même de tous les grands ventilateurs : une rotation trop rapide donnerait aux parties périphériques une vitesse capable de tout briser.

Le ventilateur Guibal n'a qu'une seule ouïe B', dont le diamètre est environ le tiers du diamètre total de l'appareil

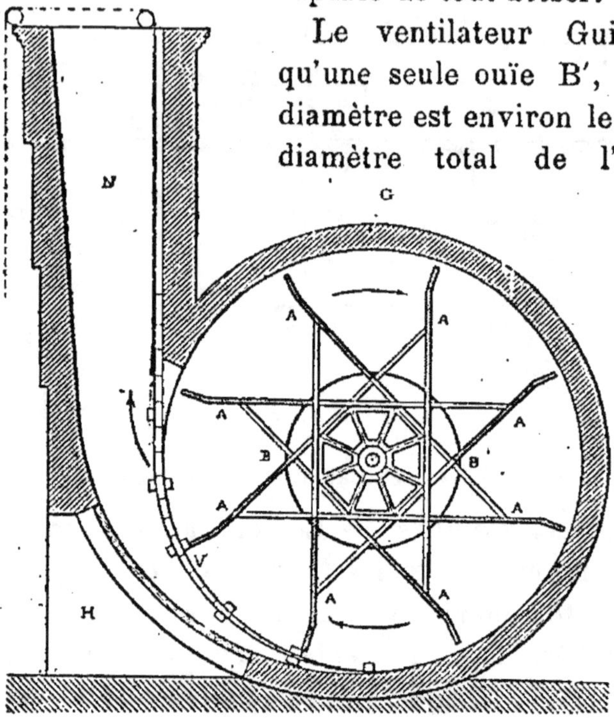

Fig. 19. — Ventilateur Guibal.

(fig. 19). Il porte huit palettes AA, reliées par une armature qui les consolide, et dont la surface, inclinée à 45 degrés sur l'ouïe, se recourbe normalement vers la circonférence extérieure. Les flèches montrent le sens de la rotation.

L'air est refoulé, soit directement par l'orifice H, soit le plus souvent par une cheminée N de forme évasée, dont la section inférieure est à peu près le tiers de celle du haut. Cette disposition augmente beaucoup le rendement.

Ce ventilateur est entouré d'une enveloppe G, interrompue

sur un quart environ de sa circonférence pour laisser échapper l'air. Il est important de régler l'ouverture V suivant la vitesse de rotation, la hauteur et la section de la cheminée. Pour cela, l'orifice V est muni d'une valve mobile et articulée, qui glisse entre des coulisseaux, et qu'on peut manœuvrer du dehors à l'aide d'une chaîne. Le ventilateur Guibal peut être muni aussi d'un autre conduit évasé pour l'aspiration ; cependant il rentre plutôt dans la catégorie des ventilateurs soufflants.

Fig. 20. — Ventilateur à brosses de Golay.

Ventilateur Golay. — Ce ventilateur se construit suivant deux modèles; l'un a des ailettes planes simples, l'autre des ailettes à brosses légèrement courbes. Ce dernier système (fig. 20) donne une bonne ventilation pour une faible dépense de force. Le modèle représenté peut donner 500 à 600 mètres cubes d'air à l'heure. Il a un diamètre de 46 centimètres. Un homme peut le manœuvrer pendant toute une journée sans trop de fatigue. C'est, comme le montre la figure, un appareil très portatif et facile à déplacer : il agit par propulsion.

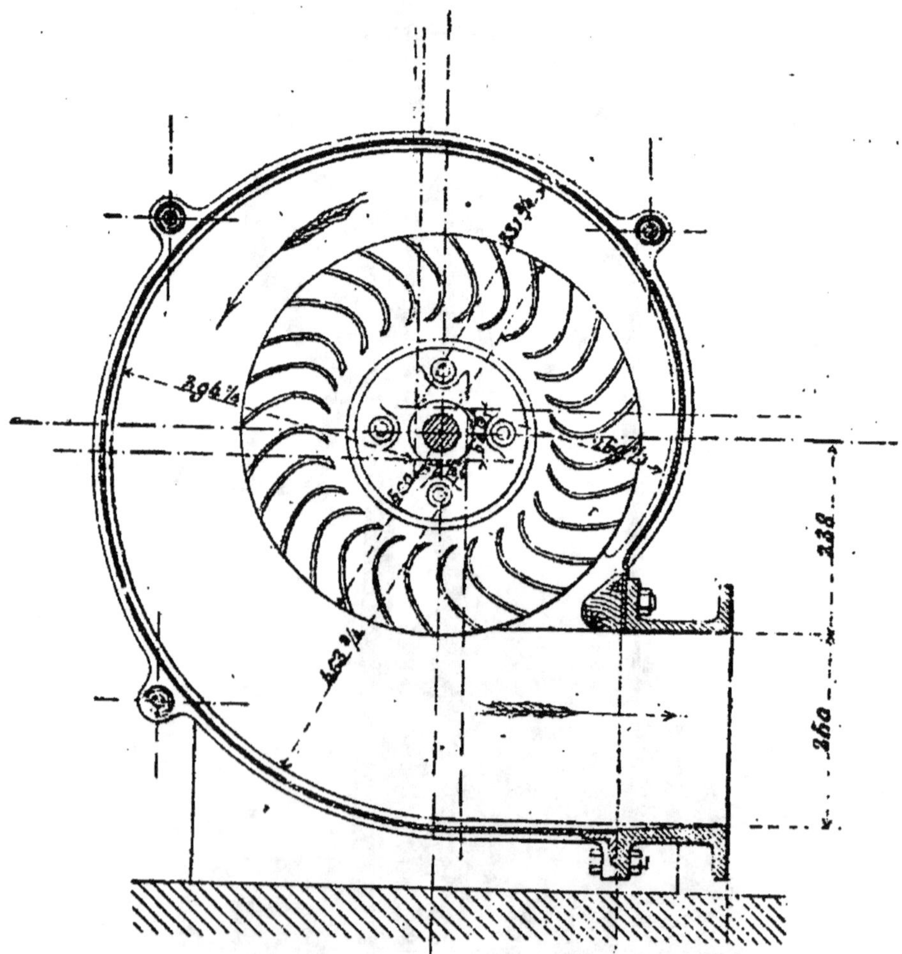

FIG. 21. — Ventilateur Ser pour forges ou cubilots.

Ventilateur Ser. — Le ventilateur Ser, construit par

VENTILATION MÉCANIQUE

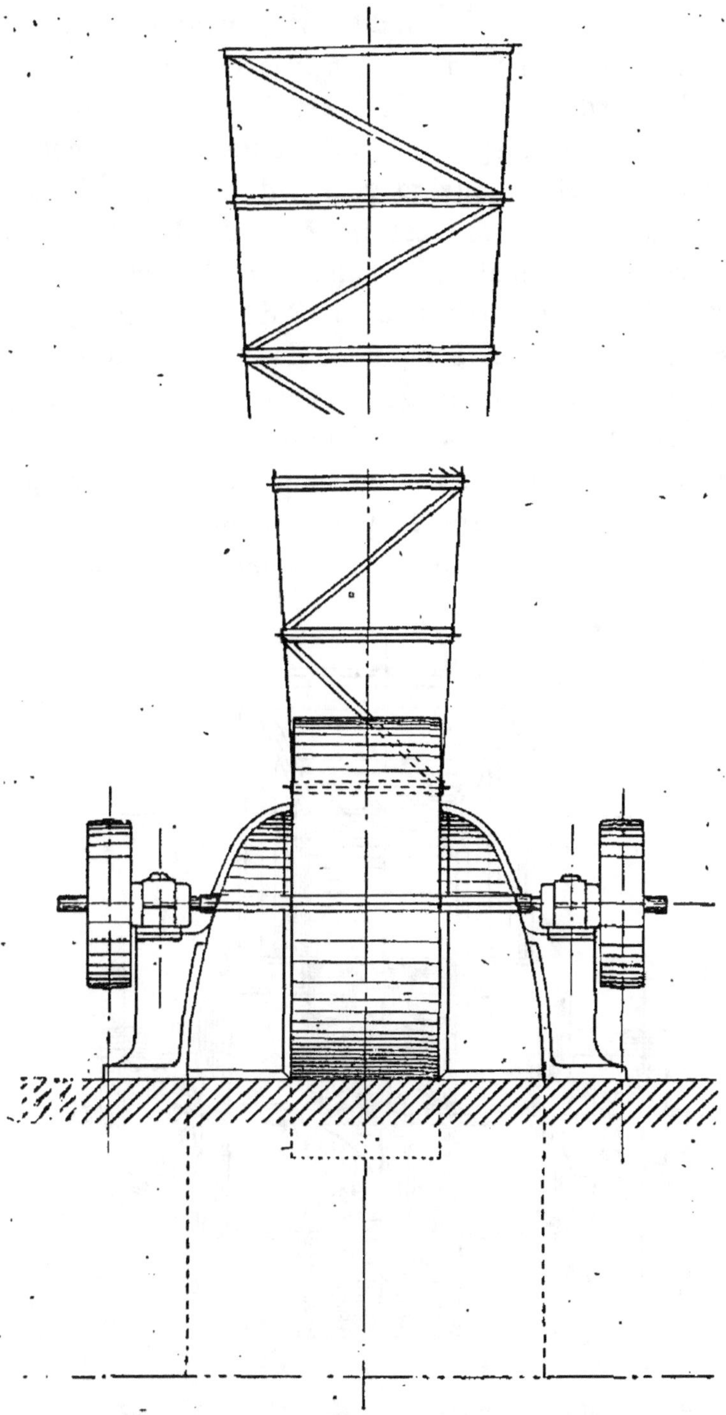

FIG. 22. — Ventilateur aspirant pour mines, système L. Ser.
(Projection verticale)

MM. Geneste et Herscher, est disposé suivant les indications
de la théorie et donne en effet un très bon rendement.

Le modèle ordinaire (fig. 21), est du type soufflant ; il
puise l'air dans l'atmosphère et le refoule dans un conduit ;
il est destiné surtout aux forges, cubilots, etc. La partie
principale de cet appareil est une roue de 0,50 m. de diamètre, formée d'un plateau circulaire sur lequel sont fixées
trente-deux ailettes courbes, de 0,10 de hauteur, ayant un
diamètre extérieur égal à celui de la roue et un diamètre
intérieur de 0,30. Leur largeur décroît en s'éloignant du
centre, suivant une courbe particulière.

Cette roue tourne dans une enveloppe en forme de spirale
à section croissante, disposée pour éviter les remous à la
sortie des palettes. L'air, qui pénètre par deux ouïes situées

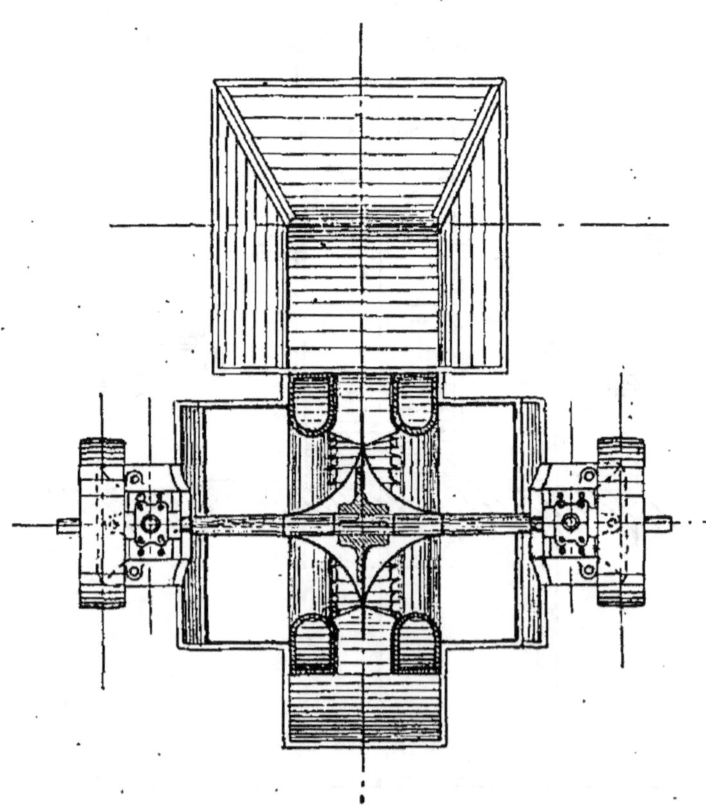

Fig. 22 *bis*. — Ventilateur aspirant pour mines.
(coupe horizontale)

aux deux extrémités de l'arbre, est refoulé dans l'enveloppe en spirale, d'où il s'échappe par une buse à section carrée, de 0,0625 m. de diamètre. On a pris toutes les précautions possibles pour éviter les remous.

Une rainure circulaire, pratiquée sur chaque face du tambour, sert à fixer les chaises des paliers au moyen de boulons à L. On peut ainsi faire tourner l'enveloppe et fixer la buse dans la direction la plus commode, ce qui offre parfois de grands avantages.

Lorsqu'on veut rendre le ventilateur aspirant et soufflant, une disposition analogue permet d'orienter indépendamment les deux buses.

On construit aussi, pour l'usage des mines, un ventilateur aspirant du même système (fig. 22). La roue, qui présente la même disposition, est formée d'un plateau circulaire de 2 mètres de diamètre, portant trente-deux ailettes courbes, de 0,40 m. de hauteur. La courbure et la largeur des palettes sont calculées d'après la dépression à produire et le volume à débiter. Les ouïes sont en communication par des coquilles placées de chaque côté avec une chambre d'aspiration, située au haut du puits de mine. La buse de sortie est munie, comme dans le ventilateur Guibal, d'un diffuseur, en forme de tronc de pyramide à section croissante, afin de diminuer la vitesse.

Des expériences faites par M. Tresca, sur un ventilateur de 0,50 de diamètre, ont donné un rendement dynamométrique moyen de 0,604. Le débit s'est trouvé exactement égal à celui qu'indique la théorie. Le débit effectif, calculé à la pression ambiante, s'est trouvé égal à dix fois le volume engendré par les palettes dans leur rotation. Un ventilateur de 2 mètres, fonctionnant aux mines d'Anzin, a donné également de très bons résultats.

Ventilateurs humecteurs d'air. — Nous signalerons encore, pour terminer cette énumération, des appareils destinés à humecter en même temps le gaz qui les traverse.

S'ils servent à introduire l'air frais dans les locaux, ils
l'humecteront seulement d'eau pure. Si l'on se propose
d'extraire l'air vicié d'un hôpital, on pourra le soumettre à
l'action d'un liquide désinfectant, pour ne pas s'exposer à
contaminer toute l'atmosphère environnante.

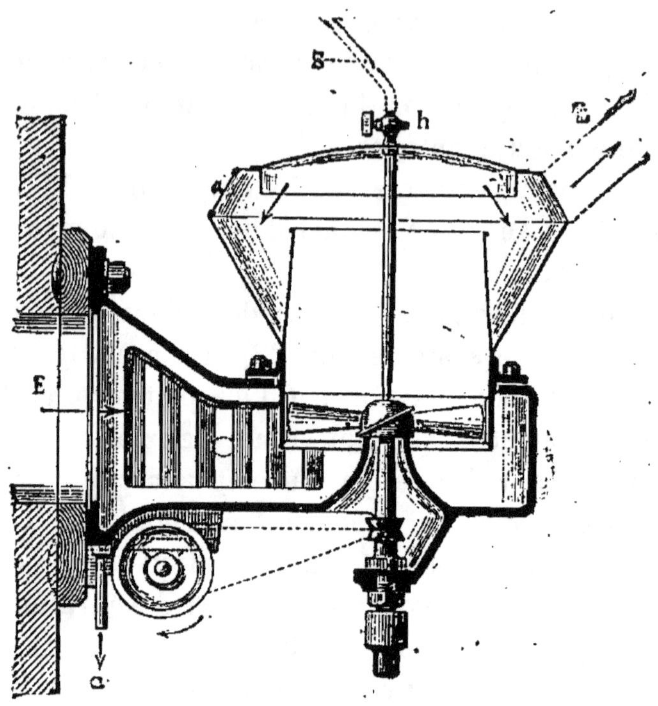

FIG. 23. — Ventilateur humecteur d'air de Sée.

Tel est le ventilateur de MM. Sée, de Lille (fig. 23), qui
se compose d'une roue horizontale à ailettes. L'air est aspiré
par E et rejeté par L. Pendant le fonctionnement, le tuyau
S verse au centre l'eau ou le liquide désinfectant. L'appareil
peut servir à l'extraction ou à la propulsion.

Le *Kosmos-Ventilator*, de Schäffer et Walcker, qui
figurait à l'Exposition d'hygiène de Berlin en 1883, peut
fonctionner avec ou sans appareil humecteur.

Il se compose (fig. 24) d'une petite turbine fonctionnant
par l'eau de la distribution municipale, et sur l'axe de laquelle

est monté un ventilateur à ailettes. L'appareil peut servir à
l'extraction ou à l'injection. On peut fixer à l'axe de la roue
à ailettes et au-dessous d'elle un disque servant à pulvériser
de l'eau.

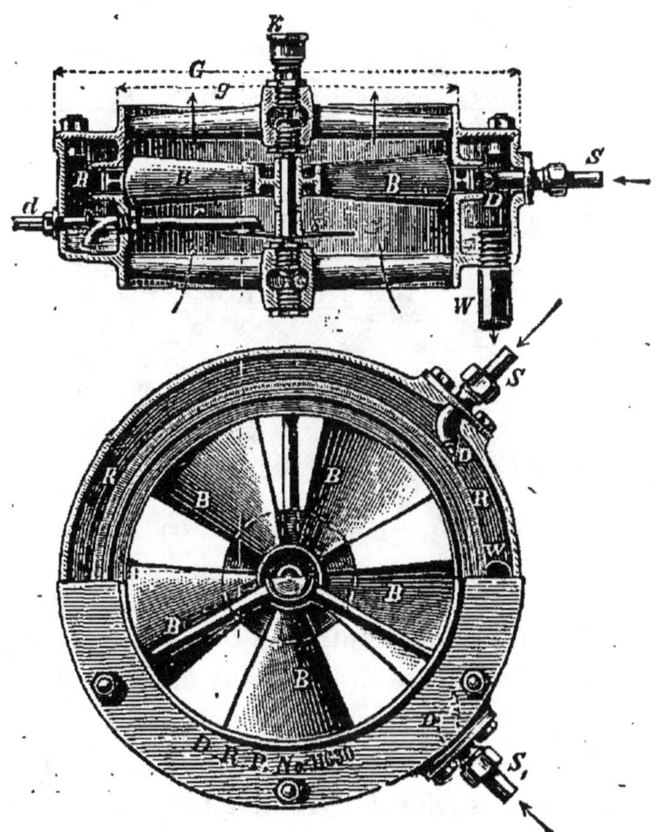

FIG. 24. — Kosmos-ventilator.

Ventilateurs à hélice. — On emploie quelquefois pour
la ventilation des appareils formés d'un axe portant une
hélice qui, en tournant, fait progresser l'air à l'intérieur
de l'enveloppe qui le contient. Avec un arbre ayant 1,80 m.
de diamètre et portant une hélice de 3,80 de pas et 5 mètres
de diamètre extérieur, on obtient environ 11 mètres cubes
d'air pour une vitesse de seize tours par minute.

Pour éviter les fuites d'air et les remous, on plonge

parfois la moitié de l'hélice dans un réservoir d'eau (fig. 25).
Ces appareils doivent marcher assez lentement.

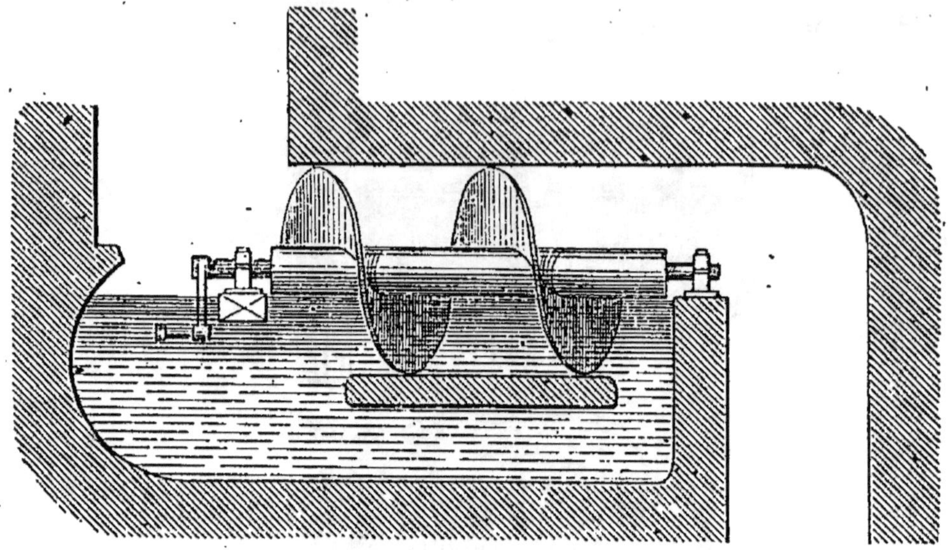

Fig. 25. — Ventilateur à vis.

Au lieu d'une hélice continue, on peut employer des
portions d'hélice séparées et occupant chacune de 1/6 à 1/3
du pas. Le nombre des ailes varie donc de 3 à 6. L'appareil
ressemble alors à un ventilateur centrifuge, mais les ailes,
au lieu d'être des surfaces cylindriques avec génératrices
parallèles à l'axe, sont des portions d'héliçoïdes, inclinées
sur l'axe.

Ces appareils peuvent, comme les ventilateurs à force
centrifuge, recevoir une conduite de refoulement et une
conduite d'aspiration, ou l'une des deux seulement.

Dans le ventilateur Geneste-Herscher (fig. 26), les palettes sont au nombre de douze, inclinées à 45 degrés ;
elles sont montées sur un noyau plein en forme de tronc
de cône, pour empêcher les remous et les courants
rentrants. Pour tenir compte de la force centrifuge qui
tend à agir sur les molécules d'air vers la périphérie, le

diamètre de l'enveloppe est un peu plus grand à la sortie
qu'à l'entrée.

Fig. 26. — Ventilateur héliçoïdal.

Hydro-ventilateur Dulait. — Cet appareil est spécialement disposé pour être commandé par un moteur hydraulique. Il suffit de le raccorder par un tuyau avec une distribution d'eau. C'est une disposition pratique et économique,
car on peut, dans la plupart des villes, avoir l'eau sous
pression.

Un axe x (fig. 27) porte une ou plusieurs ailettes héli-
çoïdales a, dont le pas et le diamètre dépendent de la réac-
tion à produire et de la vitesse disponible; cet axe est fixé
sur le moteur hydraulique M. La rotation peut se faire dans
un sens ou dans l'autre, de sorte que l'appareil peut être à
volonté aspirant ou soufflant : il suffit de placer dans la caisse
du moteur deux récipients de fonctionnement inverse. Pour
faire varier la quantité d'air mise en jeu, on règle la vitesse
du moteur, à l'aide d'un régulateur de consommation d'eau,

qui rend cette consommation proportionnellè au travail à produire sans se servir de robinets d'admission.

Ce ventilateur peut se placer dans toutes les positions; il peut être installé verticalement, comme sur la figure 27, ou horizontalement. Il peut être disposé pour purifier l'air avant de l'injecter et pour le charger d'humidité ou de vapeurs d'un liquide volatil quelconque, par exemple pour la désinfection.

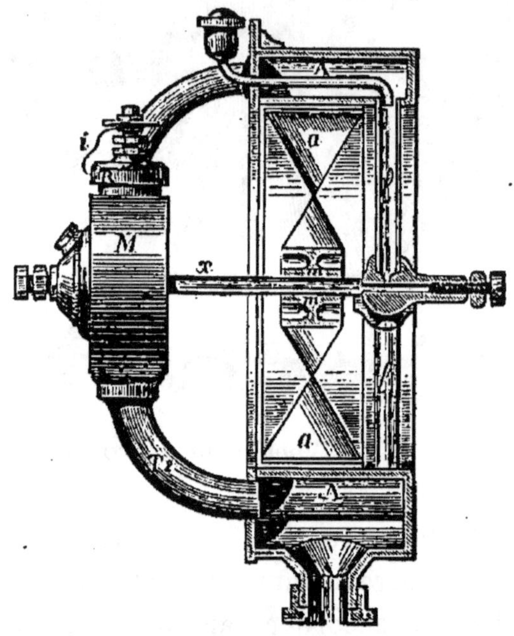

Fig. 27. — Hydro-ventilateur Dulait (de Charleroi).

Pour purifier l'air, on dispose en avant des ventilateurs des caisses à chicanes, contenant les matières nécessaires, placées sur des panneaux superposés et percés de nombreux trous, afin d'augmenter les surfaces de contact. Pour les substances liquides, ou en imbibe des éponges, ou on les fait tomber en cascade, en sens inverse de la marche de l'air.

Ventilateurs à capacité variable. — On donne ce nom à un certain nombre d'appareils formés d'obturateurs mobiles, palettes ou piston, qui tournent ou se déplacent longitudinalement dans une enveloppe de forme convenable, en interceptant, aussi complètement que possible, toute communication entre l'avant et l'arrière de l'obturateur. A chaque manœuvre, l'organe mobile emprisonne une certaine quantité d'air et la pousse au dehors. Les principaux appareils de ce genre sont ceux de M. Fabry et de M. Lemielle.

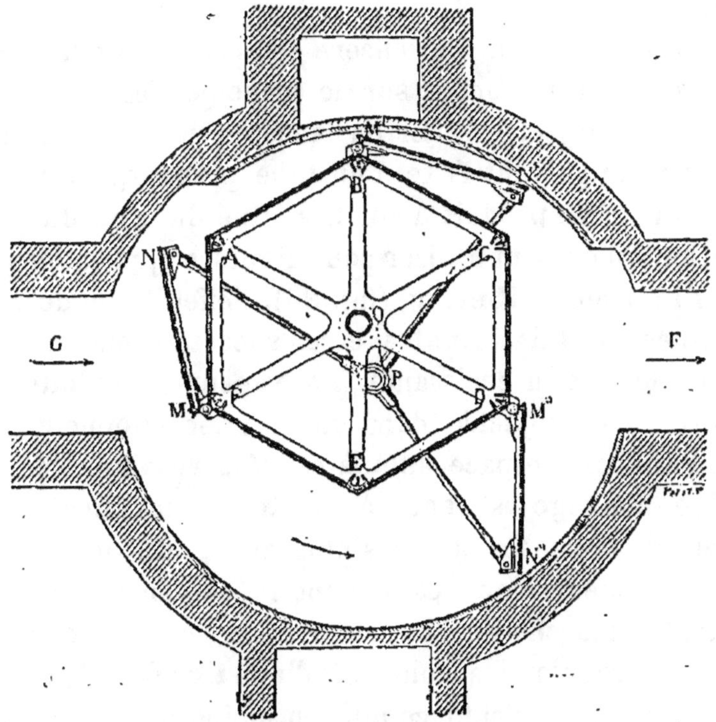

FIG. 28. — Ventilateur Lemielle.

Le ventilateur Lemielle (fig. 28) est formé d'un tambour hexagonal ABCDEF, à faces pleines, tournant autour d'un axe *o*, placé excentriquement dans une cavité cylindrique en maçonnerie. Les trois sommets BDF portent des palettes articulées à charnières, et commandées par des bielles, articulées en P sur l'axe de rotation, qui est coudé. En G et F s'ouvrent deux conduits servant le premier à aspirer l'air, le second à le refouler. Par suite de l'excentricité, les palettes s'ouvrent en arrivant à la partie inférieure, comme on le voit en M″ N″, et enveloppent ainsi un certain volume d'air provenant de G. En arrivant à la partie supérieure, les palettes se replient, sous l'action des bielles, et rejettent en F l'air qu'elles ont entraîné. On voit que les palettes forment des capacités variables qui s'ouvrent pour se remplir d'air vers la gauche et se ferment ensuite pour chasser cet air à droite.

Injecteurs. — On peut encore employer pour la ventilation des appareils fondés sur le principe des trompes, et qu'on nomme injecteurs. Si on lance un jet d'air comprimé ou de vapeur suivant l'axe d'un tube plus large ouvert aux deux bouts, il se produit à l'orifice situé du côté du jet une aspiration qu'on peut utiliser pour diverses applications.

Dans l'injecteur Kœrting (fig. 29), l'effet du jet de vapeur est augmenté en lui faisant traverser successivement plusieurs ajutages de section croissante. La vapeur, introduite par la tubulure A, est injectée dans un premier entonnoir où elle aspire l'air par l'espace annulaire réservé autour de l'ajutage. Le mélange est lancé à son tour dans une seconde chambre de même forme, mais plus large, où il joue le même rôle, et de même dans les entonnoirs suivants. Les flèches indiquent la marche de l'air aspiré. Le volant B commande une aiguille régulatrice, composée d'une tige dont l'extrémité, de forme conique, s'enfonce plus ou moins au centre du premier ajutage, et limite ainsi la quantité de vapeur introduite.

Les injecteurs peuvent servir à activer le tirage d'un foyer ou d'une série de foyers débouchant dans un même conduit. S'il n'existe pas de cheminée et que l'injecteur doive produire à lui seul tout le tirage, on construit, à l'orifice de sortie des gaz, un bâti en maçonnerie peu élevé, fermé par une plaque de fonte sur laquelle on boulonne le ventilateur. C'est la disposition représentée par la figure précédente.

S'il y a une cheminée dont on se propose seulement de renforcer le tirage, on fixe le ventilateur dans la cheminée même, suivant son axe, de façon que les bords du cône de pression qui surmontent l'appareil fassent joint étanche contre les parois. Cette fermeture est nécessaire pour que l'injecteur aspire l'air seulement au-dessous de lui, et non au-dessus.

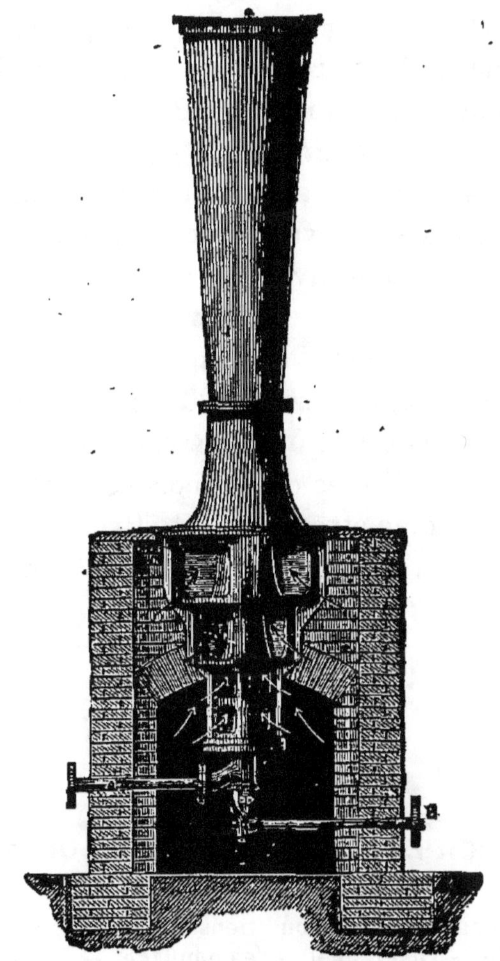

Fɪɢ. 29. — Injecteur Kœrting.

Les injecteurs peuvent servir aussi comme ventilateurs aspirants pour les mines, les ateliers, les navires. Pour les mines, on dispose l'appareil au haut d'un puits, comme sur la figure 18.

A cause de leur simplicité de construction, de leur facilité d'installation et du peu de place qu'ils occupent, les injecteurs se prêtent encore à un grand nombre d'applications ; ainsi ils peuvent servir à ventiler les séchoirs, à établir une ventilation provisoire pendant le creusage des fosses de mines, des puits d'eau et des fondations, à alimenter les chaudières, à activer l'évaporation des liquides, enfin, dans les fabriques d'acide sulfurique, à aspirer l'acide sulfureux des fours et à le refouler dans les chambres de plomb.

Rendement des ventilateurs. — Le rendement des ventilateurs, c'est-à-dire le rapport du travail fourni par l'appareil et employé à mouvoir l'air au travail fourni par le moteur, varie beaucoup avec le mode de construction, le diamètre et la vitesse de rotation. Il paraît être de 10 à 15 pour 100 avec des ventilateurs de 75 centimètres à 1 mètre de diamètre, faisant de 300 à 400 tours par minute ; il dépasse 60 pour 800 tours. Le rendement s'élève encore à 60 ou 80 pour 100 avec de grands ventilateurs, ayant de 8 à 9 mètres de diamètre et faisant 50 à 60 tours. Le rendement des ventilateurs à vis est de 20 à 30 pour 100.

CHAPITRE V

PRINCIPES GÉNÉRAUX DU CHAUFFAGE

Nécessité du chauffage. — Conditions du chauffage. — Matériaux de chauffage. — Divers modes de chauffage. — Division des appareils de chauffage.

Nécessité du chauffage. — L'intérieur de nos habitations participe en tout temps aux variations de la température extérieure. En hiver, par exemple, les murs, perdant de la chaleur par rayonnement et par conductibilité, se refroidissent peu à peu et refroidissent ensuite, grâce aux mêmes causes, l'atmosphère intérieure. D'autres causes concourent encore au même résultat, notamment la ventilation.

Le corps humain ne peut d'ailleurs, sans inconvénient sérieux, supporter une variation de température supérieure à 1° ou 1°,5. Au dehors, en s'enveloppant de vêtements chauds, et en déployant une activité musculaire énergique, il est possible d'éviter un abaissement de température nuisible ; mais, à l'intérieur des habitations, où l'on reste souvent sédentaire pendant de longues heures et où l'on ne peut se couvrir de vêtements qui empêcheraient de se livrer au travail, il est indispensable de recourir à des moyens artificiels pour maintenir la température suffisamment élevée ; c'est le but du chauffage.

Conditions du chauffage. — Un chauffage bien compris doit donner la température la plus favorable à la santé, d'une façon égale et continue, sans altérer les propriétés essentielles de l'air ni le mélanger d'aucune impureté ; il doit enfin être économique et n'exposer à aucun accident.

La température la plus favorable varie un peu avec l'âge et les circonstances. Elle est un peu plus faible pour les adultes que pour les enfants, les vieillards, les malades. Les personnes qui se livrent à une occupation sédentaire ont besoin aussi d'une température un peu plus élevée. En Allemagne, on exige 18 à 20 degrés dans les salles où l'on séjourne longtemps, 16 à 19 dans les classes, 12 à 16 dans les chambres à coucher (Wolpert, Wiel et Gnehm, Wolffhügel). En France, nous sommes moins frileux, et la moyenne peut être abaissée d'environ 2 degrés ; les chambres à coucher n'ont besoin d'être chauffées que par les grands froids. Il faut éviter aussi de produire une température trop élevée, qui exerce une influence nuisible sur la santé et présente en outre l'inconvénient de rendre trop frileuses les personnes qui y sont exposées.

Il serait à désirer qu'on pût établir une égalité parfaite de température entre tous les points du local chauffé. Cette condition est fort difficile à remplir : l'air chaud, qui est plus léger, tend toujours à se rendre au voisinage du plafond. Il serait bon, au contraire, que la partie la plus voisine du plancher fût la plus chaude, car il est préférable d'avoir les pieds chauds et la tête froide. Les appareils de chauffage disposés autour du plancher, à la partie inférieure des murs, et particulièrement dans les allèges des fenêtres, au-dessous des points qui laissent entrer l'air froid, remédient assez bien à cet inconvénient,

Dans les salles occupées d'une façon continue, la température devrait en outre rester invariable en tout temps. Cette condition n'est plus nécessaire dans les locaux occupés seulement d'une façon intermittente. Il convient alors de chauffer fortement avant l'entrée des hôtes momentanés, et de laisser tomber le feu pendant que la salle est occupée. La chaleur emmagasinée par les parois et les meubles, celle qui est produite par les personnes réunies suffisent à entretenir la température nécessaire.

Parmi les propriétés physiques de l'air, celle qu'il importe le plus de ne pas modifier est l'état hygrométrique. La meilleure valeur de ce coefficient paraît être voisine de 0,50 ; mais l'humidité peut sans inconvénient varier entre des limites assez étendues, et variables d'ailleurs avec chaque individu. Telle personne supporte très bien un air plus sec et est incommodée par un état hygrométrique de 0,70 à 0,80 ; telle autre, qui s'accommode fort bien de ce degré de saturation, se plaint de la sécheresse avec une proportion de 0,30 à 0,40. Il est à remarquer que l'on se plaint de la sécheresse de l'air seulement lorsqu'elle est due au chauffage, tandis qu'on la supporte fort bien en toute autre circonstance, que l'air soit frais ou chaud. Quoi qu'il en soit, on a eu recours à un grand nombre de procédés pour humecter l'air, depuis le plat d'eau posé sur un poêle ; on peut faire passer l'air de ventilation à travers une lame d'eau, une douche en pluie, etc.

Lorsque le chauffage est produit en insufflant de l'air chaud dans les salles, il faut éviter que cet air soit trop humide, parce que, en se refroidissant à la température du local, il laisserait déposer de l'humidité sur les murs, ce qui faciliterait le développement des moisissures et autres microorganismes.

Au premier rang des impuretés que le chauffage peut déverser dans l'air se trouvent l'oxyde de carbone et l'acide carbonique. Le premier de ces gaz est un poison violent, qui, à la dose de 1/800, tue en une demi-heure la moitié des globules sanguins. Le second, pour être moins dangereux, n'en est pas moins susceptible de causer la mort lorsqu'il est en trop grande proportion. L'acide carbonique produit par la seule respiration suffirait à rendre l'air irrespirable si la ventilation ne le chassait au dehors ; on doit donc éviter soigneusement son dégagement par les appareils de chauffage.

Les foyers dépourvus de tirage répandent dans l'air un mélange appelé communément *vapeur de charbon*, et qui peut contenir, outre les deux gaz toxiques sus-indiqués, de l'acide sulfureux, de l'acide sulfhydrique et de l'ammoniaque, dans la combustion de certains charbons de terre, et même un peu d'acide cyanhydrique dans le chauffage au gaz. Il faut ajouter encore les poussières émises par le combustible, ou recueillies par l'air des calorifères dans les tuyaux, jamais nettoyés, qui le conduisent aux locaux chauffés, tuyaux dans lesquels les microorganismes peuvent se développer à l'aise pendant les mois de chômage du calorifère,

Ajoutons encore que le chauffage provoque une augmentation des souillures déversées par l'homme dans l'atmosphère, lorsqu'un certain nombre de personnes se réunissent dans une même salle, souvent petite, pour profiter de la chaleur donnée par un seul appareil.

Nous croyons inutile d'insister sur la dernière qualité que doivent offrir les appareils de chauffage. C'est aux constructeurs à réaliser des appareils économiques, et n'exposant pas à des accidents, dont les principaux sont les explosions et les incendies. L'économie ne doit cependant pas être achetée aux dépens des conditions indispensables à la salubrité et à l'absence de tout danger.

Matériaux de chauffage. — La plupart des matériaux employés au chauffage, bois, paille, tourbe, charbons, sont des corps solides. Parmi les liquides, on utilise les huiles de toute provenance et le goudron; parmi les substances gazeuses, on se sert parfois du gaz d'éclairage.

Le bois est le combustible le plus agréable et le plus sain, car c'est lui qui répand le moins de gaz dangereux dans les habitations. Les bois durs, tels que le hêtre et le chêne, brûlent assez lentement et doivent être préférés. Les bois blancs, saule, tremble, peuplier, brûlent plus vite, avec une flamme claire, et dégagent une chaleur vive, mais passagère. Les bois résineux brûlent aussi rapidement, avec une odeur aromatique, qui, à la longue, peut devenir fatigante. Tous les bois doivent être employés secs; sinon, une partie de la chaleur dégagée sert à vaporiser l'eau qu'ils contiennent et se trouve perdue pour le chauffage.

D'après Scheurer Kestner et Meunier, tous les bois, au même degré de dessiccation, dégagent sensiblement la même quantité de chaleur; pour les bois parfaitement desséchés, la puissance calorifique est d'environ 4000 calories, comme celle de la cellulose,

La tourbe brûle lentement, en donnant peu de chaleur, et avec une fumée d'une odeur piquante et désagréable. Elle est souvent comprimée pour faire des briquettes, qui sont d'un meilleur usage. La puissance calorifique de la tourbe ordinaire est d'environ 3000, celle de la tourbe sèche 5150.

La houille brûle avec une flamme fumeuse et une odeur de goudron et dégage, outre l'acide carbonique et l'oxyde de carbone, de l'acide sulfureux et aussi, quand elle est récemment extraite, un peu d'hydrogène sulfuré.

L'anthracite est un bon combustible, et ses fragments ne se collent pas ensemble ; mais il exige un fort tirage. Les lignites sont des combustibles médiocres, et donnent une fumée abondante, contenant de l'acide sulfureux et de l'ammoniaque. La puissance calorifique de ces divers produits varie de 6000 à 9600.

Outre les combustibles naturels, énumérés ci-dessus, on utilise aussi des combustibles artificiels, qui sont souvent plus économiques ou plus faciles à employer.

Le charbon de bois, produit de la calcination incomplète du bois, est plus riche en carbone. Le tan épuisé, ou tannée, est souvent comprimé en forme de mottes, qui sont employées par les ménages pauvres ; il brûle lentement et en laissant beaucoup de cendres. On comprime de même la tourbe, la sciure de bois, les résidus de bois de teinture. Dans le Nord, la tourbe est carbonisée en meules, comme le bois, et donne le charbon de tourbe.

Le coke contient toutes les cendres de la houille ; il brûle presque sans flamme et ne reste allumé que s'il est en masse un peu considérable. On évite cet inconvénient en le mélangeant de houille.

Les résidus et les menus de divers charbons, qui seraient perdus, sont ordinairement employés à fabriquer des *agglomérés*, combustible économique et qui brûle lentement. Les briquettes sont agglomérées avec du goudron de houille ou du bitume ; le charbon de Paris contient du tan épuisé et des plantes sans valeur.

Les principaux combustibles liquides sont le pétrole et l'huile lourde provenant de la distillation de la houille. Le pétrole a une grande puissance calorifique, environ 10000, et est appliqué utilement au chauffage des locomotives, des chaudières de navires, des laboratoires, pour lesquels Audoin, puis Ste-Claire-Deville, ont construit des appareils spéciaux.

Il n'est pas employé pour les usages domestiques, à cause des précautions nécessaires pour son transport et son maniement.

Le gaz d'éclairage est un très bon combustible, car il dégage 11000 calories par kilogramme; mais son prix est ordinairement trop élevé. Il nécessite en outre des appareils bien installés, car il donne de l'ammoniaque et beaucoup d'oxyde de carbone.

Voici, d'après Arnould[1], les prix comparés des divers combustibles à Paris.

	Pouvoir calorifique	Prix du kg.
Bois moyen à 30 pour 100 d'eau . .	2500	0,048
Charbon de bois.	7000	0,18
Charbon de tourbe.	6600	0,12
Houille	8000	0,048
Coke de four.	7350	0,07
Coke de gaz (2,35 fr. l'hectol de 32,5 kg.)	6000	0,072
Agglomérés.	8000	0,048
Briquettes perforées.	6000	0,053
Charbon de Paris.	6000	0,12
Pétrole brut.	10000	0,15
Pétrole raffiné.	10000	0,60
Gaz lumière (par m. cube).	7700	0,30

On voit que la houille est le combustible le plus économique; à quantité de chaleur égale, le bois coûte 3,2 fois plus, le gaz lumière sept fois plus, le pétrole raffiné dix fois plus.

Divers modes de chauffage. — Le chauffage, ayant pour but d'obvier au refroidissement du corps humain, peut s'adresser soit à l'homme lui-même, soit au milieu qui l'entoure. Le premier mode s'observe surtout dans le chauffage par cheminée, les habitants du local se groupant souvent autour de la cheminée pour profiter du rayonnement de la

[1] Arnould, *Nouveaux éléments d'hygiène.*

flamme ; on a ainsi l'inconvénient de ne chauffer qu'un côté du corps, tandis que l'autre se refroidit en rayonnant sa chaleur vers les parois froides. Tout le monde sait cependant que ce procédé de chauffage est agréable, lorsqu'on est libre de se retourner pour chauffer à volonté les deux faces du corps. Il serait mauvais pour des personnes qui ne pourraient se déplacer, des écoliers par exemple.

Lorsqu'on veut chauffer le local habité, on peut s'adresser soit aux parois, soit à l'air intérieur. Dans ce dernier cas (calorifères à air chaud), on est obligé de porter l'air introduit à une température élevée, car, ayant un faible poids et une faible chaleur spécifique, il ne peut céder aux habitants qu'une très petite quantité de chaleur. Ceux-ci respirent alors un air surchauffé dont nous avons indiqué plus haut les inconvénients. Si l'on n'a pas commencé le chauffage de la pièce avant qu'elle soit occupée, les habitants ont les poumons desséchés par l'air chaud, tandis que la surface extérieure du corps est froide. « On éprouve le besoin d'ouvrir son gilet et d'aller chercher son paletot. » (E. Trélat.)

Il est préférable de chauffer les parois du local, qui, ayant une chaleur spécifique bien supérieure à celle de l'air, absorbent une quantité de chaleur beaucoup plus grande, qu'ils rayonnent ensuite vers les habitants ; pour la même raison, les parois, une fois chauffées, se refroidissent lentement. On chauffe facilement les parois en installant un ou plusieurs rubans de chaleur au bas des murs, tout autour de la pièce.

On peut diviser les procédés de chauffage en deux classes : le chauffage continu avec régime établi et le chauffage intermittent. Dans le premier procédé, la température s'élève d'abord progressivement, puis il arrive un moment où la chaleur perdue à travers les parois est égale à celle fournie par l'appareil. Le régime est alors établi. Si la température extérieure est constante, il suffit, pour maintenir ce régime, que le chauffage compense les pertes. On ne dépense qu'une seule fois, à l'entrée de l'hiver, la chaleur nécessaire pour chauffer les parois, les objets intérieurs et l'atmosphère de l'édifice. Dans le chauffage intermittent, cette dépense se renouvelle chaque fois que l'on allume le feu.

Pour des raisons analogues, la situation d'une pièce dans un édifice la rend plus ou moins facile à chauffer. Ainsi, un étage intermédiaire, situé entre deux étages chauffés, se refroidit moins que l'étage supérieur ou que le rez-de-chaussée.

On peut encore diviser les systèmes de chauffage en *chauffage local et chauffage central*. Dans le premier, l'appareil est placé dans le local même qu'il doit desservir ; dans le second mode, il est situé dans un local distinct et chauffe souvent plusieurs pièces à la fois.

Division des appareils de chauffage. — Les appareils de chauffage actuellement employés peuvent se répartir en six classes :

1° *Cheminées ;*
2° *Poêles ;*
3° *Calorifères à air chaud ;*
4° *Calorifères à eau chaude ;*
5° *Calorifères à vapeur ;*
6° *Appareils mixtes à eau et à vapeur.*

Les deux premiers systèmes constituent le chauffage local, les autres le chauffage central. Dans ces derniers, le foyer est en dehors du local, et la chaleur est transmise par un véhicule, qui est l'air, l'eau ou la vapeur, suivant les systèmes.

CHAPITRE VI

CHAUFFAGE PAR LES CHEMINÉES

Historique. Braseros. — Principe des cheminées. — Cheminée ordinaire. — Tirage des cheminées. — Influence de l'atmosphère et du vent. — Registres. — Tuyaux de fumée ; souches de cheminées ; mitres. — Combustibles employés dans les cheminées. — Grilles pour la houille ou le coke. — Cheminée prussienne. — Cheminée Arnott — Cheminées perfectionnées : Douglas-Galton, Sylvester. — Cheminée thermhydrique, Joly, Fondet, Mousseron, Cordier, Laury. — Foyer à lames ondulées. — Cheminées à gaz. — Avantages et inconvénients des cheminées. — Causes qui font fumer les cheminées. — Insuffisance de la ventilation, du tirage. — Influence réciproque de plusieurs cheminées, des tuyaux de fumée. — Communication entre le tuyau de fumée et la chambre de chauffe. — Influence du soleil et du vent. — Feux de cheminée ; dangers d'incendie.

Historique. Braseros. — Dès les temps les plus reculés, les hommes ont essayé de se chauffer. Ils se contentèrent d'abord d'allumer du feu au milieu des huttes, plus ou moins grossières, qui leur servaient d'abri. Puis on pratiqua une ouverture au centre du toit pour laisser échapper la fumée. Ce procédé primitif, en usage chez les Grecs et les Romains, peuples qui avaient rarement besoin d'un chauffage sérieux, est encore employé par certaines tribus sauvages. Il n'a qu'un avantage, celui de placer le foyer au centre de la pièce, de sorte qu'il rayonne dans toutes les directions ; il a beaucoup d'inconvénients, en première ligne celui de déverser dans l'atmosphère une grande quantité de fumée et de gaz dangereux. Il est vrai que les édifices ainsi chauffés sont ordinairement assez mal clos pour assurer une ventilation abondante.

Les anciens se servaient également d'appareils analogues au brasero, encore usité quelquefois dans le sud de la

France, en Espagne et dans quelques contrées de l'Amérique. Cet appareil possède aussi l'avantage de rayonner dans toutes les directions; on l'entretient ordinairement avec du charbon de bois ou de la braise, qui évitent aux habitants les inconvénients de la fumée, mais non le danger provenant des gaz délétères. Le roi d'Espagne Philippe III mourut asphyxié ainsi par l'oxyde de carbone dégagé d'un brasero. Cet appareil doit être absolument proscrit pour un chauffage permanent, et n'être employé que pour se chauffer rapidement les mains et la surface du corps. Il comporte même l'ouverture des portes et des fenêtres, ou peut être utilisé commodément en plein air; mais, dans un appartement fermé, c'est le plus dangereux de tous les appareils de chauffage.

C'est seulement au xie siècle qu'on songea en France à adosser le foyer contre l'un des murs de l'édifice, creusé parfois d'une cavité en demi-cercle pour donner plus de place au combustible. On surmonta ensuite le foyer d'une hotte conique et d'un tuyau cylindrique, plutôt pour emprisonner la fumée que par suite d'une idée nette sur la production du tirage. La cheminée resta longtemps sans se perfectionner, et, pendant tout le moyen-âge et les siècles suivants, on se contenta de ces vastes cheminées qu'on voit encore dans nos campagnes et dans les vieilles habitations, et dans lesquelles on obtenait un rayonnement intense, grâce au bas prix du combustible, en faisant flamber à la fois un énorme amas de grosses bûches.

C'est, dit-on, à l'architecte français Savot (1624) qu'on doit le principe, repris plus tard par Péclet, de la récupération de la chaleur des foyers au moyen de l'échauffement de l'air par contact. Un autre Français, l'avocat Nicolas Gauger, inventa en 1714 la cheminée actuelle, qui émet de la chaleur à la fois par rayonnement direct, par réflexion sur les parois, et par convection de l'air, c'est-à-dire par les courants que détermine dans l'atmosphère l'échauffement de l'air au contact du foyer ; cet air devient plus léger, s'élève et fait place à d'autres couches de gaz qui s'échauffent à leur tour.

Principe des cheminées. — La cheminée se compose aujourd'hui d'un foyer ouvert surmonté d'un tuyau qui laisse échapper les produits de la combustion. Malgré cette simplicité apparente, les cheminées doivent être bien construites; sinon, elles seraient simplement, comme les définit Joly, « de petites boites carrées en métal et en poterie avec deux ouvertures, l'une placée en avant pour y déposer du combustible, l'autre placée en haut, pour diriger sur le toit, par une cheminée qui fume, 95 pour 100 de la chaleur fournie par ce combustible. Elle ont pour effet d'envoyer à l'extérieur l'air chaud de l'appartement et d'attirer à sa place, sous la forme la plus perfide, c'est-à-dire par des fentes et des courants resserrés, une grande quantité d'air froid, qui nous arrive de la façon la plus fâcheuse, par les pieds. Pour compléter l'appareil, nos pères y avaient ajouté un paravent, pour gêner la circulatiou dans l'appartement ».

Cheminée ordinaire. — Dans notre siècle, on s'est préoccupé, à plusieurs reprises, d'améliorer les cheminées et surtout d'empêcher la fumée de se répandre dans les appartements. On les construit aujourd'hui d'après les principes indiqués par Rumford (fig. 30). L'âtre a la forme d'un trapèze ABCD, dont la petite base CD est trois fois plus petite que AB ; les deux côtés latéraux AC et BD sont inclinés à 45 degrés sur les bases. Il porte à la partie supérieure une ouverture ou gorge G, large de 10 centimètres, haute de 15, et évasée à la base. Cette gorge aboutit au tuyau d'évacuation, qui est plus large. On place ordinairement en H une tuile, qu'on enlève seulement pour le ramonage, et qui sert, d'après Rumford, à atténuer l'effet du vent. La gorge est limitée en avant par le manteau M. Le combustible est placé sur des chenets ou une grille F, qui doit se trouver, suivant la hauteur du tuyau, à 0,375 ou 0,50 mètre au-dessous de M. Cette grille doit avoir 15 à 20 centimètres de profondeur et

ne pas dépasser en avant la verticale A M. S'il est nécessaire
de lui donner une plus grande profondeur, on recule le mur

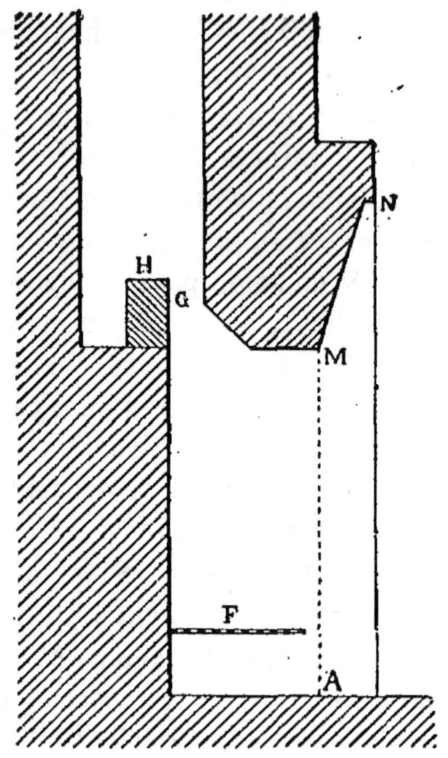

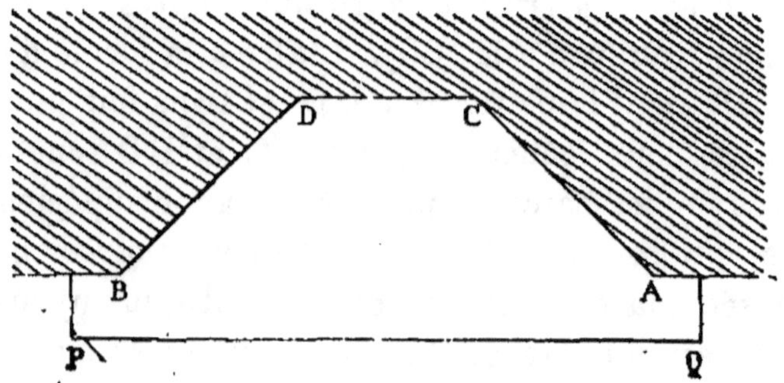

FIG. 30. — Parties essentielles d'une cheminée.

du fond, qu'on fait surplomber vers le haut, en laissant à la
gorge la même largeur.

Lhomond a complété ce dispositif par l'addition d'un

rideau mobile en avant, suivant le plan MA. Ce rideau est
formé de trois plaques de tôle, qui glissent l'une derrière
l'autre et sont équilibrées par un ou deux contrepoids. Parfois aussi la plaque inférieure porte un petit rebord horizontal, qui peut s'engager dans les dents de deux crémail-
lères, disposées verticalement de chaque côté en A et B.
Lorsqu'on abaisse ce rideau, l'air est obligé de passer sur le
combustible, le tirage est activé, et l'allumage est rendu plus
facile.

On fait souvent les côtés AC et BD moins inclinés et
presque perpendiculaires au fond CD, qui devient plus large.
Les parois latérales et la partie MN du manteau sont ordinairement recouvertes de plaques de faïence, que maintient
un cadre en laiton entourant l'orifice antérieur et servant en
outre à supporter le rideau. Tout l'entourage est revêtu de
plaques de marbre ; une plaque de même substance est disposée en avant du foyer, en P Q, pour empêcher la chute du
combustible sur le parquet.

L'âtre est construit en matériaux incombustibles et isolé
avec soin des solives du plancher, quand elles sont en bois.
Le fond C D est souvent revêtu d'une plaque de fonte, qui
préserve la maçonnerie.

Les dimensions de la cheminée et du foyer varient avec
la grandeur des locaux chauffés. Dans les très petites pièces,
la cheminée entière n'a que 80 centimètres de largeur et
le foyer A B n'a que 40 centimètres. Les dimensions les plus
ordinaires sont 1 mètre à 1,10 pour la cheminée et 50 à
60 centimètres pour le cadre. Enfin, dans les très grandes
pièces, la largeur du cadre peut atteindre 75 centimètres et
celle de la cheminée 1,50 m. ou même davantage.

Tirage des cheminées. — Pour qu'une cheminée fonctionne, il faut qu'il s'établisse un bon *tirage* à l'intérieur. Le
tirage est dû à la différence de température entre les gaz
chauds qui emplissent la cheminée et l'atmosphère extérieure ;
c'est la différence de pression qui détermine le courant gazeux.

Considérons un tube cylindrique de hauteur Z, complètement rempli d'air à la température T; la pression à la base du cylindre est égale à la pression atmosphérique X au haut de la cheminée, plus la pression due à la colonne d'air chaud, qui est, par unité de surface

$$0,001293\, Z\, \frac{H}{76}\, \frac{1}{1+\alpha\, T}$$

α étant le coefficient de dilatation des gaz; on a donc :

$$f = X + 0,001293\, Z\, \frac{H}{76}\, \frac{1}{1+\alpha\, T}$$

A l'extérieur, si la température est t, la pression est, par unité de surface,

$$f' = X + 0,001273\, Z\, \frac{H}{76}\, \frac{1}{1+\alpha\, t}$$

Le tirage est, par unité de surface, $f' - f$, et pour une surface S.

$$F = 0,001293\, Z.\, S.\, \frac{H}{76}\, \alpha\, \frac{T - t}{(1 + \alpha\, T)(1 + \alpha\, t)}$$

Cette formule donne le tirage d'une cheminée, qui peut être assimilée à un tube rempli de gaz à T^o; la colonne de gaz chauds étant plus légère qu'une colonne d'air extérieur de même hauteur, l'équilibre ne peut avoir lieu; les gaz froids, poussés par la différence de pression, pénètrent à la base de la cheminée et chassent devant eux les gaz chauds. Grâce à la combustion, l'air qui passe sur le foyer s'échauffe immédiatement et s'élève à son tour, chassé par une nouvelle couche d'air.

Le tirage est donc sensiblement proportionnel à la hauteur de la cheminée et à la différence des températures. A l'aide de la formule précédente, on peut calculer la vitesse du courant gazeux ; on trouve qu'elle est proportionnelle à la racine carrée du tirage, c'est-à-dire à la racine de la hauteur et à celle de la différence des températures. Il en est de même du volume et du poids de gaz écoulé, qui sont évidemment proportionnels à la vitesse.

Influence de l'atmosphère et du vent. — Les parois des cheminées, surtout lorsqu'elles sont élevées, laissent perdre dans l'atmosphère une certaine quantité de chaleur, ce qui abaisse la température des gaz intérieurs et tend à diminuer un peu le tirage. En général, cette diminution n'a pas d'effet sensible.

La température de l'air extérieur et son état hygrométrique exercent une certaine influence. Ainsi, par les temps chauds et humides, les cheminées tirent fort mal.

Le vent peut avoir un effet favorable ou défavorable, suivant sa direction. Lorsqu'il est horizontal, il ne change pas le volume de gaz écoulé, et ne produit pas d'autre effet que d'incliner le courant gazeux à sa sortie. Quand il est dirigé de bas en haut, il produit une aspiration à l'orifice du tuyau et augmente le tirage. Enfin, lorsqu'il est dirigé de haut en bas, il produit l'effet inverse.

L'influence du vent se trouve annulée quand la vitesse de sortie du gaz est assez grande, et atteint au moins 1,80 à 2 mètres. On doit tenir compte de cette donnée pour calculer la hauteur des cheminées d'usine. Cette influence est toujours sensible sur les cheminées d'appartement, qui sont toujours beaucoup moins hautes et dont les gaz ont une température bien moins élevée. Nous reviendrons plus loin sur cet inconvénient.

Registres. — On peut régler le tirage en fermant plus ou moins complètement le tuyau de fumée au moyen d'un registre. On fait ainsi varier le volume de gaz écoulé depuis zéro jusqu'à un certain maximum, correspondant à la pleine ouverture.

Dans certains foyers d'appartement, tels que les poêles, on se sert d'un registre fort simple : c'est un disque de tôle qu'on peut faire tourner autour d'un de ses diamètres au moyen d'une clef extérieure; il est bon de pratiquer dans le disque une échancrure, qui laisse un passage aux gaz délétères, même lorsque le registre est complètement fermé. Dans les fourneaux de chaudières à vapeur, on emploie des registres un peu plus compliqués.

Tuyaux de fumée ; souches de cheminées ; mitres. — Chaque cheminée doit, pour bien fonctionner, être munie d'un tuyau distinct. Dans les maisons à plusieurs étages, les différents tuyaux se juxtaposent, soit contre les murs, soit dans leur intérieur. Dans ce cas, leur section ne doit pas être inférieure à 4 décimètres carrés. On est parfois obligé d'incliner les conduits de fumée ou de les couder ; on doit éviter les angles ou les atténuer, car ils diminuent le tirage. A Paris, quand ils sont inclinés, ils doivent, pour la même raison, ne pas faire avec la verticale un angle supérieur à 30 degrés (arrêté du 15 janvier 1881).

Le tirage augmentant avec la hauteur, les cheminées des étages supérieurs tirent généralement moins bien que celles des étages inférieurs. C'est pour augmenter le tirage qu'on prolonge ordinairement les cheminées au-dessus des toits, dans une construction évidée, appelée *souche de cheminée*, et terminée souvent par un couronnement en pierre. Au-dessus de cette construction chaque tuyau se prolonge par une pièce un peu conique, ordinairement en poterie, désignée sous le nom de *mitre*, et qui réduit à peu près d'un tiers la section du tuyau. Cet étranglement augmente la vitesse des gaz à la sortie et rend le tirage plus stable. Le couronnement ne doit pas s'élever à plus de 60 centimètres au-dessus du faitage, afin qu'il présente toujours la solidité nécessaire. Au besoin, on peut encore, pour augmenter le tirage, prolonger la cheminée par un tuyau en tôle maintenu par des haubans.

Les dimensions des cheminées et des tuyaux doivent correspondre à celles du local à chauffer. D'après le général Morin, il faut donner à la section du tuyau 5 à 6 décimètres carrés par 100 mètres cubes de capacité.

Combustibles employés dans les cheminées. — Dans les cheminées, on emploie le plus souvent du bois, qu'on place transversalement sur des chenets, permettant l'accès de l'air sous le combustible, malgré l'accumulation des cendres. Le bois donne un feu vif et clair, qui est à la fois sain et agréable.

La houille brûle avec une flamme rouge sombre et fumeuse, qui répand souvent dans la pièce une odeur sulfureuse désagréable. Elle donne en outre des poussières qui salissent les meubles et les tentures. Lorsqu'elle est en pleine combustion, son rayonnement est difficile à supporter.

Le coke présente à peu près les mêmes inconvénients; son rayonnement est encore plus insupportable. Brûlant sans flamme, il est difficile à allumer et s'éteint facilement. Il est souvent préféré parce qu'il donne moins de fumée et d'odeur.

Grilles pour la houille ou le coke. — Ces combustibles

Fig. 31. — Grille pour la houille.

ne peuvent être placés directement sur des chenêts. On se contente souvent de placer une grille dans une cheminée ordinaire, en remplissant les vides latéraux avec des briques ou de la cendre.

Le plus souvent, on se sert d'un foyer spécial, en fonte (fig. 31), qui s'adapte exactement dans le cadre de la cheminée. Le fond est constitué par une coquille en fonte, portant une grille qui fait saillie en avant, pour augmenter le rayonnement. Le rideau est remplacé par une sorte de couvercle en tôle pleine ou en fonte ajourée, appelé souffleur, qui ferme l'orifice et qu'on enlève seulement après l'allumage, lorsque le tirage est bien établi. La fumée s'échappe par une tubulure placée au haut de la coquille. L'appareil s'enlève pour le ramonage.

Cheminée prussienne. — On donne ce nom à des appareils, de dimensions assez petites, qu'on installe souvent dans les pièces dépourvues de cheminée fixe. La cheminée prussienne est un petit récipient en tôle contenant un foyer ordinaire ou une grille, fermé en avant par un rideau et surmonté d'un tuyau qui se raccorde avec un conduit d'évacuation pratiqué dans le mur. Ces cheminées ne sont souvent isolées du plancher que par une simple feuille de tôle, ce qui constitue un danger sérieux d'incendie : elles chauffent bien, puisqu'elles ajoutent, à l'effet des cheminées ordinaires, le rayonnement de la caisse et du tuyau en tôle.

Cheminée Arnott. — Cet appareil, employé surtout en Angleterre, est muni d'un récipient à fond mobile qui reçoit une certaine quantité de houille. Le fond peut s'ouvrir plus ou moins pour garnir la grille lorsque le combustible commence à manquer.

Cheminées perfectionnées. — Les cheminées ordinaires ont toujours un rendement calorifique très faible, et qui se trouve encore diminué parce qu'elles produisent un appel exagéré de l'air extérieur. Elles utilisent à peine 5 à 10 pour 100 de la chaleur dégagée. On a imaginé un grand nombre de systèmes pour remédier à ce défaut.

On a fait des cheminées dont le foyer, placé sur des galets, se place au fond pour l'allumage et se tire ensuite en avant pour augmenter le rayonnement, et des cheminées mobiles, munies de tuyaux à joints télescopiques et pouvant se tirer en avant ; mais ces systèmes compliqués ont eu peu

de succès. On cherche plutôt aujourd'hui à récupérer une
partie de la chaleur emportée par la fumée. Des tentatives
de ce genre avaient été faites déjà par Savot et par Gauger ;
elles furent reprises par Péclet.

Cheminée Péclet. — Dans la cheminée de Péclet, le

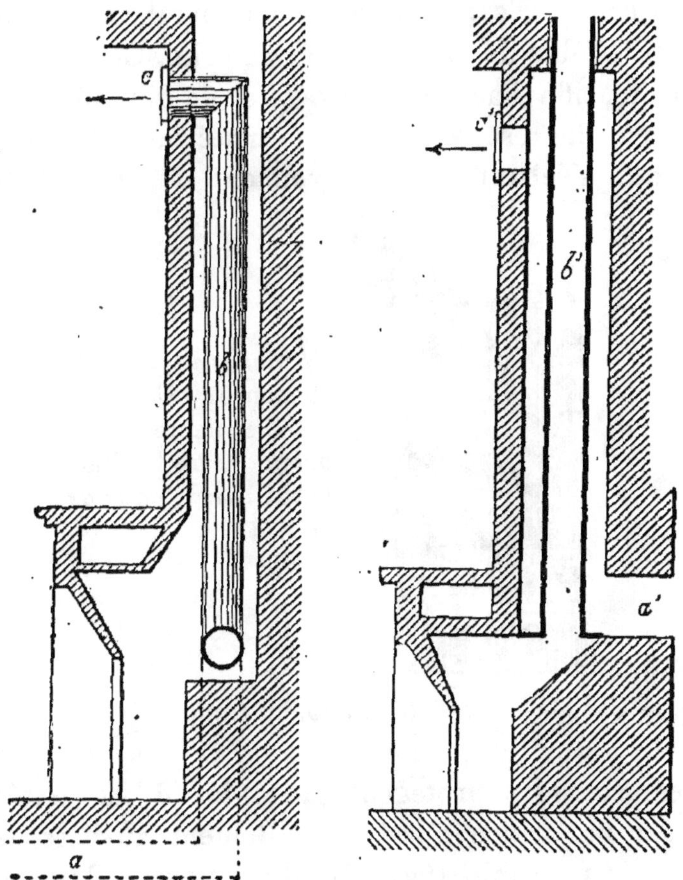

FIG. 32. — Cheminée Péclet.

tuyau d'évacuation renferme, suivant son axe, un conduit
métallique a, b, c, qui s'ouvre en bas dans l'atmosphère et par
la partie supérieure dans la chambre (fig. 32). L'air extérieur
pénètre dans ce tuyau, s'y échauffe et se déverse dans l'appartement. Cette disposition est fort gênante pour le ramonage. Il
est préférable de faire passer la fumée dans le tuyau central b',

entouré par un espace annulaire, où circule et s'échauffe l'air extérieur, qui entre par a' et sort par c'.

Cheminée Douglas-Galton. — La cheminée, installée par le capitaine Douglas-Galton, dans beaucoup de casernes et d'hôpitaux anglais, est à peu près la reproduction de celle de Péclet. C'est une caisse en fonte, contenant une grille pour brûler de la houille ou du coke. Cette grille est assez étroite, afin d'activer le tirage et de diminuer la consommation ; elle est entourée de matériaux réfractaires *(brick)*, qui s'échauffent et rayonnent de la chaleur, en

Smoke flue, tuyau de cheminée ; *gill warmer,* chambre à air ; *brick,* terre réfractaire ; *air passage,* prise d'air.

Fig. 33. — Cheminée ventilatrice Douglas-Galton.

même temps qu'ils protègent la fonte. L'air extérieur pénètre par un orifice placé généralement au-dessous du plancher *(air passage)* (fig. 33) ; il arrive dans la chambre à air *(gill warmer)*, où il s'échauffe au contact du foyer, dont le fond est constitué par une plaque de fonte ornée de nervures, pour augmenter la surface de chauffe, et s'échappe enfin dans la pièce par une bouche de chaleur. La fumée s'élève d'abord dans un tube vertical, puis elle sort par le tuyau *(smoke flue)*. De plus, un autre courant d'air, entrant par le cendrier, traverse un espace ménagé derrière le foyer entre l'enveloppe réfractaire et la plaque de fonte à

nervures et débouche par une fente horizontale au-dessus
du combustible. Cette disposition serait destinée à rendre
l'appareil fumivore.

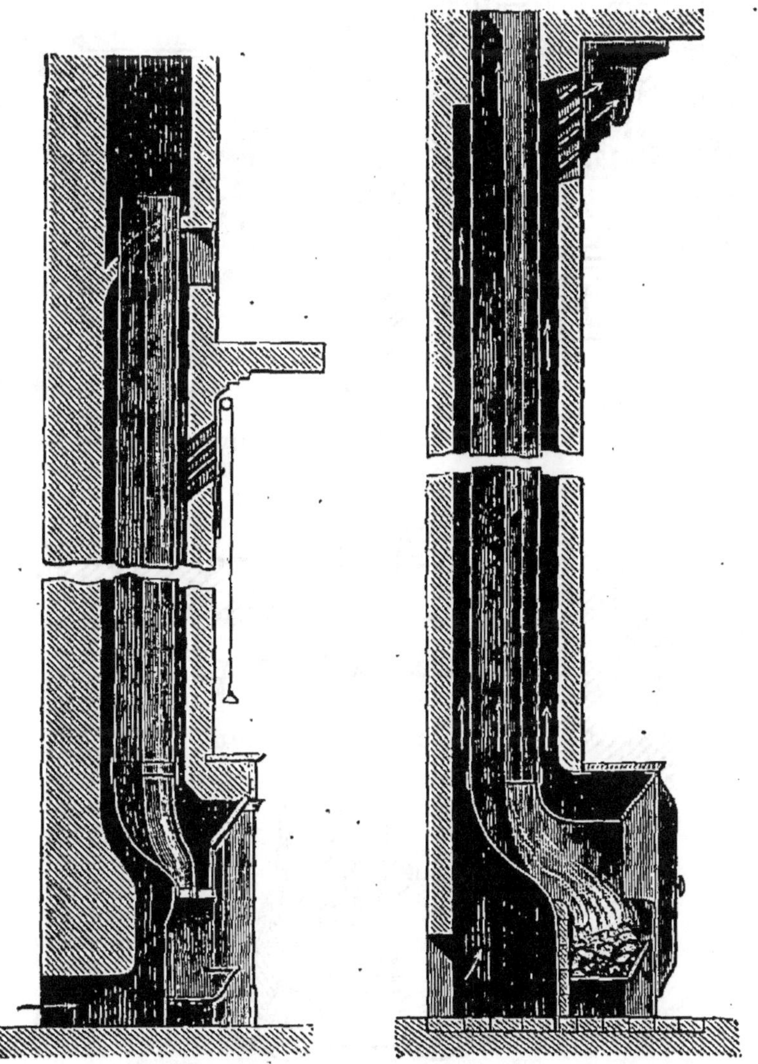

Fig. 34. — Cheminée Douglas-Galton, perfectionnée par le général Morin.

Afin d'augmenter le rendement calorifique de cette
cheminée, le général Morin a prolongé la chambre de
chauffe, qui entoure le tuyau de fumée sur toute la hauteur
de l'étage ; l'air s'échauffe plus longtemps et s'échappe dans

le local par un orifice incliné situé près du plafond (fig. 34).

Cheminée Sylvester. — On emploie beaucoup aussi en

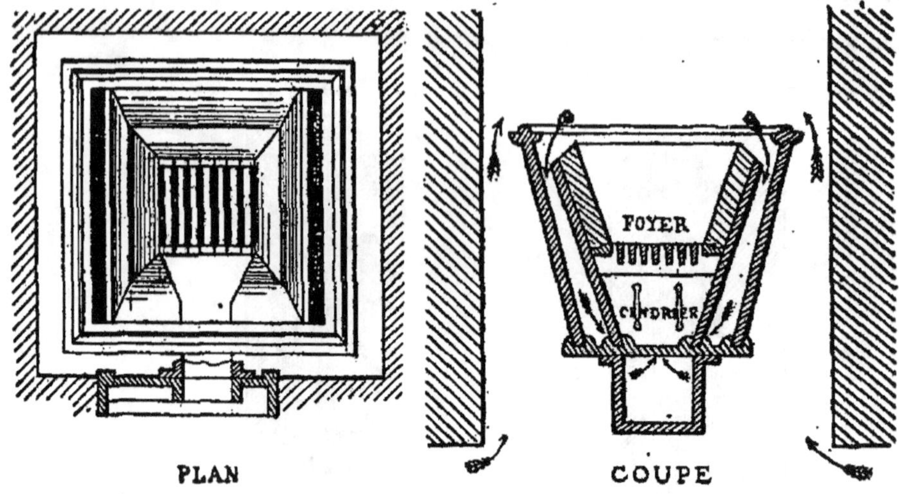

Fig. 35. — Cheminée Sylvester.

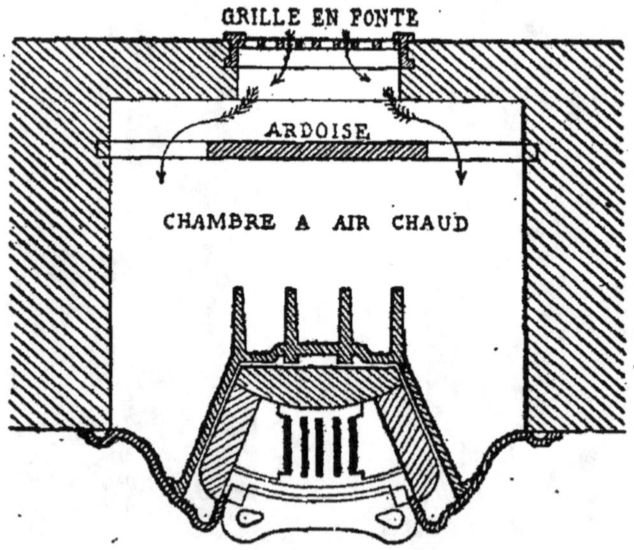

Fig. 36. — Cheminée Sylvester (chambre à air).

Angleterre la cheminée inventée par Sylvester, et perfectionnée par MM. Rosser et Russel. Dans cette cheminée, représentée en plan et en coupe (fig. 35), la fumée s'échappe en descendant, et suit par conséquent une marche inverse de celle de l'air froid. Le foyer a la forme d'un tronc de pyramide renversé en fonte. L'air nécessaire à la combustion arrive par le cendrier; en sortant du foyer,

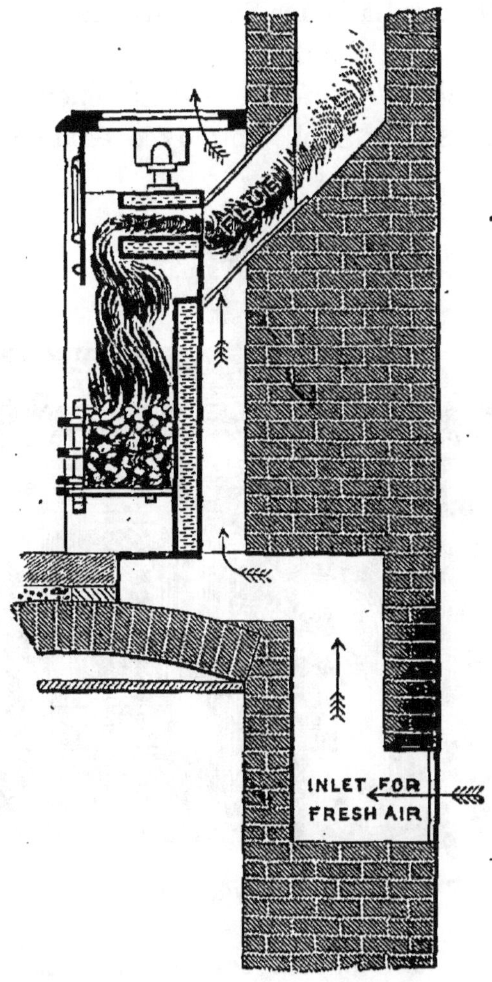

Fig. 37. — Cheminée thermhydrique.
Flue, cheminée; *inlet for fresh air*, entrée de l'air frais.

la fumée redescend par une double enveloppe, qui entoure l'appareil, et s'échappe dans la cheminée par une boîte en fonte, placée au-dessous du cendrier. Toute la surface extérieure est munie de nervures, ainsi qu'un couvercle pyramidal qui ferme la partie supérieure. L'air froid circule dans une caisse en briques qui entoure cet appareil ; il s'échauffe d'abord au contact de la boîte de fonte, puis en suivant les parois de la double enveloppe. On obtient ainsi un bon rendement. La figure 36 montre la chambre à air qui entoure l'appareil de chauffage.

Cheminée thermhydrique. — La cheminée *thermhydrique* de M. Saxon Snell, employée également en Angle-

FIG. 38. — Cheminée thermhydrique au centre d'une pièce.

terre, échauffe l'air par le contact de l'eau chaude ; elle renferme un petit bouilleur placé derrière la grille et communiquant avec une série de tubes de fer installés le long de l'appareil et remplis également d'eau chaude (fig. 37). L'air extérieur, qui pénètre par un orifice placé au bas de la cheminée, passe entre ces tubes avant de pénétrer dans l'appartement, en suivant le chemin indiqué par les flèches ; on est donc certain qu'il n'est ni trop chaud, ni trop sec.

Le conduit de fumée peut être placé sans inconvénients au-dessous du plancher, de sorte que la cheminée peut s'installer au milieu d'une pièce, comme le montre la figure 38.

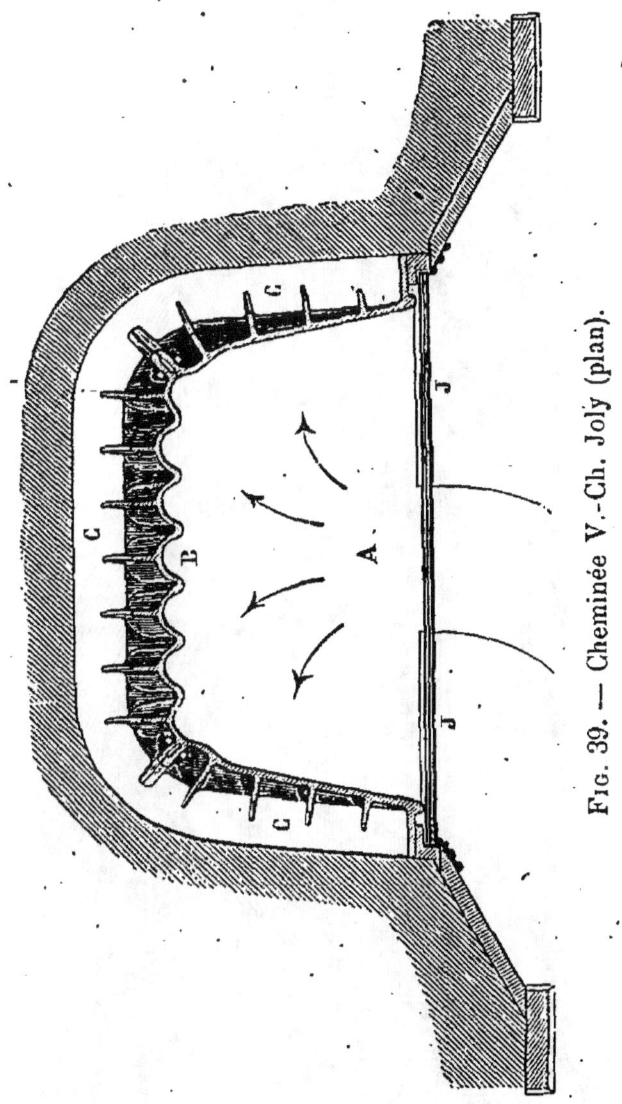

Fig. 39. — Cheminée V.-Ch. Joly (plan).

Cheminée Joly. — Dans la cheminée Joly, l'âtre est porté par une plaque de fonte A et entouré d'une coquille B de même métal, en forme de trapèze à angles arrondis, portant des nervures à l'extérieur (fig. 39 et 40). Ces nervures augmentent la surface de chauffe, et par suite empêchent la fonte de rougir et de carboniser l'air. Le haut de cette coquille

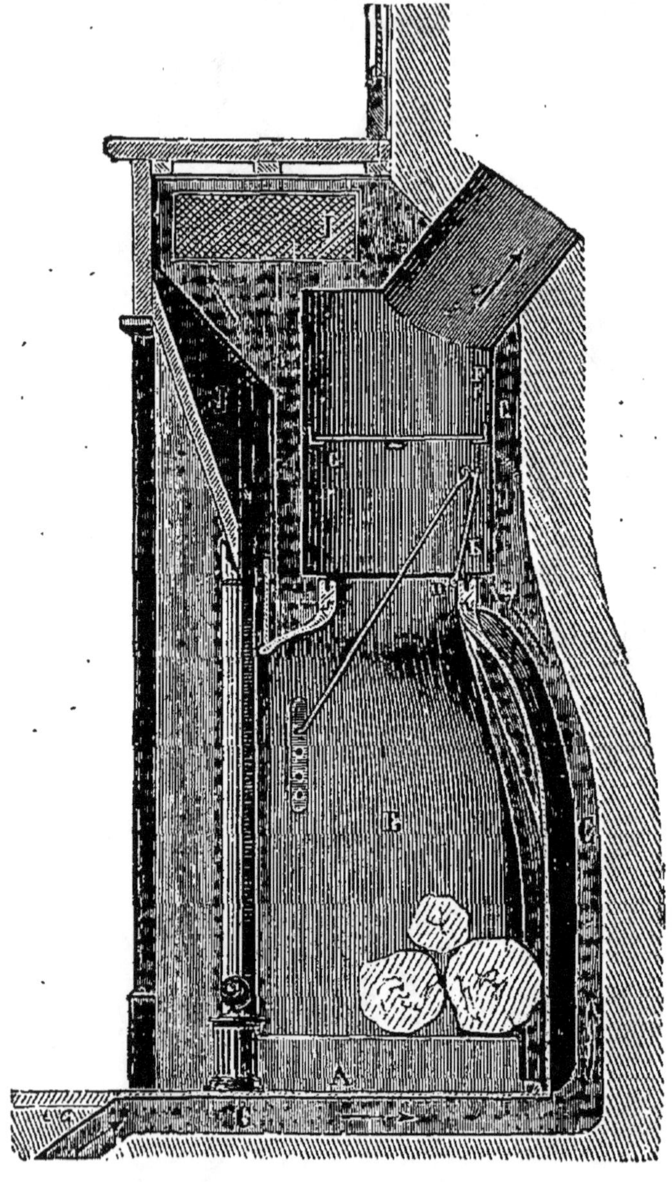

Fig. 40. — Cheminée Joly (coupe verticale).

s'arrondit en se rétrécissant et aboutit à un orifice rectan-gulaire servant d'issue à la fumée. Cet orifice D communique avec la cheminée, soit directement, soit par l'intermédiaire d'une sorte de caisse en fonte, munie de chicanes mobiles et destinée à augmenter la surface de chauffe.

L'air extérieur, appelé par un large conduit C (fig. 40), placé sous le plancher de la chambre, circule dans l'espace C (fig. 39 et 40), qui entoure la coquille à nervures et le tambour et s'échappe enfin par deux larges bouches de chaleur. Un registre E permet de fermer la cheminée lorsqu'on n'y fait pas de feu ; un autre registre sert à régler le tirage. Les chicanes mobiles s'enlèvent pour le ramonage.

Cette disposition est une des plus simples qui aient été essayées pour l'échauffement de l'air ; elle est facile à installer et à nettoyer et elle donne de bons résultats.

Cheminée Mousseron. — L'appareil Mousseron (fig. 41 [1]) se compose d'un foyer en fonte, d'une seule pièce, portant à la partie postérieure deux orifices pour la fumée, l'un au haut, l'autre à la hauteur du combustible. Au moment de l'allumage, la chaleur qui se développe d'abord au bas du foyer force les gaz à s'échapper par l'orifice inférieur. Il s'établit ainsi un tirage très violent. Lorsque la combustion est bien établie, le haut de la cloche s'échauffe et les gaz, s'échappant par la partie supérieure, se rendent directement dans la cheminée. L'appareil reçoit une grille lorsqu'il est destiné à brûler du charbon. Il est facile à monter et s'installe immédiatement dans une cheminée quelconque. Le vide qui existerait tout autour est masqué par un cadre en fonte ou en cuivre à jour, qui s'adapte dans le châssis à moulure. Ce vide forme une chambre de chaleur dans laquelle l'air circule et s'échauffe.

Cheminée Fondet. — Dans la cheminée Fondet, qui est très employée à Paris, l'appareil récupérateur comprend

---

[1] Figure empruntée au livre de M. E. Bosc, *Traité complet théorique et pratique du chauffage et de la ventilation des habitations particulières et des édifices publics.*

deux caisses horizontales en fonte A et B, placées la première à la partie inférieure du foyer, la seconde vers le
haut. Ces deux caisses sont réunies par une série de petits
tubes de même métal, disposés en quinconce. On place l'appareil dans la cheminée, de sorte que la caisse inférieure A
touche le fond de l'âtre et que la caisse B ne laisse entre elle
et le cadre du rideau qu'un espace de 7 ou 8 centimètres.

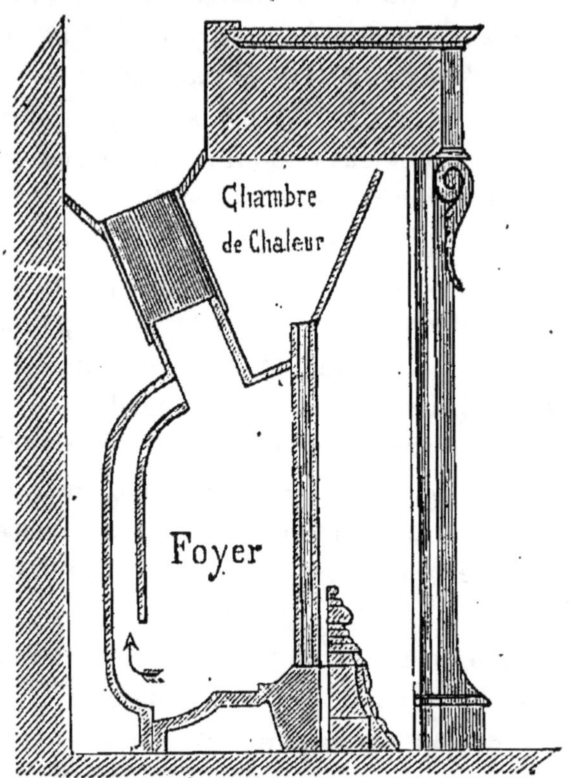

Fig. 41. — Coupe du foyer Mousseron.

Les produits de la combustion se divisent : une partie
passe devant la caisse B et le reste entre les tuyaux de fonte,
L'air extérieur arrive par un tube placé sous le plancher,
traverse l'appareil récupérateur et s'échappe par deux bouches de chaleur.

La suie s'accumule entre les tubes et derrière l'appareil ;

on la fait tomber de temps en temps avec une raclette. Les expériences du général Morin ont montré que le rendement est assez faible. On a fait subir à cet appareil diverses modifications pour l'améliorer ou pour faciliter le ramonage.

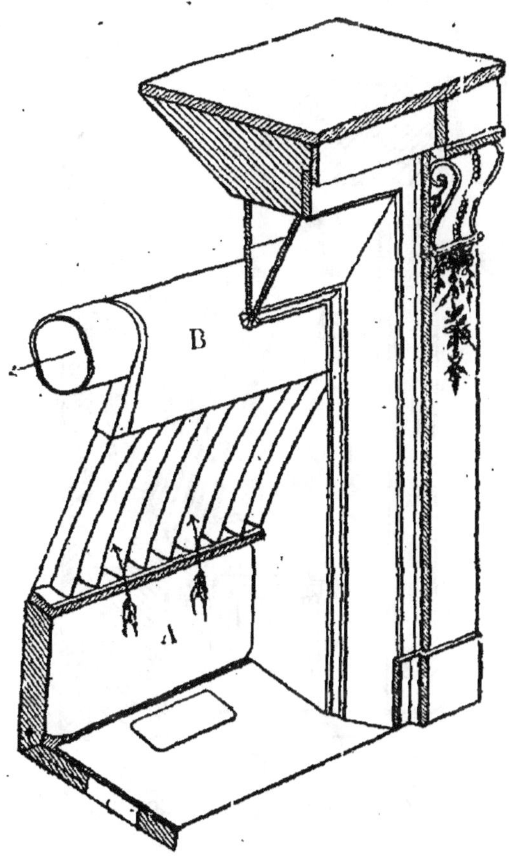

Fig. 42. — Cheminée Fondet.

Cheminée Cordier. — Plusieurs constructeurs ont perfectionné la cheminée Fondet. L'appareil Cordier présente une disposition analogue. L'air extérieur arrive sous la plaque B (fig. 43), passe dans le coffre D, traverse trois rangs de tubes disposés en quinconce et se rend, par le cylindre A, aux bouches de chaleur. Dans cet appareil, la partie inclinée, comprenant le cylindre A et les tubes, peut tourner autour d'un axe horizontal; elle occupe, pour le chauffage, la position inclinée figurée en traits pleins, et, pour le ramonage, se relève jusqu'à la position verticale L, figurée en pointillé. Le premier rang des tubes en quinconce peut être protégé par une grille-tube contre les coups de feu, qui les rongeraient rapidement.

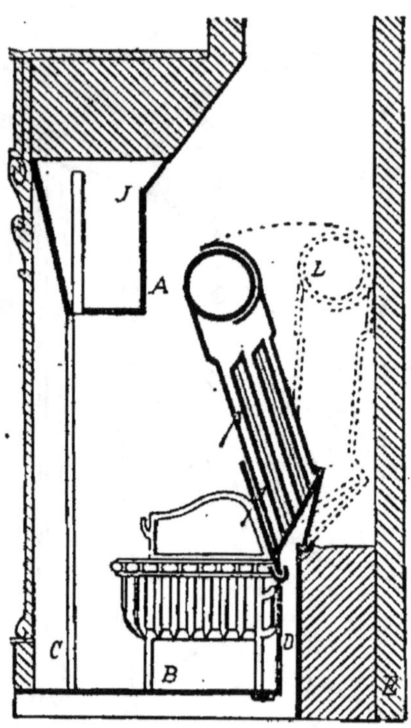

Fig. 43. — Appareil Cordier.

Pour récupérer une plus grande quantité de chaleur, M. Cordier a disposé depuis, au-dessus du foyer (fig. 44), un appareil qu'il appelle colonne *capnothermale*, et qui est formé de cinq petits tubes dans lesquels pénètre également l'air extérieur, qui s'échauffe et sort par une bouche placée près du plafond.

La colonne a 1 à 2 mètres de hauteur et 25 centimètres de diamètre.

Appareil Haillot. — Cet appareil, qui se place dans une

cheminée comme les deux précédents, est composé d'une chambre de chauffe (fig. 45), limitée en avant par des consoles creuses, inclinées, offrant une grande surface, qui forment le

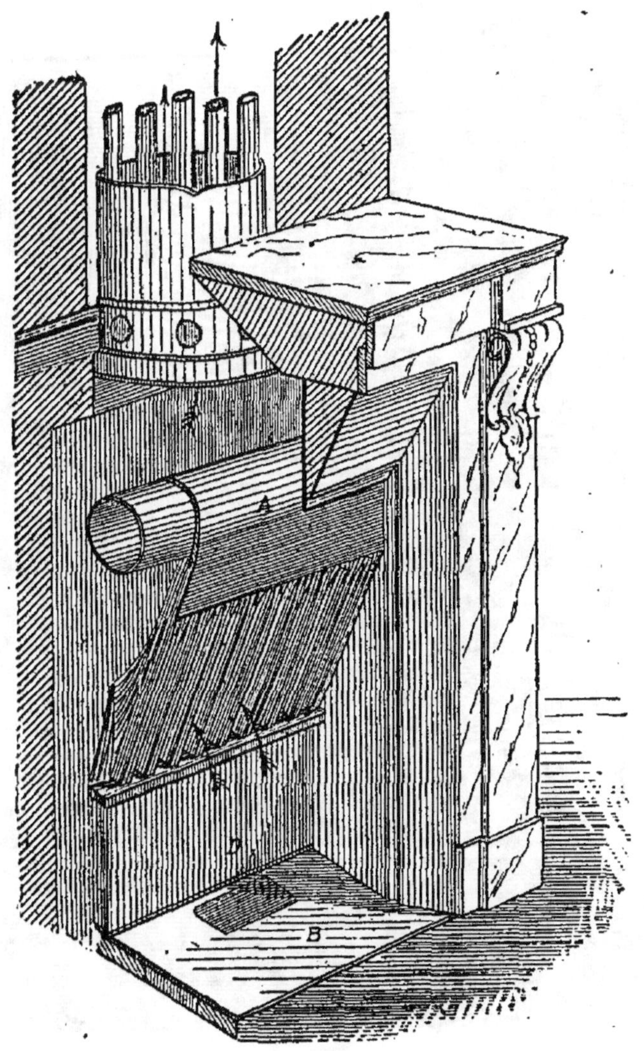

Fig. 44. — Cheminée Cordier avec colonne capnothermale.

fond du foyer. L'air frais passe dans la chambre située derrière les consoles, et sort par des bouches de chaleur latérales. Les plaques de contre-cœur viennent de fonte avec

les consoles du fond : l'appareil étant d'une seule pièce, on
n'a pas à craindre les fuites par les joints et le mélange de la
fumée avec l'air chaud.

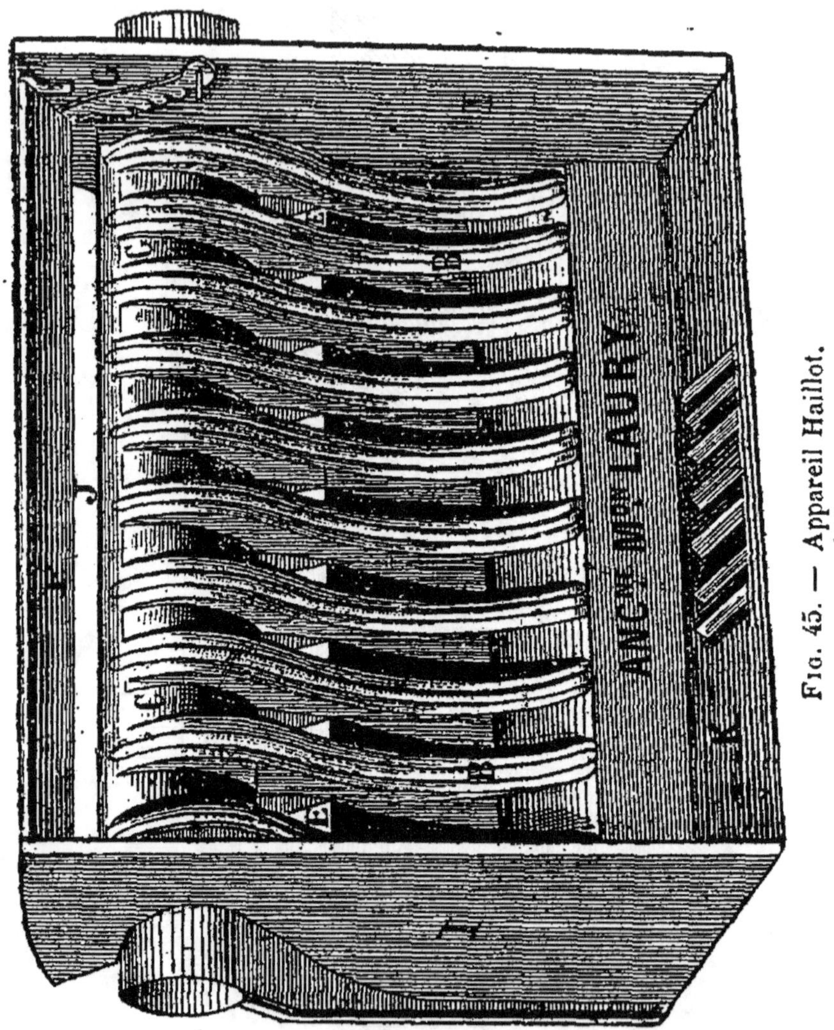

Fig. 45. — Appareil Haillot.

Foyer à lames ondulées. — Cet appareil présente le
même avantage que le précédent.

L'air frais traverse un coffre en fonte, placé, comme
précédemment, dans le fond de la cheminée (fig. 46), et sort
par les bouches. Le coffre renferme des lames ondulées qui

le partagent en de nombreux compartiments. L'air s'échauffe ainsi plus également, car les ondulations le mettent en contact alternativement avec la paroi antérieure et la paroi postérieure du coffre, qui sont à des températures inégales.

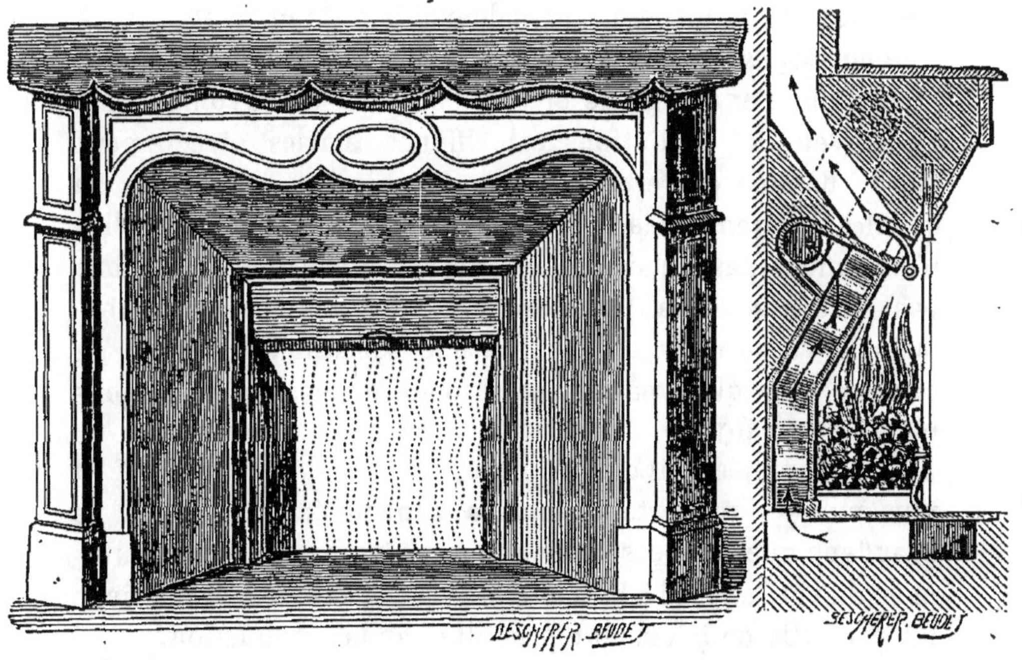

Fig. 46. — Foyer réflecteur à lames ondulées (Haillot).

Cheminées à gaz. — Le gaz d'éclairage est loin d'être un combustible économique, mais il a l'avantage de pouvoir s'allumer ou s'éteindre instantanément ; aussi convient-il surtout aux pièces qui n'ont besoin que d'un chauffage intermittent. On emploie, dans ce cas, des appareils qui se placent tout préparés dans une cheminée ordinaire.

Ces appareils sont formés souvent de bûches en fonte superposées et figurant un feu de bois. Le gaz s'échappe par de petits orifices et vient chauffer des lames incombustibles d'amiante. Le rayonnement de la fonte et de l'amiante s'ajoute à celui de la flamme.

L'appareil Jacquet est formé de plaques de tôle horizontales, fixées au haut du foyer, vers l'entrée du tuyau de fumée, et chauffées par une rampe de jets de gaz horizontaux qui brûle au-dessous. Une plaque de cuivre cylindrique, bien polie, à génératrices horizontales, forme réflecteur et renvoie dans la pièce une grande partie de la chaleur.

Avantages et inconvénients des cheminées. — Les cheminées ont l'avantage de chauffer surtout par rayonnement, au moyen des radiations calorifiques émises directement par la flamme et de celles que réfléchissent les parois, ou qu'elles émettent elles-mêmes en s'échauffant; par suite elles n'échauffent pas sensiblement l'air de la pièce et ne lui font pas perdre ses qualités. De plus, elles laissent aux habitants la vue du feu et donnent une sensation agréable de chaleur vive, qu'on peut du reste modérer en s'éloignant plus ou moins du foyer.

Les cheminées ont en revanche, surtout dans leur forme la plus simple, un certain nombre d'inconvénients. Elles ne chauffent que les personnes rapprochées du foyer et seulement du côté exposé à la flamme. Elles laissent perdre environ 90 pour 100 de la chaleur produite par la combustion.

Elles ne donnent qu'une chaleur fugitive qui s'éteint avec le rayonnement, dès que la combustion se ralentit. Le tirage des cheminées détermine en outre, par les joints des portes et des fenêtres, des courants d'air d'autant plus désagréables qu'ils se font sentir surtout au niveau du plancher, sur les pieds des habitants. Enfin les cheminées ont assez souvent l'inconvénient de fumer et elles offrent des dangers d'incendie assez sérieux ; de plus la manipulation du combustible et le ramonage répandent dans l'appartement des poussières noires qui salissent les meubles et les tentures.

La mauvaise économie des cheminées est évidemment compensée en partie par les avantages indiqués plus haut; il existe d'ailleurs des dispositions ayant pour but d'augmenter le rendement et que nous avons décrites. Dans ces

cheminées perfectionnées, on récupère une partie de la
chaleur perdue, ainsi que nous l'avons vu, en chauffant l'air
extérieur au contact du foyer, avant de l'introduire dans
l'appartement.

Les courants d'air peuvent être évités en établissant des
orifices réguliers pour l'accès de l'air, et en garnissant de
bourrelets les joints des portes et des fenêtres. Enfin nous
allons indiquer les principales causes qui peuvent faire
fumer les cheminées et les précautions qui peuvent remédier
à cet inconvénient.

*Causes qui font fumer les cheminées ; insuffisance de
la ventilation.* — Les cheminées peuvent fumer par suite
de différentes causes. L'une des plus fréquentes est l'insuffisance des orifices pour l'admission de l'air extérieur. Le
tirage entraîne toujours à travers la cheminée, et c'est là
une des causes principales du faible rendement de ces appareils, un volume d'air très supérieur à celui qu'exige la
combustion. Pour maintenir l'équilibre de pression, il faut
qu'il rentre, en un temps quelconque, une masse d'air égale
à celle qui sort par la cheminée. Si cela n'a pas lieu, et que
le tuyau de fumée ait une section un peu grande, il s'y
établit deux courants, l'un ascendant pour le tirage, l'autre
descendant pour l'introduction de l'air neuf. Ces deux courants se mélangent toujours en certains points, et l'air qui
descend ramène avec lui une partie de la fumée et des gaz de
la combustion.

Si le tuyau est trop étroit pour qu'il s'y établisse un double courant, le tirage se ralentit et il ne sort qu'une quantité
de gaz égale à celle qui rentre; une partie de la fumée et des
gaz délétères, ne pouvant pas s'échapper par la cheminée, se
répand dans l'appartement.

Cet inconvénient se produit surtout lorsqu'on n'a pas
ménagé d'ouvertures spéciales pour l'appel de l'air extérieur
et que ce gaz pénètre seulement par les joints des portes et
des fenêtres. Cette rentrée d'air étant alors accompagnée de

courants extrêmement désagréables; on garnit souvent les joints de bourrelets, ce qui nuit encore davantage au fonctionnement de la cheminée.

Il est évident qu'on remédiera à ce défaut en établissant des orifices suffisants pour l'admission de l'air neuf; on a de bons résultats avec des conduits de 5 à 6 décimètres carrés de section par 100 mètres cubes de capacité; mais l'on se contente souvent de conduits beaucoup plus étroits, à cause de la difficulté de loger, sous les planchers, des tuyaux aussi larges. Le surplus est alors fourni par les joints des portes et des fenêtres.

Insuffisance du tirage. — Une cheminée peut fumer aussi par insuffisance de tirage. Cette insuffisance peut du reste provenir, soit de la température trop basse des gaz expulsés, soit de la hauteur trop faible de la cheminée. On élève la température des gaz en diminuant la masse d'air qui passe au-dessus du feu, et qui sert seulement à la ventilation, mais nullement à la combustion. Cette masse gazeuse s'échauffe au contact des produits de la combustion et par conséquent refroidit ceux-ci. C'est ainsi qu'on augmente le tirage en abaissant le rideau de la cheminée. Il faut donc, pour remédier à cet inconvénient, éviter une ventilation exagérée et ne pas donner une trop grande ouverture au foyer.

Le même inconvénient se présente parfois au moment de l'allumage. L'air de la cheminée n'étant pas encore échauffé, le courant ascendant ne s'établit pas; pour la même raison, l'appel d'air extérieur ne se fait pas; dans ces conditions, il arrive souvent que la fumée se dégage en partie dans l'appartement. On fait cesser cet état de choses et on établit le tirage, soit en abaissant le rideau, soit en ouvrant une fenêtre pendant quelques minutes. Le premier procédé diminue la ventilation et augmente la vitesse de l'air qui s'engouffre dans la cheminée; le second augmente la masse d'air qui pénètre dans la pièce et par suite augmente aussi la vitesse d'échappement ; dans les deux cas le tirage s'établit et la cheminée cesse de fumer.

L'insuffisance du tirage peut provenir aussi d'une hauteur trop faible de la cheminée. C'est ce qui se présente surtout pour les étages supérieurs des maisons. Nous avons indiqué plus haut *(souches de cheminées, mitres)* comment on atténue le plus possible cet inconvénient.

Influence réciproque de plusieurs cheminées. — Lorsque plusieurs cheminées sont établies, soit dans une même salle, soit dans plusieurs salles communiquant ensemble, il arrive souvent qu'une ou plusieurs de ces cheminées fument. Si l'une seulement est allumée, son tirage détermine dans les autres un courant d'air descendant qui ramène toujours une odeur de suie. Si toutes les cheminées sont allumées, celle qui tire le mieux produit encore le même effet sur les autres. Il faut avoir soin dans ce cas d'assurer partout une bonne ventilation.

Influence réciproque des tuyaux de fumée. — Un effet analogue se produit lorsqu'un même tuyau reçoit la fumée de plusieurs foyers. La section se trouve trop grande ou trop petite, suivant le nombre des foyers allumés. Il peut même arriver que les gaz produits dans un foyer redescendent par une autre cheminée et se répandent dans la pièce correspondante. Ce résultat est inévitable lorsque la seconde pièce renferme une autre cheminée desservie par un tuyau distinct, et que la ventilation n'est pas suffisante.

Le même inconvénient peut se produire encore lorsque deux tuyaux distincts, mais voisins, se trouvent réunis accidentellement par une ou plusieurs fissures dans la maçonnerie qui les sépare.

C'est pour ce motif qu'on a abandonné les *tuyaux unitaires* d'Allard et Mousseron, essayés à Paris il y une quinzaine d'années, et qui réunissaient dans un seul tuyau à large section (93 centimètres pour six cheminées) toutes les cheminées d'une maison ou même celles de plusieurs maisons voisines. Ces tuyaux étaient destinés à éviter la perte de place considérable et l'affaiblissement des murs produits dans les maisons très élevées par la juxtaposition des tuyaux distincts. Mais, outre la production de fumée, les tuyaux unitaires sont fort dangereux et peuvent causer des empoisonnements par l'oyde de carbone, lorsqu'une des chambres dessert un poêle à combustion lente. Aussi ont-ils été interdits par les ordonnances de police de 1875 sur les incendies.

Art. 8. — Tout conduit de fumée doit, à moins d'autorisation spéciale, desservir un seul foyer et monter dans toute la hauteur du bâtiment, sans ouverture d'aucune sorte dans tout son parcours.

En conséquence, il est formellement interdit de pratiquer des ouvertures dans un conduit de fumée traversant un étage, pour y faire arriver de la fumée, des vapeurs ou des gaz, ou même de l'air.

On remédie en partie aux inconvénients de ces communications en plaçant dans chaque cheminée une trappe mobile qu'on ferme lorsqu'elle n'est pas en service. Cette disposition assez fréquente peut causer des ennuis et même des dangers sérieux, si la trappe vient à se fermer sans qu'on s'en aperçoive.

Communication entre le tuyau de fumée et la chambre de chauffe. — Il peut arriver parfois, dans les cheminées perfectionnées décrites plus haut, qu'une communication accidentelle s'établisse entre le foyer ou le tuyau et l'espace dans lequel l'air de ventilation s'échauffe avant de pénétrer dans le local, soit par une fissure, soit par un joint mal établi. Si le tirage est assez fort, c'est l'air échauffé qui sera entraîné par la cheminée, ce qui n'aura pas d'autre inconvénient que d'activer la combustion et d'augmenter un peu la dépense. Mais, si le tuyau est étroit et le tirage faible, il peut se faire que les gaz brûlés soient attirés dans la chambre de chauffe, et que les bouches de chaleur déversent de la fumée et même des gaz délétères.

Influence du soleil et du vent. — Si les rayons solaires tombent directement sur le faîte de la cheminée, l'air qui surmonte l'orifice s'échauffe ; la différence de température entre l'intérieur de l'édifice et l'atmosphère devenant plus faible, le tirage diminue et la cheminée fume.

L'influence du vent peut produire le même effet, surtout dans les villes. Lorsque l'orifice d'un tuyau se trouve placé devant un mur vertical, le vent qui rencontre cette paroi se réfléchit brusquement et peut pénétrer dans la cheminée, s'opposant à la sortie des gaz et les refoulant dans le local chauffé. Cet effet se manifeste par des bouffées irrégulières qui pénètrent dans la pièce à chaque coup de vent. Un inconvénient analogue peut se produire dans une cheminée située dans une vallée très encaissée. Dans tous les cas, on y remédie en prolongeant le tuyau ou en le surmontant d'un des dispositifs décrits au chapitre de la ventilation naturelle.

Feux de cheminée ; dangers d'incendie. — Les incendies proviennent le plus souvent des feux de cheminée. Au contact de la fumée, les parois de la cheminée se recouvrent assez vite d'un dépôt de suie, qu'on enlève par le ramonage. Lorsqu'une cheminée n'a pas été ramonée depuis un certain temps, il peut arriver que la suie prenne feu au contact des flammes du foyer. La combustion se propage rapidement jusqu'au sommet de la cheminée, qui se couronne d'une gerbe de flammes et d'étincelles. Lorsque cette cheminée est bien construite, un feu ne présente aucun danger ; mais, si elle présente des crevasses, le feu peut gagner les appartements qu'elle traverse ou attaquer les poutres d'un plancher et déterminer un incendie sérieux.

C'est afin d'éviter ces accidents qu'une ordonnance du préfet de police, du 15 septembre 1875, prescrit à Paris de laisser toujours un espace d'au moins 0,16 m. entre le parement intérieur du tuyau et les bois de charpente les plus rapprochés.

Pour éteindre les feux de cheminée, il suffit d'ordinaire de fermer hermétiquement l'orifice inférieur en abaissant le rideau et fermant tous les joints avec des linges mouillés. Le tirage se trouve complètement supprimé, et, la cheminée se trouvant bientôt remplie de gaz incapables d'entretenir la combustion, la suie finit par s'éteindre. Outre ces précautions, il est bon de jeter dans la cheminée une certaine quantité de soufre, qui s'enflamme, les corps éteints par l'acide sulfureux se rallumant difficilement.

Il peut encore arriver que des morceaux de bois enflammés tombent sur le parquet ou que des étincelles jaillissent sur les meubles : les pare-étincelles ne suffisent pas toujours à empêcher ces accidents. Signalons encore le danger sérieux qui se produit lorsque des femmes ou des enfants, vêtus d'étoffes légères et inflammables, s'approchent imprudemment d'une cheminée allumée.

CHAPITRE VII

CHAUFFAGE PAR LES POÊLES

Principe des poêles. — Avantages et inconvénients des poêles. — Poêles braseros. — Poêles simples sans circulation d'air. — Poêles lyonnais, français, luxembourgeois. — Poêles Gurney, Giraudeau-Jalibert — Poêle-cheminée. — Poêles céramiques. — Poêles à double enveloppe et à circulation d'air. — Poêle Phénix. — Poêle-calorifère Martin. — Poêles allemands : du Palatinat, de Francfort, de Lönholdt, de Schmœlcke. — Poêles Dehaitre, Geneste et Herscher (à foyer céramique), Haillot, Hurez, Anceau. — Thermo-conservateur. — Poêle-calorifère de la Compagnie du gaz. — Poêle-ventilateur Haillot. — Poêles-calorifères Musgrave, Muller. — Poêle pour écoles. — Poêles à gaz.

Principe des poêles. — Les poêles sont, comme les cheminées, des appareils de chauffage local ; mais le foyer est enfermé dans un récipient fermé plus ou moins complètement, de sorte qu'on est privé de la vue et du rayonnement

direct du feu. En revanche, le rendement est beaucoup
meilleur : l'air, entrant par un orifice beaucoup plus petit,
est obligé de passer en totalité sur le combustible; on n'a
donc pas, comme dans les cheminées, une masse énorme
de gaz qui s'engouffre au-dessus du foyer, sans servir à la
combustion, prend de la chaleur et l'emporte à travers le
tuyau. En outre, la surface extérieure du poêle se trouve
d'ordinaire placée tout entière dans l'appartement, et il est
souvent relié par un long tuyau en tôle avec la cheminée
d'évacuation; on profite alors de la chaleur rayonnée par
ces deux organes. D'ailleurs les poêles ne chauffent pas
seulement en rayonnant de la chaleur obscure, mais aussi
par la convection de l'air, qui s'échauffe au contact de leurs
parois, et, devenant plus léger, s'élève, tandis qu'une autre
couche gazeuse vient s'échauffer à son tour.

Avantages et inconvénients des poêles. — Les poêles
sont les appareils de chauffage les plus économiques au
point de vue de l'installation et de la consommation de
combustible ; aussi sont-ils très répandus.

Il existe des poêles de construction très simple et par
suite de prix très peu élevé. L'installation n'entraine également que très peu de frais accessoires, pourvu qu'on ait
disposé d'avance dans les murs des conduits d'évacuation
pour la fumée.

Le rendement calorifique est assez considérable : il peut
atteindre 70 à 80 pour 100. Mais ce rendement n'est obtenu
qu'en rendant la ventilation insignifiante; on obtient environ
10 à 20 mètres cubes par kilogramme de charbon brûlé.
Les poêles à une seule enveloppe donnent en outre un
rayonnement direct beaucoup trop intense, et peuvent dessécher l'air et lui communiquer une odeur désagréable ; ils
peuvent même, lorsqu'ils sont portés au rouge, causer de
graves accidents, brûlures ou incendies.

En outre les poêles sont souvent gênants ; leur aspect est
peu agréable, surtout lorsque le tuyau de fumée, pour

donner plus de chaleur, traverse tout l'appartement avant de se rendre à la cheminée. La manipulation répand des poussières de charbon qui salissent les meubles et les tentures. Enfin, lorsqu'on veut chauffer un vaste édifice en plaçant un poêle dans chaque pièce, l'allumage et l'entretien de ces foyers demande beaucoup de temps. On y remédie parfois en installant au rez-de-chaussée des poêles qui chauffent les étages supérieurs par un courant d'air chaud.

Le diamètre de la grille, la surface de chauffe et la section de la cheminée doivent être calculés d'après les dimensions du local à chauffer. Dans le cas d'un chauffage intermittent, l'appareil doit être assez puissant pour élever rapidement la température ; la surface de la grille et la section de la cheminée doivent alors être environ doublées.

Il existe un grand nombre de poêles dans lesquels on a cherché à atténuer les défauts que nous venons de signaler : nous allons décrire les principaux systèmes.

Poêles braseros. — Ces poêles n'ont pas de tuyau pour le dégagement de la fumée, ce qui permet de les transporter facilement en un lieu quelconque : ils sont formés simplement d'un récipient clos, avec un orifice assez restreint pour l'entrée de l'air. Ils présentent les dangers très sérieux indiqués plus haut à propos des braseros ; ils doivent donc, comme eux, être proscrits des appartements où l'air séjourne, et ne peuvent servir qu'à chauffer des locaux largement aérés et dans lesquels on ne fait que passer.

Poêles simples sans circulation d'air. — Ce sont des appareils formés d'un simple récipient en tôle, en fonte, en faïence ou en briques, qui rayonne directement dans le local à chauffer.

Les poêles métalliques s'échauffent vite, à une haute température, et se refroidissent de même ; on doit donc les chauffer lentement et d'une façon continue. Par leur conductibilité, ils refroidissent notablement les gaz de la combustion et par suite chauffent beaucoup sous une petite surface.

Ils sont peu coûteux, mais ils présentent quelques défauts.

Ils donnent à l'air qui vient toucher leurs parois une température trop élevée, et par suite le dessèchent ; on évite cet inconvénient en plaçant sur le poêle un vase plein d'eau qui rend à l'atmosphère un degré hygrométrique convenable. De plus, ils carbonisent les poussières organiques de cet air, et lui communiquent ainsi une mauvaise odeur. En augmentant la surface du poêle par des nervures ou des ailettes, elle cède plus de chaleur par contact et par rayonnement et prend une température moins élevée, ce qui atténue les deux défauts précédents. Les poêles métalliques dégagent 1500 à 2500 calories par heure et par mètre carré. Ce rendement est presque doublé par les ailettes.

Wiel et Gnehm conseillent de faire les poêles plus hauts que larges, pour éviter la précipitation des poussières de l'air sur leur surface ; Wolpert recommande au contraire de les faire plus larges que hauts, parce que l'air chaud tend toujours à s'élever. Cette solution paraît préférable, car il est douteux que le premier système empêche la calcination des poussières.

Enfin les poêles métalliques, lorsqu'ils sont portés au rouge, deviennent perméables pour les gaz et peuvent ainsi laisser échapper dans la pièce une partie des produits de la combustion. Cette osmose des gaz par la fonte rougie est hors de doute ; elle a été prouvée par les expériences de Carret, Sainte-Claire Deville et Troost, Morin, Urbain, Gréhant. Cependant il résulterait des expériences de Gruber que la quantité d'oxyde de carbone ainsi introduite dans l'atmosphère d'un appartement est généralement trop faible, à moins d'accidents, pour constituer un danger. D'ailleurs il est facile d'employer seulement les poêles métalliques qui ne rougissent pas, ou bien des poêles en tôle à double paroi ou revêtus intérieurement de pierres ou de briques réfractaires. D'un autre côté, le dégagement d'oxyde de carbone peut

être à craindre lorsque le poêle est formé de plusieurs morceaux réunis par des joints.

Les poêles en faïence s'échauffent lentement, mais conser-
vent longtemps le calorique enmagasiné. Il ne faut donc pas
craindre de les chauffer un peu vivement et avant que le
local soit occupé. Les poêles céramiques à mince paroi donnent 1000 à 1500 calories par heure et par mètre carré de
surface de chauffe,

Poêle lyonnais. — Ce poêle, très simple, est formé de
deux pièces égales en fonte, de forme un peu conique et
superposées par leur grande base (fig. 47[1]). Une grille intérieure reçoit le combustible. La pièce supérieure est percée
d'une porte pour le chargement, et la pièce inférieure d'une
autre pour l'entrée de l'air et l'enlèvement des cendres. Les
gaz s'échappent par un tuyau fixé au sommet de l'appareil;
même avec un feu modéré, ces poêles donnent un rayonnement difficile à supporter.

Fig. 47. — Poêle lyonnais.

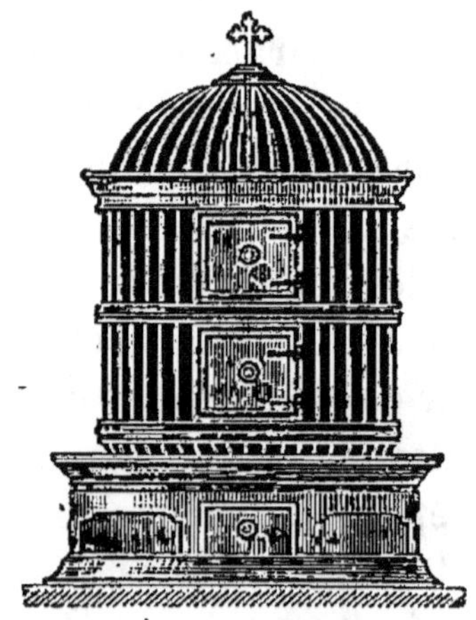

Fig. 48. — Poêle français.

Poêle français. — Le poêle français, de MM. Geneste
et Herscher (fig. 47), est formé d'anneaux en fonte, dont on

[1] Figure empruntée au livre de M. Bosc : *Traité complet théorique et pratique du chauffage et de la ventilation des habitations particulières et des édifices publics.*

fait varier le nombre à volonté, et qui s'emboîtent exactement les uns dans les autres. Ces anneaux sont munis de
nervures extérieures, qui augmentent la surface de chauffe.
Le poêle se termine, à la partie supérieure, par une calotte
sphérique, également nervée, qui porte la buse du tuyau de
fumée. L'anneau inférieur se rétrécit pour recevoir la grille
intérieure et repose sur un socle formant cendrier et portant
un vase annulaire plein d'eau, pour remédier à la sécheresse
de l'air. Les nervures ne plongent pas dans l'eau, pour ne
pas rendre l'évaporation trop active. Le rétrécissement de
la grille diminue l'échauffement des parois et permet de
revêtir au besoin l'intérieur de briques réfractaires. En cas
d'usure d'un anneau, on peut le remplacer sans changer le
reste.

Cet appareil peut se placer dans l'appartement même ou
au-dessous. Il peut aussi recevoir une double enveloppe avec
prise d'air extérieure ; il rentre alors dans la catégorie des
poêles à circulation d'air décrits plus loin.

Poêle luxembourgeois. — Ce poêle est analogue au précédent, et muni comme lui de nervures C (fig. 49) qui
rendent la surface quatre à six fois plus grande. Ces nervures occupent toute la hauteur du foyer A, qui est cylindrique
et composé de segments verticaux réunis par des boulons ;
elles plongent à la base dans une cuvette annulaire I pleine
d'eau. Le corps A plonge à sa base dans un bain de sable P ;
il est surmonté d'une calotte G, que la fumée traverse avant
de sortir par la buse H. On voit en B la grille, en K le cendrier. L'appareil a trois portes, l'une D pour les charge-
ments, la seconde L pour le cendrier ; enfin la troisième E,
qui sert pour l'allumage et le nettoyage, est munie d'une
contre-porte E'. L'appareil repose sur un socle octogonal M ;
l'air de la pièce passe par les trous O et s'échauffe en montant le long des nervures.

Les poêles luxembourgeois ont une hauteur comprise
entre 1,05 et 1,90 m. et présentent une surface de chauffe

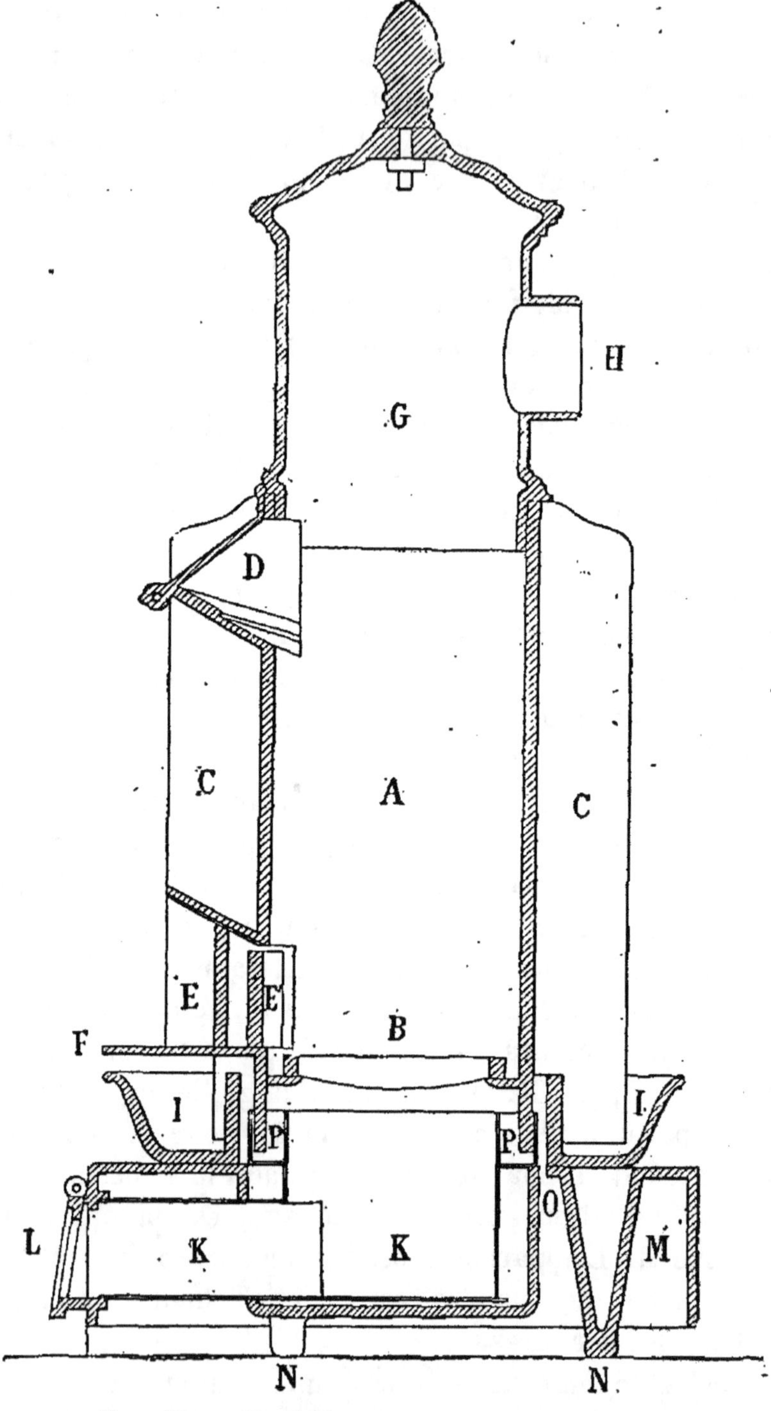

FIG. 49. — Poêle luxembourgeois (Delaroche).

variant de 1,50 à 11 mètres carrés. Ils peuvent donc convenir à des locaux de capacité très différente, depuis 50 jusqu'à 4000 mètres cubes. Ils peuvent être installés dans le local à chauffer ou dans une pièce voisine. Dans le premier cas, ils peuvent être placés indifféremment en un point quelconque du local, et alimentés soit par l'air lui-même de la pièce, soit par une prise d'air B, venant de l'extérieur, comme le montre la figure 50, qui représente l'installation de cet appareil dans une école. L'air introduit par B est alors employé en même temps pour la ventilation.

Dans le second cas, le poêle est placé dans une petite pièce voisine du local et communique avec lui par deux ouvertures ou séries d'ouvertures, placées l'une en bas, l'autre en haut; la première aspire l'air froid du local et la seconde y déverse de l'air chaud.

Poêle Gurney. — Ce poêle, usité en Angleterre, porte des nervures extérieures verticales et très saillantes, qui augmentent notablement la surface. Ces nervures plongent à la base dans un vase d'eau annulaire, ce qui produit une évaporation de l'eau peut-être trop active.

Poêle Giraudeau-Jalibert. — Ce poêle présente encore des nervures verticales qui plongent dans le réservoir d'eau inférieur L (fig. 51); mais la disposition intérieure est plus complexe.

On trouvera plus loin (fig. 60) une coupe intérieure de ce poêle. Le foyer E, muni de nervures extérieures et de cannelures intérieures, est surmonté d'un tube vertical F, que recouvre une cloche à nervures H, portant à sa partie inférieure la buse I du conduit de fumée. La fumée, venant par le tube central, redescend par l'espace annulaire compris sous la cloche, et s'échappe par le tuyau.

La cloche étant plus large que le foyer, on a entouré celui-ci, pour rendre uniforme le diamètre de l'appareil, d'une enveloppe à nervures dans laquelle circule l'air extérieur, qui pénètre par les orifices du socle et sort par les

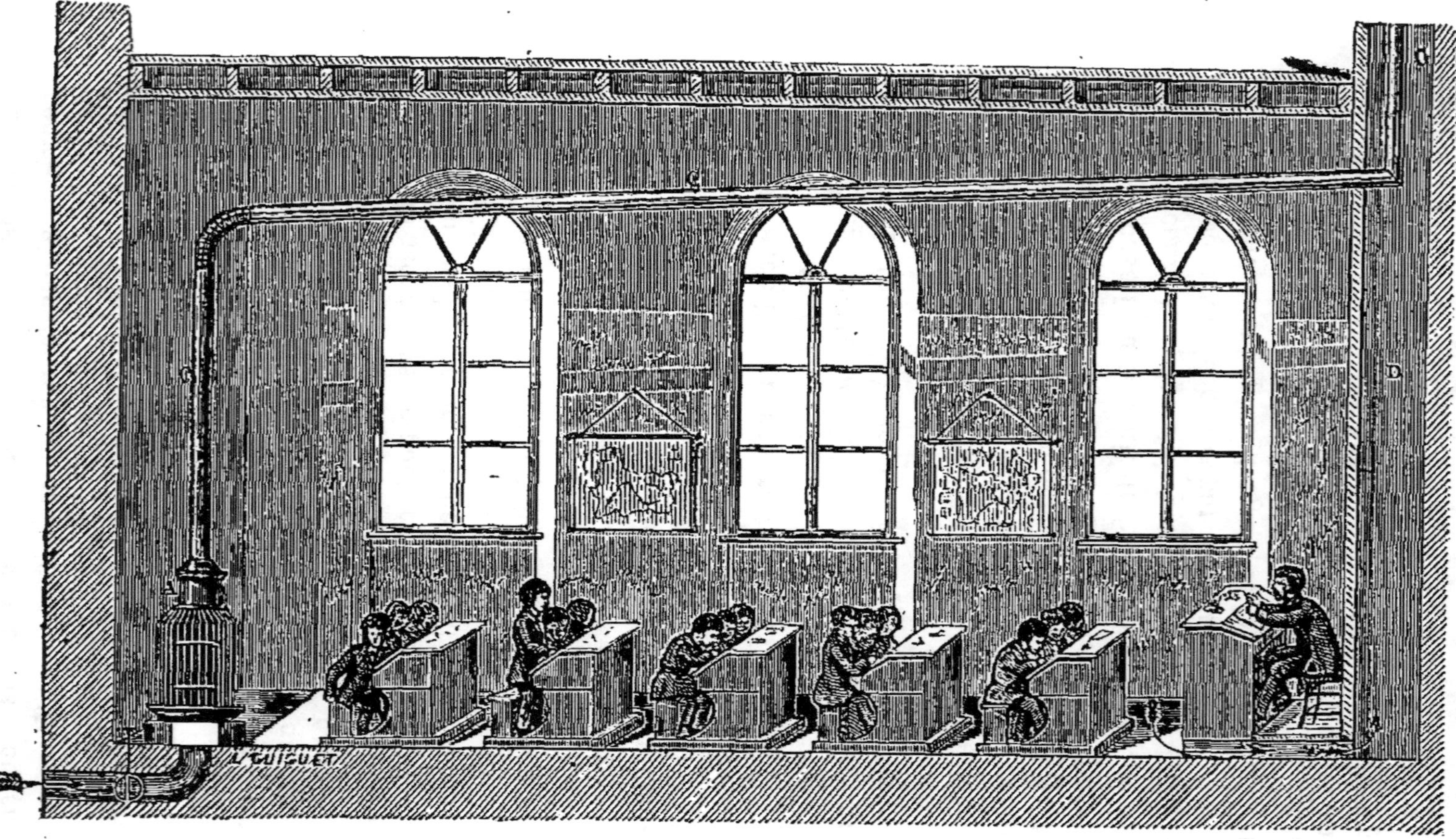

Fig. 50. — Chauffage d'une école par le poêle luxembourgeois.

ouvertures qu'on voit au haut de cette enveloppe. Ce poêle est donc muni d'une petite chambre pour la circulation de l'air ; il est en quelque sorte intermédiaire entre les appareils décrits précédemment et ceux à circulation.

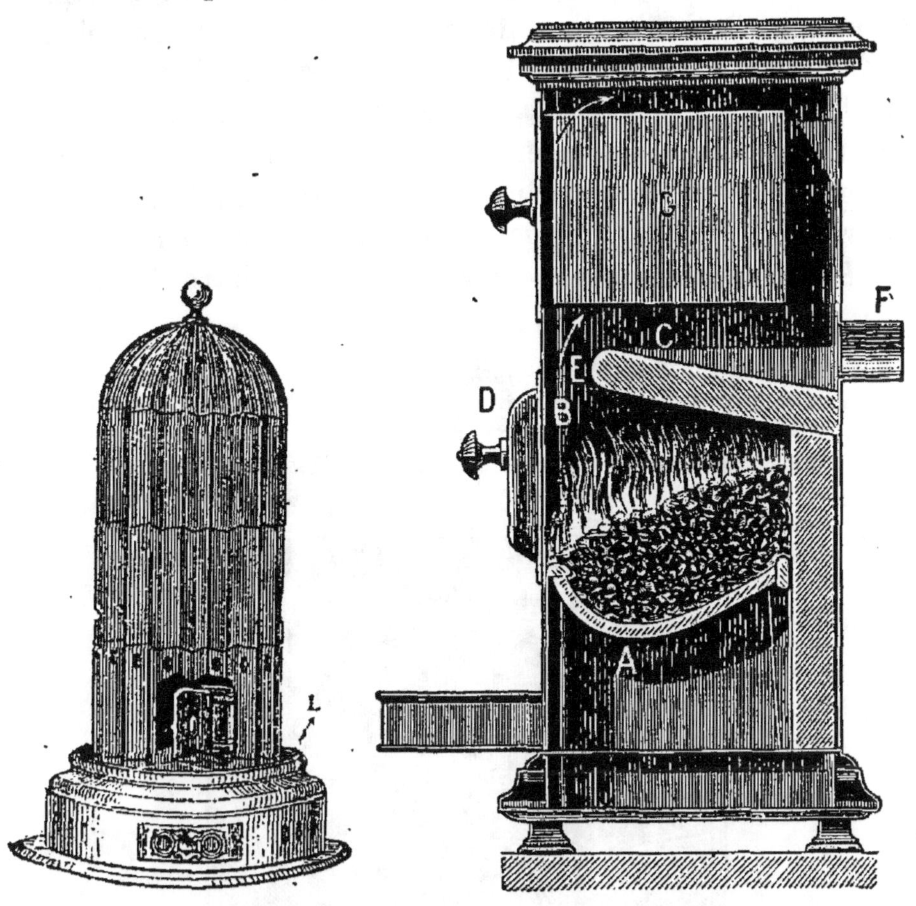

FIG. 51. — Poêle
(Giraudeau-Jalibert Haillot).

FIG. 52. — Poêle-cheminée.
(Delaroche).

Poêle-cheminée. — Le poêle-cheminée, système Michel Perret, est à foyer visible, comme une cheminée. Il est destiné à remplacer les poêles mobiles, décrits plus loin, en évitant les dangers dus à la combustion lente, tout en fournissant un chauffage énergique. Il est fixe, comme les poêles précédents. La grille A se charge par l'orifice antérieur

(fig. 52). Une dalle réfractaire C augmente la longueur parcourue par les gaz chauds avant d'atteindre le tuyau F et
réfléchit sur le combustible une partie de la chaleur produite On obtient ainsi une élévation de température suffisante pour brûler l'anthracite à feu découvert. Cet appareil ne
porte pas de registre. Le souffleur D sert seulement pour
l'allumage. On peut placer une étuve en G à la partie supérieure. Si l'on veut conserver le feu toute la nuit, on garnit
la grille de combustible jusqu'au contact de la dalle réfractaire, et on le recouvre de cendre lorsqu'il est bien allumé.

Poêles céramiques. — La figure 53 montre l'intérieur

Fig. 53. — Poêle parisien pour salle à manger.

d'un poêle en briques et fonte, fréquemment employé en France dans les salles à manger. Le combustible, houille ou coke, est brûlé dans un foyer A, muni d'une grille ordinaire. La fumée s'échappe par un tuyau B, qui se divise en deux branches et entoure une étuve centrale C. L'air extérieur, appelé par un conduit dissimulé sous le plancher, s'échauffe en circulant autour du foyer et des tuyaux et pénètre dans l'appartement par les bouches D.

Cet appareil, qui est généralement placé presque entièrement dans l'épaisseur d'un mur, est terminé en avant par un revêtement de faïence ; c'est par là qu'il se rattache aux poêles. Mais le foyer est découvert comme dans les cheminées. On le ferme par un souffleur au moment de l'allumage.

Dans les contrées froides de l'Europe, on emploie des poêles en faïence contenant, au-dessus du foyer, une série de chambres que la fumée traverse l'une après l'autre en montant et redescendant alternativement, avant d'arriver au tuyau.

Poêles à double enveloppe et à circulation d'air. — On a songé à entourer les poêles d'une double enveloppe, d'abord dans le seul but de diminuer l'ardeur du rayonnement ou de retenir plus longtemps les gaz chauds dans l'appartement ; d'autres inventeurs ont utilisé cette enveloppe pour y faire circuler de l'air, qui s'y échauffe. Cette disposition est bonne lorsqu'elle agit sur l'air extérieur et qu'elle le porte seulement à une température suffisante pour qu'il ne paraisse pas trop froid : elle est défectueuse lorsqu'elle échauffe trop ce gaz, ou bien encore lorsque c'est la même masse d'air, celle de l'appartement, qui circule sans cesse dans la double enveloppe ; ce gaz prend alors une trop haute température et présente pour la respiration les inconvénients que nous avons signalés plus haut. Nous avons déjà indiqué certains modèles qui présentent un essai de circulation d'air. Certains de ces appareils ont reçu le nom de *poêles-calorifères*, à cause de leur action continue.

Poêle Phénix. — Les poêles décrits jusqu'ici ont besoin
d'être regarnis de combustible à des intervalles assez rapprochés. Il en est d'autres qui sont au contraire à alimentation continue et n'ont besoin d'être rechargés qu'une ou deux

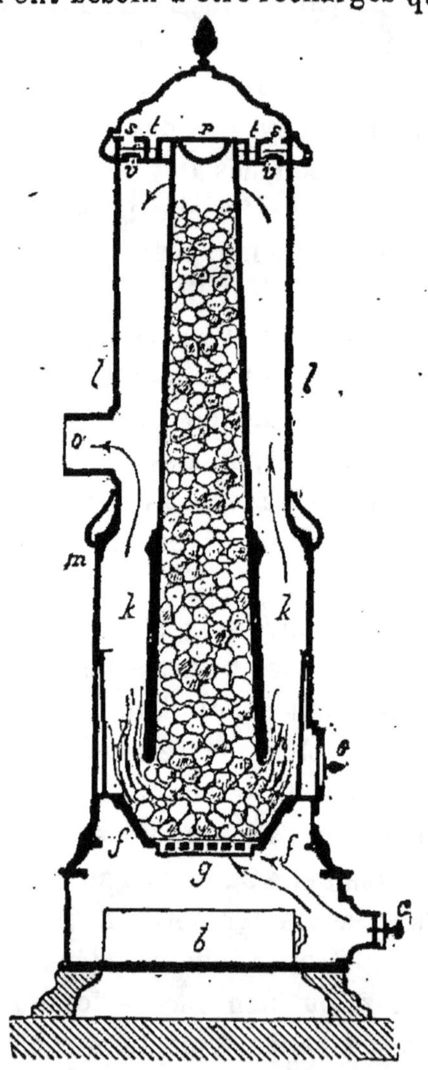

Fig. 54. — Poêle Phénix.

fois par vingt-quatre heures. Tel est le poêle Phénix. Un
socle, contenant le cendrier *b*, supporte deux cylindres en
tôle superposés (fig. 54). Le cylindre inférieur *m*, qui contient le foyer *f*, est protégé sur une partie de sa hauteur

contre l'action directe du feu par un revêtement en fonte; le cylindre *l*, qui le surmonte, est un peu plus étroit. Au centre de l'appareil est fixé un tronc de cône *k*, qui va en s'élargissant vers le bas et se ferme en haut par un couvercle circulaire *r*, muni d'un rebord *t* qui s'enfonce dans une gouttière remplie de sable. Les ouvertures *s* et *v* servent pour le nettoyage. On allume d'abord un peu de feu sur la grille, au moyen de la porte du foyer. Il suffit ensuite, pour entretenir la combustion, de remplir le tronc de cône de coke en petits morceaux, qui descend sur la grille à mesure qu'elle se dégarnit. La contenance du récipient conique est assez grande pour qu'il suffise de le remplir une ou deux fois par jour. La fumée monte jusqu'au haut de l'enveloppe extérieure *l* et s'engage ensuite dans le tuyau *o*, placé vers le bas du cylindre supérieur. Pour cela l'ouverture *o* est garnie de cloisons, non figurées, qui sont fermées dans le bas et ne laissent venir la fumée que du haut. Sur la porte *e* est fixée une plaque transparente de mica, qui permet de suivre la marche du feu.

Le tirage se règle au moyen d'un tampon à vis qu'on approche plus ou moins d'un orifice pratiqué dans la porte du cendrier et servant à l'introduction de l'air.

Poêle-calorifère Martin. — Cet appareil diffère peu du précédent ; il a seulement une enveloppe de plus.

Poêles allemands. — On emploie en Allemagne un certain nombre de poêles à circulation d'air.

Le poêle Meidinger (fig. 55), construit d'abord pour une expédition polaire, a servi de modèle à la plupart de ces poêles à double paroi *(Mantelofén).* Un socle en fonte supporte un cylindre de même métal, à nervures, formé de plusieurs anneaux superposés, dans lequel se fait la combustion. A la partie inférieure se trouve une porte de réglage pouvant se fermer hermétiquement. L'anneau supérieur porte le tuyau de fumée. Ce cylindre est entouré de deux enveloppes en tôle. La première, qui ne s'élève pas tout à

fait jusqu'au tuyau, sert à protéger contre l'ardeur du rayonnement. La seconde entoure complètement l'appareil ; elle
reçoit l'air de la chambre par des ouvertures pratiquées
dans le socle et le laisse échapper par les orifices du couvercle
extérieur. Une moitié des plaques qui ferment les deux
cylindres est mobile et se relève pour le chargement.

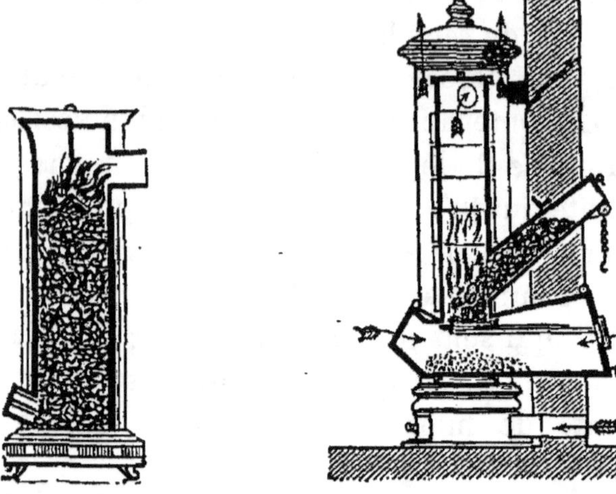

Fig. 55. — Poêle Meidinger.   Fig. 56. — Poêle d'appartement.

Le modèle représenté (fig. 56) est analogue au précédent;
mais il se charge par le corridor qui longe l'appartement à
chauffer. D'un autre côté, l'air qui circule dans la double
enveloppe est pris à l'extérieur. Ce sont là deux perfectionnements notables.

Le poêle du Palatinat possède deux ouvertures de chargement ; l'une, à la partie inférieure, sert pour le chauffage
intermittent ; celle du haut est destinée à entretenir un feu
continu.

Dans le poêle de Francfort (fig. 57), la fumée ne traverse
pas la colonne de combustible ; elle s'engage dans un conduit spécial où elle se mélange avec de l'air déjà échauffé.
L'air provenant, soit de l'appartement, soit de l'extérieur,

pénètre, par une ouverture latérale, au bas de l'enveloppe extérieure, et s'échappe par le haut de l'appareil.

Le poêle de Lönholdt possède un aspect extérieur assez élégant et donne néanmoins d'assez bons résultats. Le chargement se fait par la partie supérieure. La double enveloppe

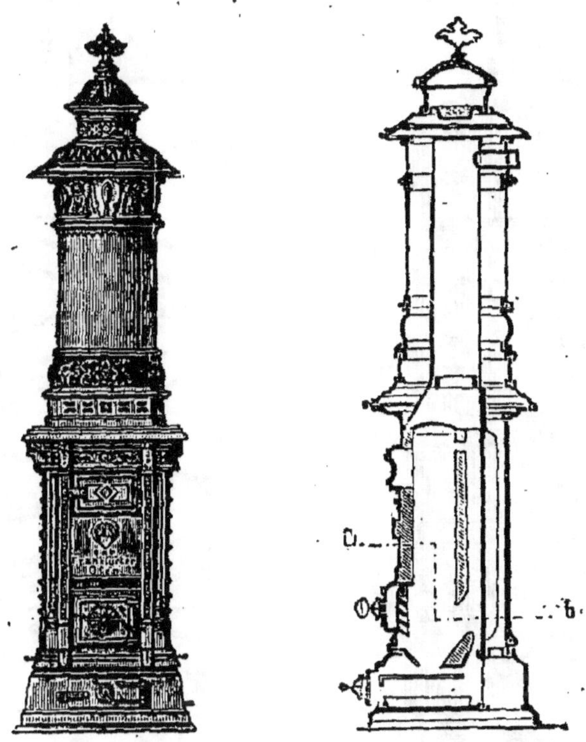

Fig. 57. — Poêle de Francfort.

est excentrique au cylindre intérieur. La combustion est entretenue par de l'air déjà échauffé. L'air provenant de la chambre ou de l'atmosphère s'échauffe dans l'enveloppe extérieure avant d'entrer dans la pièce ; l'air vicié s'échappe par une gaine munie d'une valve en mica, qui le dirige dans la cheminée.

Le poêle Schmœlcke possède aussi une grande puissance de chauffage et de ventilation.

Poêle Dehaitre. — Ce poêle donne un bon rendement

et un chauffage énergique, car il est percé d'un grand nombre de conduits (fig. 58), dans lesquels circule l'air de la pièce.

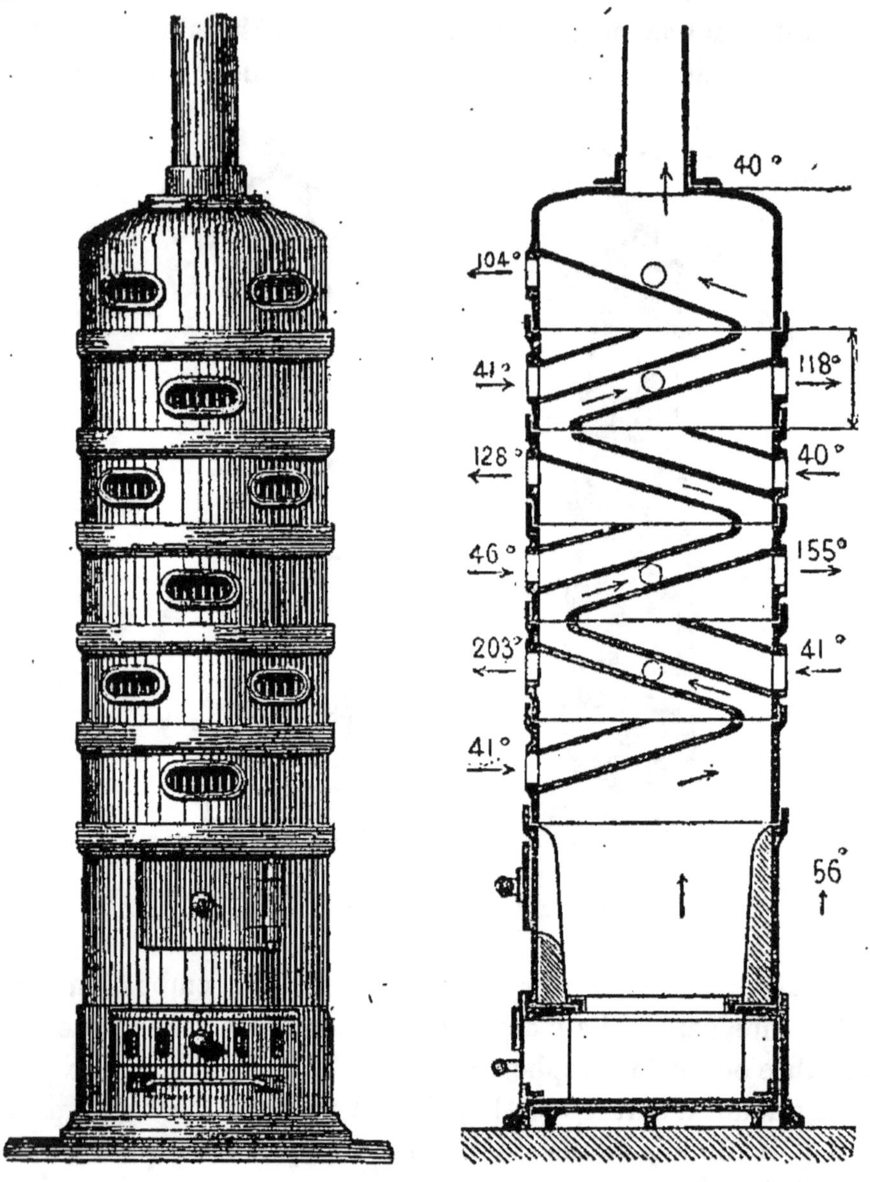

FIG. 58. — Poêle rationnel Fernand Dehaître.

L'appareil est formé de huit anneaux superposés, contenant des conduits peu inclinés. L'air est aspiré par les ouvertures inférieures de chaque anneau et s'échappe par les ouvertures supérieures. Cette circulation est si rapide que le courant éteint une bougie placée près des bouches d'air. Les cavités formées par les ouvertures supérieures peuvent

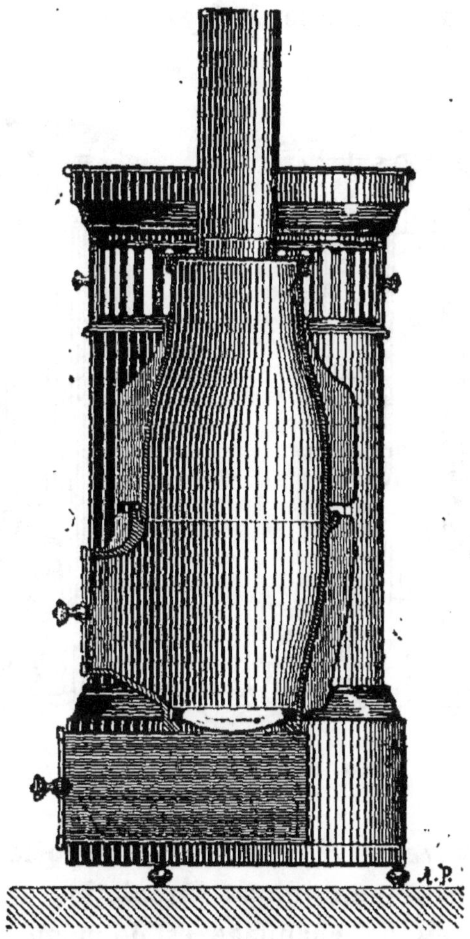

FIG. 59. — Poêle à foyer céramique (Geneste et Herscher).

être remplies d'eau pour humecter l'air. La chaleur du foyer est parfaitement utilisée, de sorte qu'à l'entrée du tuyau de fumée la température est seulement de 40 degrés.

Poêle à foyer céramique. — Le modèle représenté (fig. 59) est un poêle à circulation d'air, d'une disposition très simple, construit par MM. Geneste et Herscher. Le foyer est en fonte lisse, mais doublé à l'intérieur d'un revêtement réfractaire. L'air qui circule dans l'enveloppe extérieure ne se trouve donc en contact qu'avec des parois à température peu élevée. Le caractère distinctif de cet appareil, c'est qu'on peut laisser le foyer ouvert et profiter de son rayonnement direct.

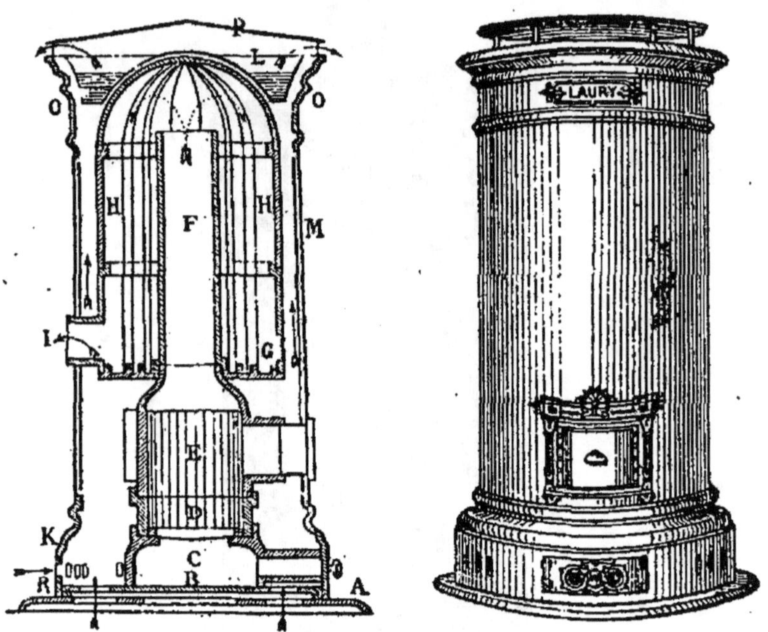

Fig. 60. — Poêle Haillot.

Poêle-calorifère Haïllot. — Le poêle Haillot, déjà décrit, peut être muni d'une circulation d'air plus complète. L'appareil de chauffage est le même; mais le réservoir d'eau L est placé à la partie supérieure (fig. 60). L'air extérieur pénètre par les ouvertures du plateau de base A, et s'échappe par les orifices situés au-dessous du plateau supérieur P.

La même maison construit un autre appareil dont la figure 61 montre l'aspect extérieur et la disposition intérieure. Le système de chauffage comprend d'abord une cuvette C à cannelures intérieures, communiquant avec le cendrier par la pièce B, et surmontée d'un foyer à nervures D. La fumée s'élève dans les tubes E E, traverse la chambre G, redescend par I et s'échappe par la buse K. L'air exté-

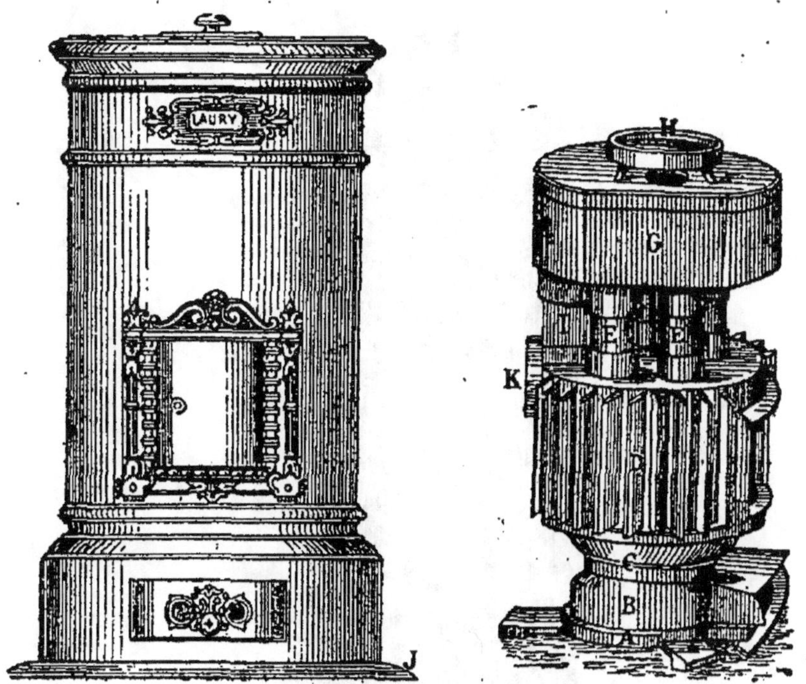

Fig. 61. — Calorifère Haillot.

rieur, appelé à travers les trous du plateau de base J, circule dans l'enveloppe extérieure et s'échappe à travers la rosace centrale du couvercle. Au-dessous de cette rosace se trouve une cuvette d'eau H, pour donner à l'air l'état hygrométrique nécessaire. On peut aussi placer vers la partie supérieure, à l'intérieur de la chambre G, une étuve ou un réservoir d'eau chaude.

Poêle-calorifère Hurez. — Cet appareil est destiné à brûler l'anthracite, combustible très riche, mais qui a l'inconvénient d'exiger un fort tirage et en outre de décrépiter par la chaleur et de se transformer en une poussière qui éteint facilement les foyers. La grille est surmontée d'une

trémie légèrement conique, qui se charge par la partie
supérieure (fig. 62). Les flèches montrent suffisamment la
marche des gaz. Les produits de la combustion circulent en

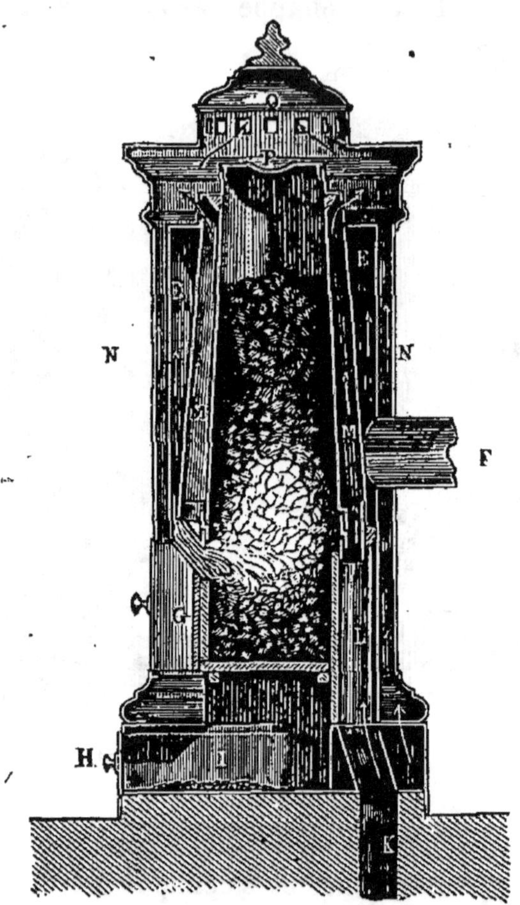

Fig. 62. — Calorifère F. Hurez.

E et se rendent au tuyau F. L'air extérieur, appelé par K,
passe en L et M, ainsi que dans l'enveloppe extérieure, et
s'échappe par les orifices du couvercle.

Poêle Anceau. — La combustion se fait dans une cloche
de fonte à nervures, surmontée de trois caissons, entre
lesquels la fumée se divise également avant de se rendre au
tuyau (fig. 63).

L'appareil est entouré d'une double enveloppe, dans laquelle circule l'air de la pièce, introduit par des ouvertures ména-

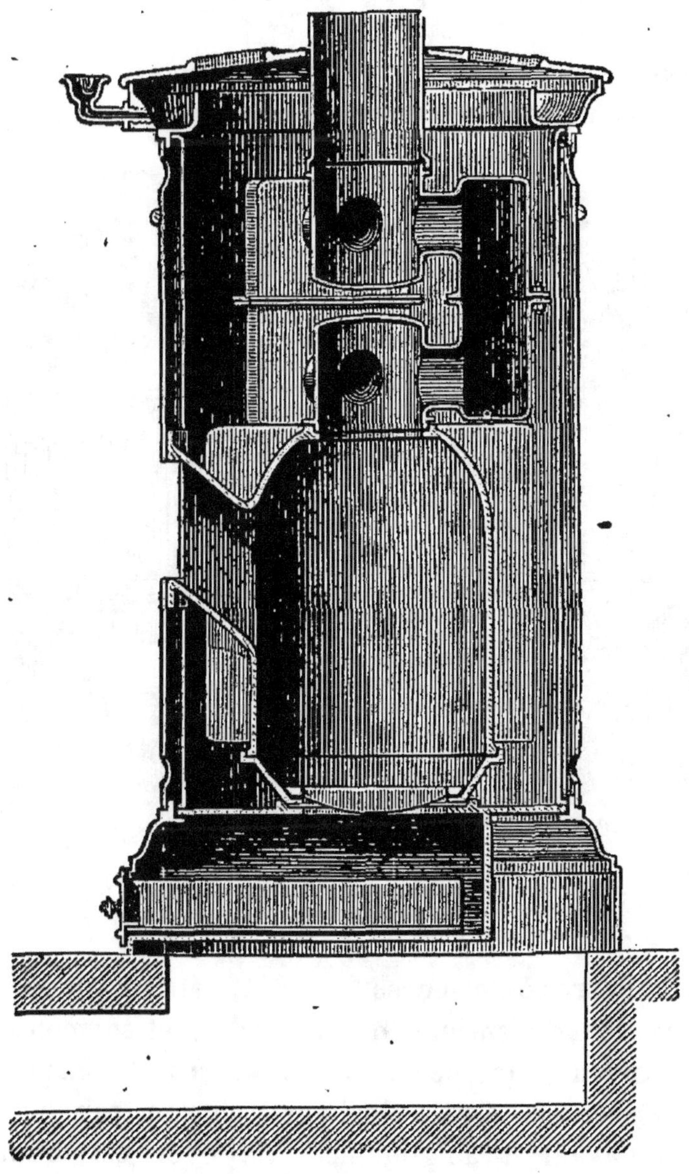

Fig. 63. — Poêle Anceau.

gées dans le socle, ou mieux l'air extérieur, appelé par un conduit pratiqué sous le plancher. Cet air traverse un anneau saturateur, rempli d'eau, placé à la partie supérieure, et s'échappe à travers les ouvertures du couvercle. Le réglage se fait au moyen de la porte du cendrier et de la clef du tuyau.

Thermo-conservateur. — Ce poêle-calorifère, construit par MM. Geneste et Herscher, se compose d'un foyer en

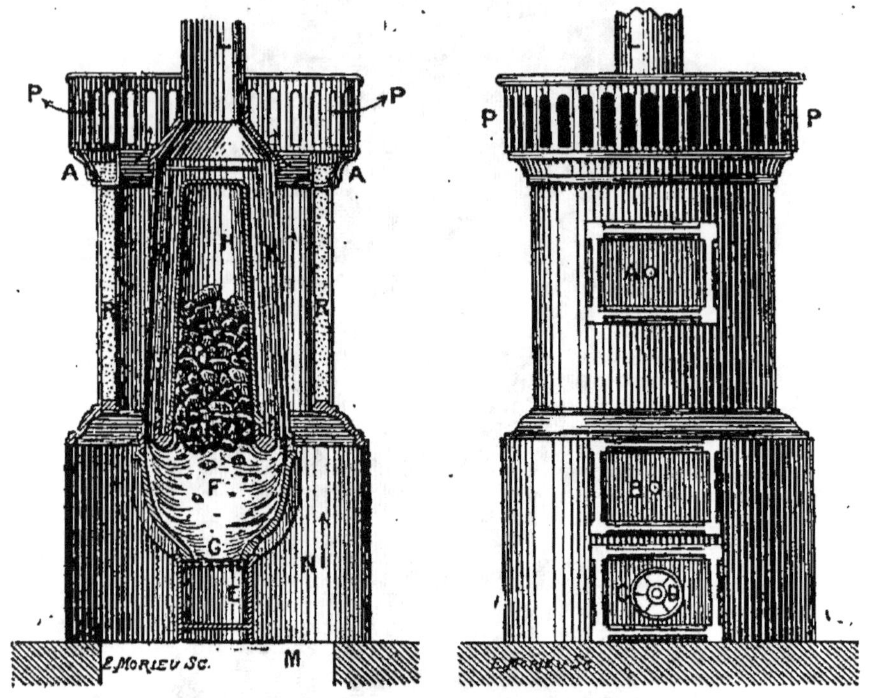

FIG. 64. — Thermo-conservateur (Geneste et Herscher)

fonte à nervures extérieures (fig. 64), rétréci à la base pour diminuer les dimensions de la grille, et surmonté d'une trémie conique, qui peut contenir assez de charbon pour plusieurs heures. Cette cloche se charge par une porte placée à l'avant et au sommet. Le foyer est muni d'une porte pour le nettoyage; le cendrier est pourvu d'un registre à papillon pour régler le tirage. Les produits de la combustion traversent une série de tubes disposés concentriquement autour de la cloche et se réunissant à la partie supérieure dans

une chambre commune, de laquelle part le tuyau de fumée.
L'air frais circule autour des tuyaux et de la cloche, ce qui

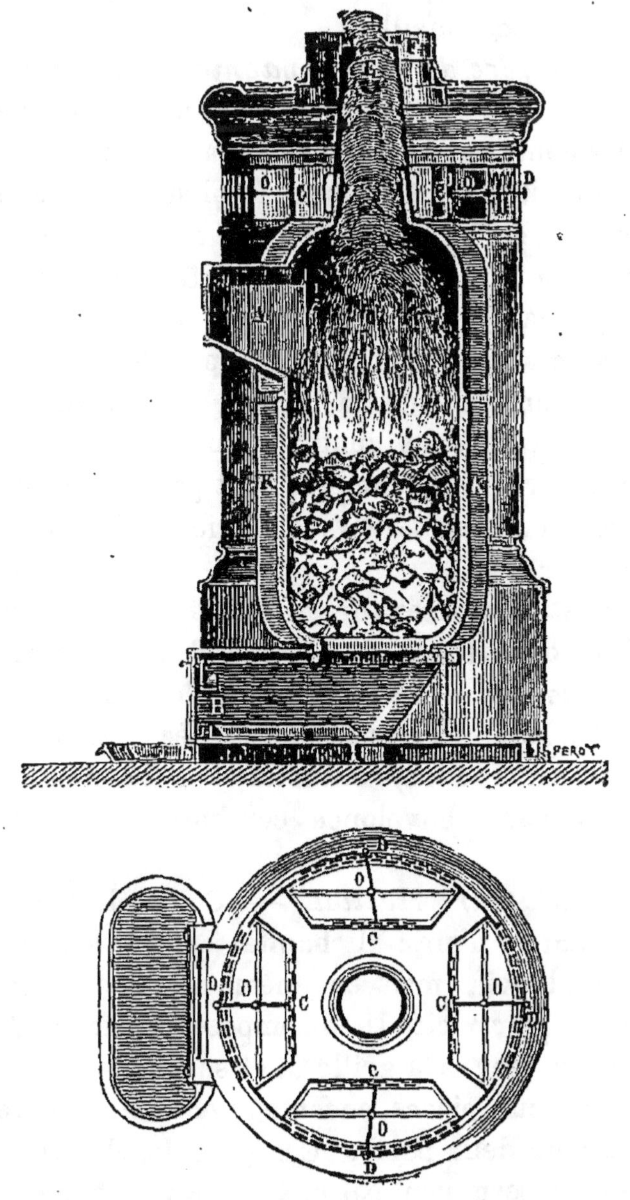

Fig. 65. — Poêle calorifère de la Compagnie du gaz.

empêche celle-ci de s'échauffer, et s'échappe à la partie supérieure. Un vase d'eau annulaire entoure le haut de la cloche.

Pour diminuer l'ardeur du rayonnement, l'enveloppe extérieure est formée, dans toute la partie qui entoure la trémie, d'une double paroi en tôle ou d'une garniture en carreaux de faïence émaillés.

Poêle-calorifère de la Compagnie parisienne du gaz. — Cet appareil est analogue au précédent, mais il permet de chauffer à volonté, avec le même appareil, soit la pièce dans laquelle il est situé, soit un autre local situé au-dessus.

Le foyer est en fonte à nervures, rétréci vers la grille, et surmonté d'un tuyau de fumée (fig. 65). Le combustible est introduit par la porte qu'on voit vers le haut. La porte du cendrier est munie d'un registre à papillon pour régler le tirage. L'air circule dans la double enveloppe, au haut de laquelle il pénètre dans quatre chambres O fermées à leur partie supérieure. Ces chambres sont percées de deux séries d'ouvertures, l'une en C vers l'intérieur, l'autre en D vers l'extérieur.

Deux registres montés sur un même axe commandent les deux séries d'ouvertures, de sorte qu'il y en a toujours une fermée lorsque l'autre est ouverte. Si l'on ouvre les orifices extérieurs D, l'air se répand dans la pièce; si on les ferme, les fentes C se trouvent ouvertes, et l'air monte à l'étage supérieur par une enveloppe concentrique au tuyau de fumée.

Poêle-ventilateur Haillot. — Ce poêle possède une double circulation d'air : il chauffe, comme les précédents, l'air de ventilation, mais en même temps il sert aussi à l'expulsion de l'air vicié. Il se compose d'un foyer A, rétréci à la base, où se trouve la grille C, et surmonté d'une cloche B (fig. 66). Ces deux pièces, en fonte, avec ailettes extérieures, sont percées de deux portes E E pour le chargement et le nettoyage et se terminent par une embase débouchant dans le tuyau de fumée H. Il suffit de charger une fois par jour. L'air frais, amené par le conduit J, s'élève dans l'enveloppe N, s'échauffe au contact des surfaces à ailettes et se répand dans la pièce à travers le couvercle grillagé P, après avoir passé sur le vase de saturation L. En outre l'air vicié est aspiré soit par des ouvertures grillagées, pratiquées dans le

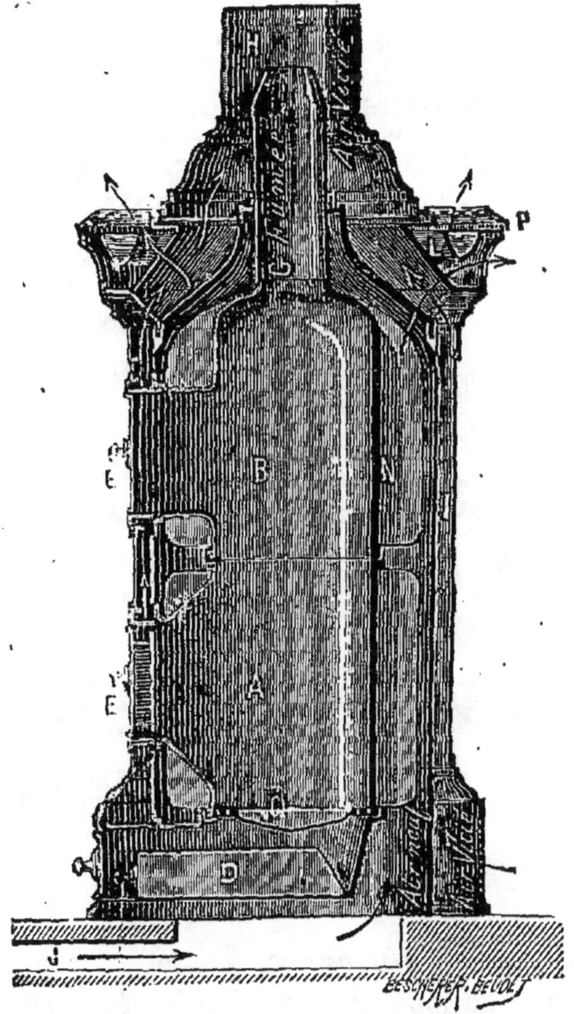

FIG. 66. — Poêle-ventilateur Haillot.

socle, soit par des conduits venant de divers points de la salle et ménagés sous le plancher, monte par l'enveloppe extérieure I et se trouve entraîné dans le tuyau H avec les gaz de la combustion. Le tirage doit être suffisant pour empêcher le retour de la fumée. Le cône distributeur F, qui surmonte le tube à feu, permet aux courants d'air vicié et d'air neuf de se croiser sans se mélanger. Un registre à étoile, posé horizontalement sur son sommet, sert à modérer ou même à arrêter complètement la ventilation.

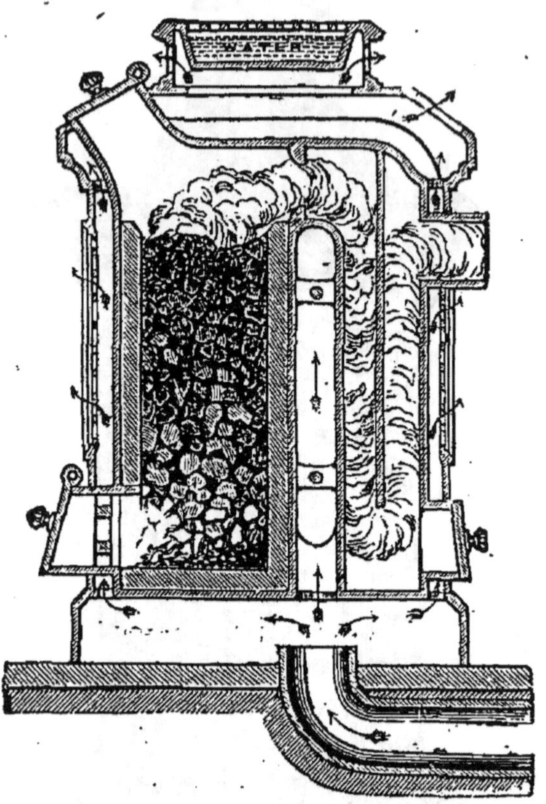

Fig. 67. — Poêle-calorifère Musgrave.

Poêle-calorifère Musgrave. — Cet appareil, d'origine anglaise, donne un long parcours à la fumée. Le foyer (fig 67) est en briques réfractaires et peut contenir assez de combustible pour brûler de huit à vingt-quatre heures, suivant le modèle. La base peut être formée par une grille ou par une cloison horizontale pleine en briques. Une porte à coulisse, placée près de la partie inférieure, permet l'admission de l'air et l'enlèvement des cendres; elle sert aussi à régler le tirage pour produire une combustion lente et économique. Une autre porte, placée vers le haut, sert pour le chargement. Au sortir du foyer, la fumée suit un conduit qui descend jusqu'au bas de l'appareil, puis remonte jusqu'à la buse. Les organes précédents sont entourés d'un revêtement, en métal ou en faïence, dans lequel circule l'air, puisé dans la chambre ou au dehors. Ce gaz s'échauffe au contact du foyer et des conduits que traverse la fumée, et s'échappe dans la pièce, comme le montrent les flèches. A la partie supérieure, au-dessus du couvercle, est placé un vase d'eau.

Cet appareil peut brûler tout l'hiver, pourvu qu'on le maintienne chargé et qu'on enlève les cendres.

Poêle-calorifère Muller. — Nous signalerons enfin le poêle Muller, construit entièrement en terre cuite. Le foyer est surmonté d'une chambre de combustion d'où part le tuyau de fumée : le haut est fermé par une calotte sphérique, également en terre réfractaire, qu'on enlève pour le nettoyage. Le tout est entouré d'une enveloppe en carreaux creux émaillés, maintenus par des cercles de métal. L'air circule dans cette enveloppe et s'échappe au haut par une grille horizontale.

Cet appareil donne une chaleur douce, mais le foyer est exposé à se fendre, souvent dès le premier coup de feu, et l'air se trouve mélangé avec la fumée.

Poêle pour écoles. — Pour les écoles et les locaux éclairés par de larges baies vitrées, MM. Geneste et Herscher construisent un appareil de chauffage disposé pour éviter les courants d'air froid, si désagréables, qui descendent le long des fenêtres.

Le foyer, entouré d'une enveloppe céramique, est placé dans un coin de la classe (fig. 68). Pour diminuer le rayonnement direct, il est caché par une enveloppe en tôle à double paroi, remplie d'une matière peu conductrice. La fumée parcourt d'abord un long tuyau en fonte à ailettes, de section aplatie, disposé horizontalement au-dessous des baies

vitrées, dans un coffrage métallique ajouré, et s'échappe
ensuite par un conduit vertical.

Au dessous du coffrage se trouve une cloison légère en
briques, percée de bouches d'air, qu'on ouvre seulement,
ainsi que les orifices d'évacuation situés à la partie supérieure du mur opposé, lorsque la salle se trouve inoccupée.
Quand la salle est occupée, on ferme ces deux séries d'ouvertures, et l'air frais pénètre seulement par des orifices
ménagés dans l'épaisseur du mur, derrière les portes
d'aération directe. Ce gaz monte derrière la cloison en
briques, s'échauffe au contact du tuyau et du foyer, et se
répand dans la salle par des bouches, placées à la partie
supérieure du coffrage, et qu'on peut fermer au besoin. L'air
ainsi échauffé s'élève devant les baies vitrées, et redescend
ensuite du plafond. L'air vicié est chassé par une gaine
métallique, située près du plancher, au-dessous de la cloison
en briques, et sort par une enveloppe qui entoure le tuyau de
fumée vertical. Cette enveloppe porte, près du plafond, un
registre qu'on peut ouvrir momentanément, lorsque la température de la salle est trop élevée.

Ce système donne un bon rendement au point de vue de
la chaleur; mais, pour cette raison, le tirage est peu actif,
ce qui nécessite l'emploi de combustibles de bonne qualité;
il a de plus l'inconvénient d'extraire l'air vicié près du
plancher.

Poêles à gaz. — Les poêles les plus simples sont formés
d'un récipient cylindrique en tôle, dans lequel brûle, à la
partie inférieure, une couronne de becs de gaz. Les produits
de la combustion s'échappent par un tuyau latéral, aboutissant à une cheminée, après avoir cédé aux parois du
récipient une faible quantité de chaleur. Un tuyau de
caoutchouc amène le gaz à la couronne. Une porte peut
s'ouvrir pour laisser voir le feu et permettre d'en recevoir
le rayonnement. L'enveloppe peut se faire aussi en verre.

On fait aussi des poêles avec réflecteur, qui ne diffèrent

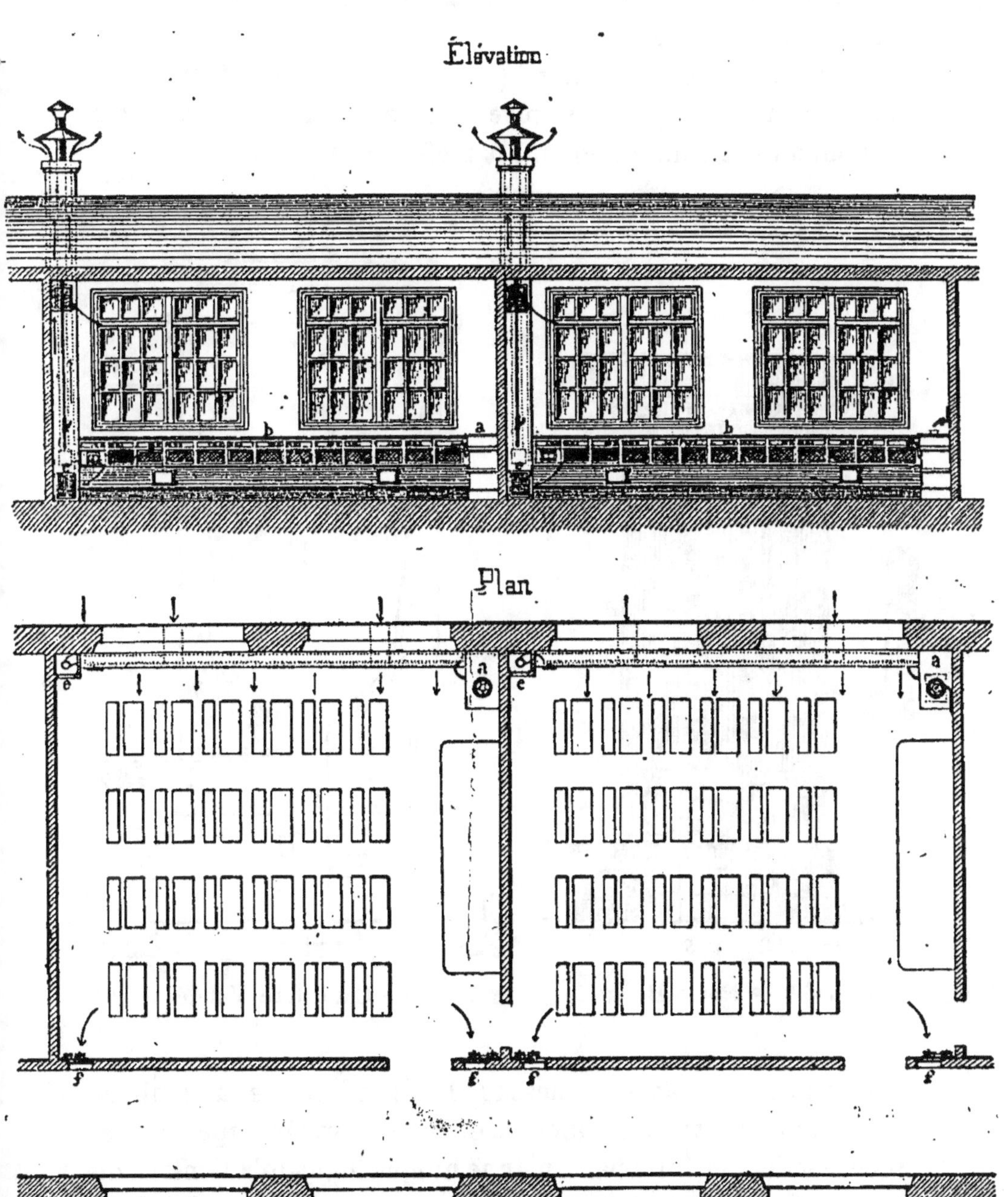

Fig. 68. — Poêle pour écoles (Geneste et Herscher).

des cheminées décrites plus haut que par la forme de l'enveloppe extérieure.

Le poêle-calorifère Bengel (fig. 69) est à circulation d'air. La couronne de gaz *c* est placée dans un premier réservoir cylindrique *a* communiquant par plusieurs tubes verticaux *t*

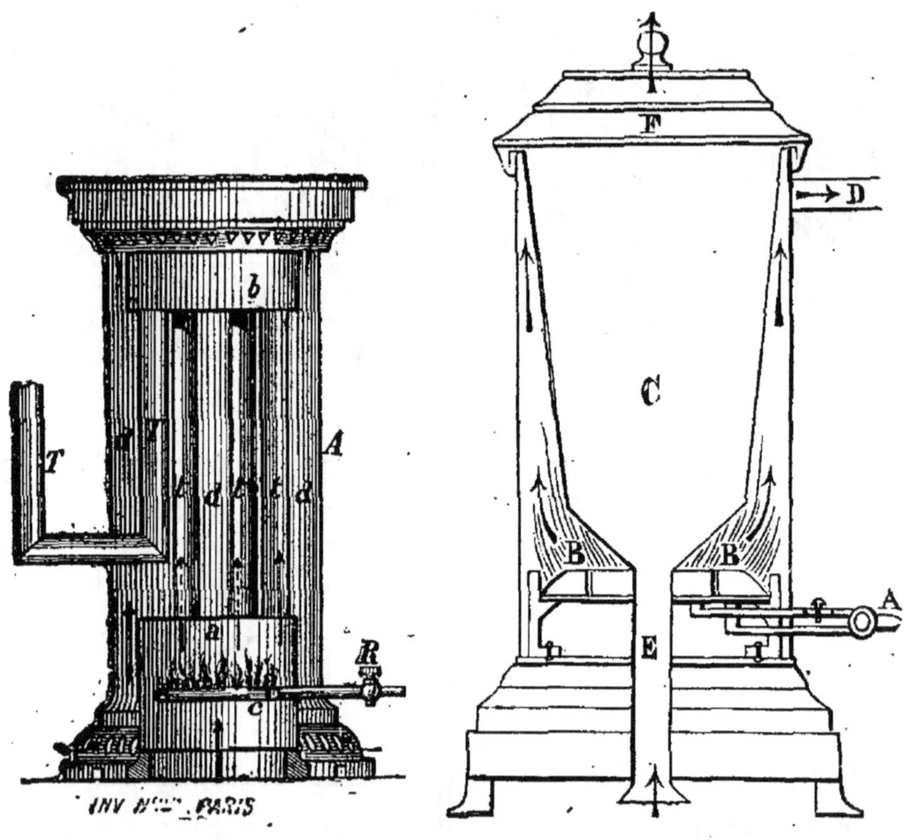

FIG. 69. — Poêle Bengel.   FIG. 70. — Calorifère Vanderkelen.

avec un autre *b* placé au-dessus. Les produits de la combustion montent par ces tubes jusqu'au réservoir supérieur et redescendent ensuite par un tube unique T jusqu'à l'entrée du tuyau. Le tout est recouvert d'une enveloppe cylindrique *d* dans laquelle l'air de la pièce pénètre à la partie inférieure; il circule autour des réservoirs et des tuyaux et sort par des bouches de chaleur placées vers le haut.

Le calorifère Pinçon est également muni d'une circulation d'air.

Dans le calorifère Vanderkelen (fig. 70), présenté au Congrès d'hygiène de Bruxelles, en 1876, la couronne de gaz est en B; les produits de la combustion traversent l'enveloppe extérieure pour se rendre au tuyau D, et l'air frais, appelé par E, traverse la partie intérieure C, qui est fortement chauffée; il y séjourne quelque temps, et sort lentement par un orifice étroit, pratiqué au centre du couvercle. On utilise ainsi le rayonnement direct de l'enveloppe extérieure, en même temps qu'on chauffe l'air de ventilation.

CHAPITRE VIII

POÊLES ET CHEMINÉES MOBILES

Principe des poêles mobiles. — Leurs dangers. — Instructions sur leur emploi. — Principaux systèmes de poêles mobiles : Choubersky, universel, Besson, du docteur, Cadé. — Cheminées mobiles.

Principe des poêles mobiles. — On donne ce nom à des appareils qui, imaginés il y a quelques années, se sont répandus très rapidement à cause de la simplicité et de la commodité de leur fonctionnement et de l'incontestable économie qu'ils présentent.

Ces poêles se composent essentiellement d'un récipient contenant une réserve de combustible qui peut suffire pour douze ou vingt-quatre heures, et qui vient tomber peu à peu sur une grille où se fait la combustion. Afin de réduire autant que possible la consommation, on ne laisse arriver sous la grille que la quantité d'air strictement indispensable pour assurer la combustion. Le charbon ne se consume donc que très lentement ; mais, comme l'appareil est tout entier dans la pièce et que la fumée y parcourt un assez long circuit avant de s'échapper, on utilise la plus grande partie de la chaleur dégagée et l'on obtient uu très bon rendement.

Dangers des poêles mobiles. — Malheureusement, les qualités mêmes qui distinguent les poêles mobiles, c'est-à-dire la faible consommation d'air et la lenteur de la combustion, en réduisant autant que possible le tirage, produisent en même temps de graves dangers. Ces dangers proviennent de ce que la combustion, vu la petite quantité d'air introduite, engendre une proportion notable d'oxyde de carbone, gaz éminemment délétère, et d'autant plus à craindre qu'aucune odeur ne trahit sa présence.

Tant que le tirage est suffisant, l'oxyde de carbone est entraîné dans la cheminée. Mais si, par suite d'une mauvaise installation ou d'un défaut de tirage accidentel, les produits de la combustion se trouvent refoulés dans la pièce, ce dégagement est extrêmement dangereux, tandis qu'avec les foyers ordinaires les gaz refoulés, qui contiennent beaucoup d'acide carbonique et peu d'oxyde de carbone, sont plutôt désagréables qu'insalubres.

Il peut encore arriver que l'oxyde de carbone se répande dans le local chauffé par suite d'une mauvaise fermeture du couvercle.

Enfin ces poêles sont un péril non seulement pour ceux qui les emploient, mais aussi pour les voisins, par suite des fissures qui font souvent communiquer accidentellement deux cheminées voisines. Si l'une de ces cheminées dessert un poêle mobile, et qu'il se produise dans l'autre un refoulement vers l'intérieur, l'oxyde de carbone provenant du poêle pourra se trouver aspiré et rejeté dans le second local.

Instructions sur l'emploi des poêles mobiles. — Les dangers des poêles mobiles ont été indiqués par M. Boutmy à propos du poêle américain : ils ont été de nouveau signalés à l'attention publique par le rapport de M. Aug. Michel Lévy au conseil d'hygiène de la Seine (*Revision de l'instruction sur le mode de chauffage des habitations*), rapport publié par la Préfecture de police en 1889. A cause de l'extension considérable qu'a pris aujourd'hui l'emploi des poêles mobiles, nous croyons utile de rappeler ici les principaux passages de cette instruction.

L'épaisseur de la couche de combustible est si grande, le tirage est si minime que la plupart de ces appareils produisent une grande proportion d'oxyde de carbone ; les produits de la combustion sont donc non seulement irrespirables dans l'espèce, mais en outre ils constituent un poison d'une extrême activité, dont on connaît trop les effets, tantôt insidieux, tantôt foudroyants.

Le tirage, intentionnellement réduit au minimum, exige une disposition soignée et constamment bien entretenue des conduits et cheminées dans lesquels se rendent les produits de la combustion. Il faut ordinairement les munir de clapets régulateurs et d'appareils indicateurs d'un fonctionnement assez délicat et dont les intéressés se préoccupent fort peu en général.

Dès qu'une cause fortuite, obstruction, soleil, grand vent, en trouble le fonctionnement, le tirage se renverse et l'oxyde de carbone se déverse dans l'intérieur des pièces qu'il s'agit de chauffer.

Le même accident peut se produire quand on déplace sans précaution un appareil mobile pour le greffer sur une cheminée encore froide, ou quand une cheminée voisine, dans le même appartement, est sous le régime d'un tirage un peu énergique.

Enfin, ces appareils sont munis d'un couvercle masquant une ouverture de chargement du combustible, et la fermeture que doit procurer ce couvercle est, en général, loin d'être hermétique. Il y a là encore une cause de dégagement dangereux d'oxyde de carbone.

Il faut encore noter que, dans certains cas, les victimes ne se servent pas directement des appareils en question ; tantôt c'est une fissure dans la cheminée qui amène l'oxyde de carbone dans un appartement voisin ; tantôt les gaz délétères y pénètrent par une fenêtre ouverte.

Il y a lieu de proscrire formellement l'emploi des appareils et poêles économiques à faible tirage, dits « Poêles mobiles » dans les chambres à coucher et dans les pièces adjacentes.

L'emploi de ces appareils est dangereux dans toutes les pièces dans lesquelles des personnes se tiennent d'une façon permanente et dont la ventilation n'est pas largement assurée par des orifices constamment et directement ouverts à l'air libre.

Dans tous les cas, le tirage doit être convenablement garanti par des tuyaux ou cheminées présentant une section et une hauteur suffisantes, complètement étanches, ne présentant aucune fissure ou communication avec les appartements contigus et débouchant au-dessus des fenêtres voisines. Il est indispensable à cet effet, avant de faire fonctionner le poêle mobile, de vérifier l'isolement absolu des tuyaux ou cheminées qui le desservent.

Il ne suffit pas que les poêles portatifs soient munis d'un bout de tuyau destiné à être simplement engagé sous la cheminée de la pièce à chauffer. Il faut que cette cheminée ait un tirage convenable.

Il importe, pour l'emploi de semblables appareils, de vérifier préalablement l'état de ce tirage, par exemple à l'aide de papier enflammé. Si l'ouverture momentanée d'une communication avec l'extérieur ne lui donne pas l'activité nécessaire, on fera directement un peu de feu dans la cheminée avant d'y adapter le poêle, où, au moins, avant d'abandonner ce poêle à lui-même. Il sera bon, d'ailleurs, dans le même cas, de tenir le poêle un certain temps en grande marche (avec la plus grande ouverture du régulateur).

On prendra scrupuleusement ces précautions chaque fois que l'on déplacera un poêle mobile.

On se tiendra en garde, principalement dans le cas où le poêle est en petite marche, contre les perturbations atmosphériques qui pourraient venir paralyser le tirage et même déterminer un refoulement des gaz à l'intérieur de la pièce. Il est utile, à cet effet, que les cheminées ou tuyaux qui desservent le poêle soient munis d'appareils sensibles indiquant que le tirage s'effectue dans le sens normal.

Les orifices de chargement doivent être clos d'une façon hermétique et il est nécessaire de ventiler largement le local, chaque fois qu'il vient d'être procédé à un chargement de combustible.

Principaux systèmes de poêles mobiles. — Malgré les dangers que nous venons d'indiquer, les poêles mobiles sont très employés, à cause de la commodité et de l'économie de leur fonctionnement. Ainsi, l'on en a vendu 18.000 à 20.000

en 1887, 12000 à 14000 en 1888, etc. Il en existe un grand
nombre de types, notamment le poêle Choubersky, le poêle
Alsacien, l'Irlandais, l'Élégant, le Richelieu, le calorifère
Vallée, le Denoyelle, le calorifère scientifique, le poêle

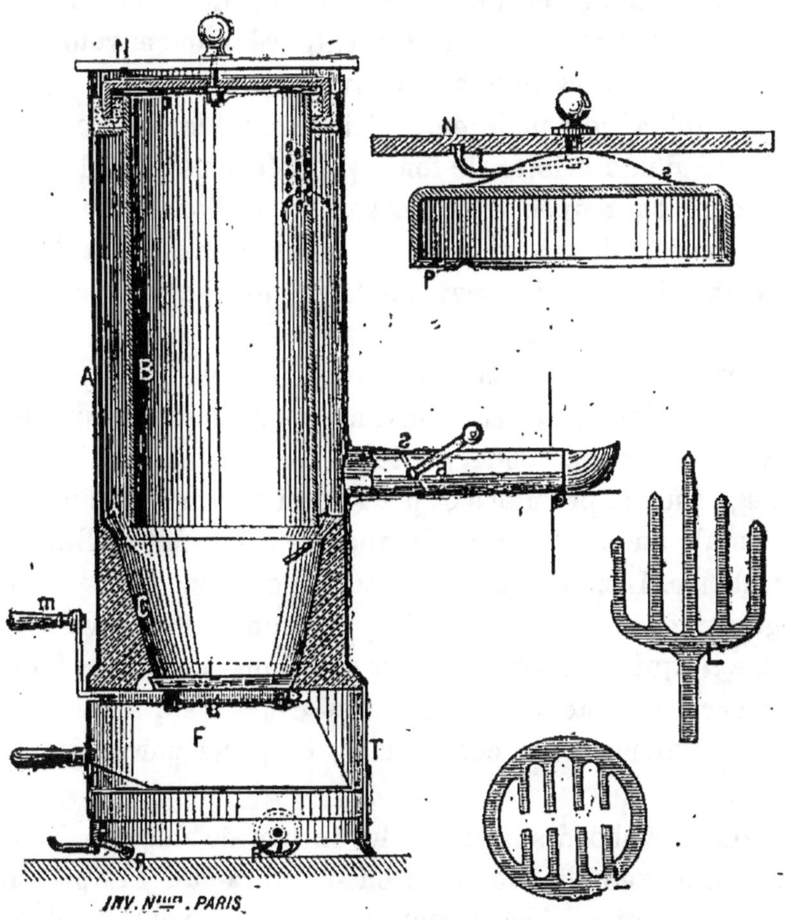

Fig. 71. — Poêle Choubersky, modèle 1880.

roulant à feu visible, le calorifère parisien, etc. ; nous décri-
rons seulement les principaux.

Poêle Choubersky. — Le poêle de M. de Choubersky,
qui est le plus commode de tous, est une heureuse modification d'un système imaginé par Joly vers 1867. Il a du reste
subi plusieurs transformations.

Le modèle le plus usité est celui de 1880 (fig. 71 [1]). La combustion se fait dans un cylindre en fonte C, légèrement conique, qui forme le creuset, et qui est surmonté d'un cylindre B, contenant une réserve de combustible suffisante pour douze heures : le tout est entouré d'une enveloppe en tôle A, réunie vers le haut à l'enveloppe intérieure par une rainure qu'on doit maintenir pleine de sable. Le couvercle est formé d'une calotte de fonte p, fixée sous une plaque de marbre N au moyen d'un ressort s et d'un boulon ; cette calotte pénètre dans le sable, où le poids du marbre et l'action du ressort la maintiennent enfoncée, de façon à rendre la fermeture hermétique.

Le creuset porte à sa base trois saillies, qui supportent une grille circulaire L, pouvant tourner dans un plan horizontal. Une seconde grille L', en forme de fourche, s'engage dans la première et peut aussi tourner dans un plan horizontal, au moyen d'une manette m, qui fait saillie hors du cendrier. L'enveloppe extérieure porte une buse pouvant s'engager dans une cheminée, et munie d'une valve de réglage a, qui peut s'ouvrir plus ou moins, mais sans jamais se fermer complètement. L'appareil repose sur un socle en tôle T, renfermant le cendrier F, et porté par trois roulettes R.

On place d'abord sur la grille un peu de charbon de bois allumé et on remplit de coke ou d'anthracite. Les produits de la combustion s'échappent en majeure partie entre le creuset A et le cylindre B ; le reste traverse la colonne de combustible, passe par les trous pratiqués au haut du cylindre B, et redescend dans la double enveloppe jusqu'au tuyau latéral. L'air nécessaire à la combustion arrive par une ouverture ménagée au haut de la porte du cendrier. On agite de temps en temps la grille L' pour faire tomber les cendres, et l'on règle la combustion à l'aide de la valve a.

[1] Figure empruntée aux *Inventions Nouvelles*.

Quand le poêle vient à s'éteindre, on peut le vider facilement en enlevant la grille L'; puis la grille fixe L. Pour
faire sortir cette dernière, il suffit de la faire tourner dans
un plan horizontal : elle porte un évidement, qui rencontre
bientôt une des saillies du creuset ; à ce moment la grille
échappe et tombe au fond du cendrier.

Pour obtenir un tirage suffisant, il est à peu près indispensable de fermer la cheminée qui reçoit la buse du poêle
par une plaque régulatrice (fig. 72[1]).

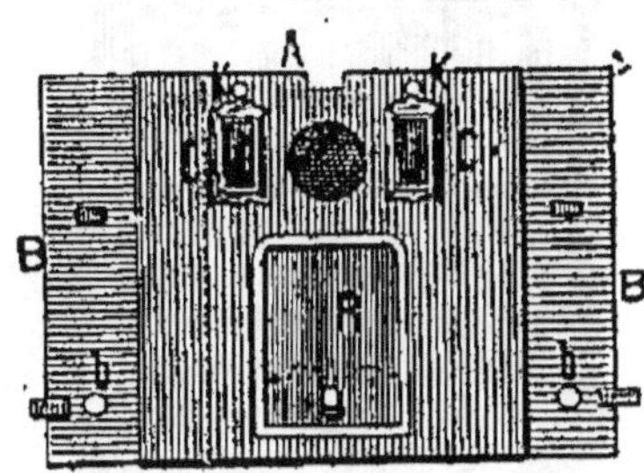

Fig. 72. — Plaque régulatrice.

Cet appareil est formé de trois tôles de même hauteur, les
deux latérales pouvant glisser de façon à fermer complètement la cheminée, quelle que soit sa largeur. La plaque centrale porte un trou rond, fermé par un clapet à ressort, qui
reçoit le tuyau de fumée. Un second orifice, rectangulaire,
porte un régulateur équilibré, qui s'incline plus ou moins pour
laisser passer exactement l'air nécessaire pour le tirage.
Enfin deux indicateurs de vitesse, placés de part et d'autre
de la première ouverture, permettent de voir si le tirage est
suffisant.

De Choubersky a imaginé en 1891 un nouveau modèle,
dans lequel il dit avoir établi un tirage assez énergique pour
éviter tout danger de refoulement.

Poêle universel. — Dans ce poêle, imaginé en 1889, on
a cherché à éviter le danger du refoulement des gaz par le

[1] Figure empruntée aux *Inventions Nouvelles.*

même procédé qui a été appliqué depuis au nouveau poêle Choubersky. La buse d'échappement a un diamètre plus large, et les orifices d'admission de l'air sont réduits autant que possible. Il résulte de cette disposition, d'après l'inventeur, un tirage assez énergique pour que, si l'on enlève le

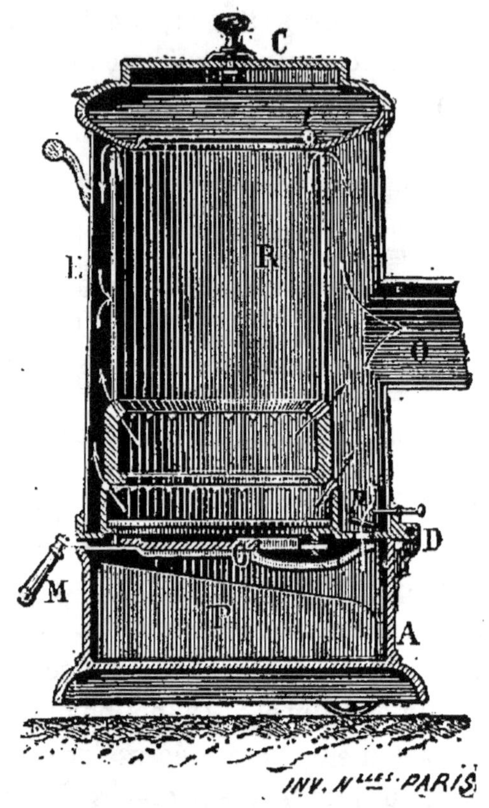

Fig. 73. — Poêle universel.

double couvercle pendant la marche, l'air de la pièce soit fortement aspiré vers l'intérieur de l'appareil,

'Le poêle universel se compose (fig. 73[1]) de trois cylindres superposés ; les deux cylindres inférieurs, en fonte, constituent le foyer ; le troisième B, en tôle, contient la réserve de combustible. Le tout est placé dans une enveloppe exté-

[1] Figure empruntée aux *Inventions nouvelles*.

rieure, disposée excentriquement, qui porte la buse d'échappement. Le couvercle extérieur C est en fonte et très lourd; il glisse horizontalement autour d'un pivot. Il recouvre un couvercle intérieur T, à charnière, qui s'ouvre automatiquement au moyen du taquet *t*, entraîné par le mouvement du couvercle extérieur.

Le combustible repose sur une double grille en fonte; la grille inférieure G, en forme de fourche, est munie d'un manche et s'engage dans la première; elle sert pour faire tomber les cendres. Le cendrier, logé dans le socle en fonte A, est assez grand pour contenir les cendres de plusieurs jours.

Les gaz de la combustion s'échappent par des orifices pratiqués au haut des trois cylindres intérieurs, passent dans l'enveloppe excentrique et s'échappent par la buse O. Cette buse ne porte pas de registre. On règle la combustion à l'aide de la valve *p*, que manœuvre une manette. Quand on ouvre cette valve, une partie de l'air qui pénètre dans le poêle est envoyée directement à la buse, sans traverser la colonne de combustible, et peut servir à brûler l'oxyde de carbone produit par la mise en petite marche. Une plaque spéciale doit fermer la cheminée devant laquelle on place le poêle.

Une disposition particulière permet de faire basculer tout l'appareil et de visiter les grilles pendant la marche. Cette rotation se fait autour de la charnière D. La buse O se prolonge par un coude qui pénètre dans la cheminée, et qui en sort partiellement lorsqu'on fait basculer le poêle, de manière à ne pas entraver la rotation. Le couvercle peut recevoir une bouillotte d'eau chaude.

Poêle Besson. — Ce poêle diffère des précédents en ce qu'il possède une circulation d'air; comme il est mobile, cet air ne peut être pris que dans la pièce elle-même.

Il se compose (fig. 74) d'un foyer en fonte K, surmonté d'un cylindre en tôle concentrique M, légèrement conique, qui reçoit la réserve de combustible ; ce cylindre est fermé

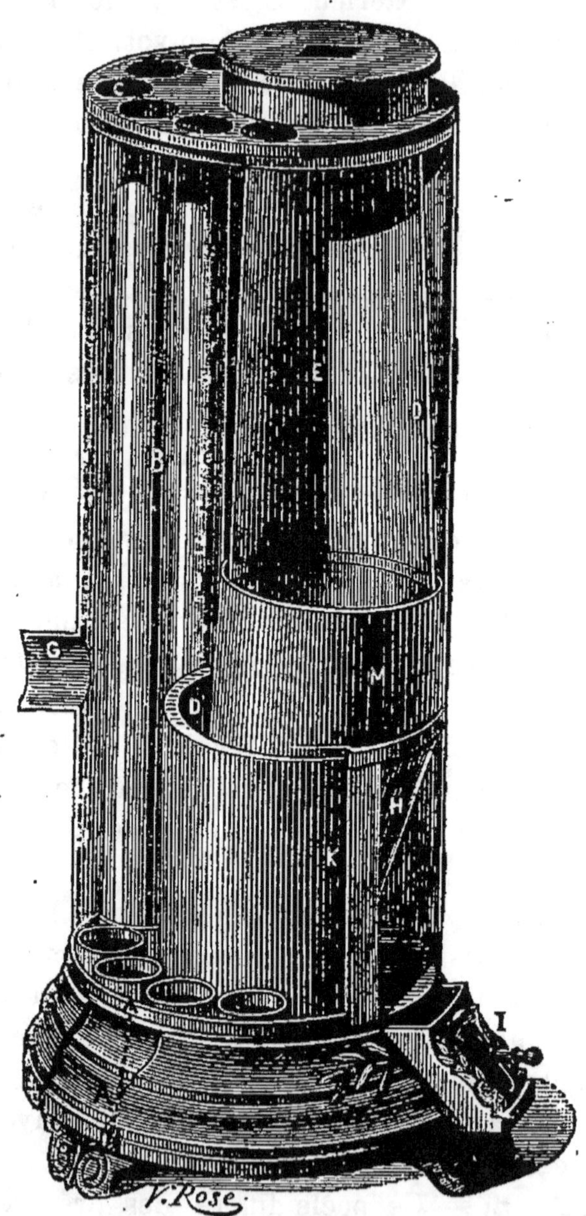

FIG. 74. — Poêle Besson.

par un couvercle avec joint de sable. Les organes précédents
sont placés dans une enveloppe extérieure en tôle, légère-

ment excentrique, qui renferme en outre un certain nombre de tubes verticaux B, disposés autour du foyer.

Ces tubes s'ouvrent par une de leurs extrémités sous le socle et par l'autre à la partie supérieure de l'appareil, au-dessous d'un couvercle à jour, qui n'est pas représenté ; ils servent à la circulation de l'air, qui entre par A dans le socle et s'échappe en C pour se répandre à travers le couvercle grillagé. Les gaz de la combustion s'échappent du foyer par D, circulent autour du cylindre M et des tubes B, et s'échappent par la buse G. Le foyer est fermé en avant par une porte garnie de mica, qui laisse voir le feu ; une grille H, presque verticale, empêche le charbon de toucher cette porte.

Le chargement se fait une fois par vingt-quatre heures, avec de l'anthracite. L'air nécessaire à la combustion pénètre par l'ouverture du cendrier I et par celle de la grille-fourche, qui sert à faire tomber les cendres. On secoue cette grille de temps en temps pour activer la combustion.

Le poêle Besson est surtout employé dans les hôpitaux et les écoles où l'on recherche une grande économie et où la ventilation est assurée par d'autres moyens. On peut placer sur le couvercle un récipient plein d'eau, qui se trouve maintenue à 60 degrés. Un levier permet de soulever une des roulettes, et l'appareil cesse alors d'être mobile.

Lorsque le poêle est complètement fixe, on peut le disposer pour la ventilation : on fait communiquer le socle avec l'air extérieur et l'on entoure le tuyau de fumée vertical d'une gaine pour l'évacuation de l'air vicié.

Calorifère du docteur. — Cet appareil, imaginé par M. Godefroy, chirurgien à l'hôpital civil de Versailles, offre un perfectionnement intéressant (fig. 75).

Pour diminuer les dangers de refoulement de l'oxyde de carbone dans la pièce chauffée, on puise dans la cheminée elle-même, au moyen du tube B, l'air nécessaire à la combustion. Les gaz brûlés s'échappent par A. De cette manière, on peut fermer hermétiquement le poêle et l'ouverture de la cheminée F, et l'oxyde de carbone ne peut plus se dégager. Ce poêle a l'inconvénient de ne contribuer en rien à la ventilation de la pièce chauffée.

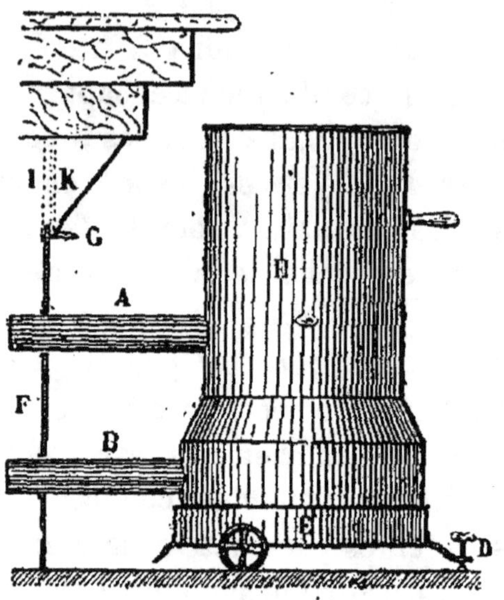

FIG. 75. — Calorifère du docteur.

Poêle Cadé. — Dans cet appareil, on a cherché à éviter la production d'oxyde de carbone en assurant à l'air une large entrée. L'appareil est donc à combustion vive ; le charbon enflammé est visible comme dans les cheminées ordinaires, et présente une assez grande surface pour un volume assez faible. On profite donc du rayonnement direct et on utilise la plus grande partie de la chaleur produite.

Ce poêle est formé d'une enveloppe cylindrique en tôle, échancrée à la partie inférieure pour laisser voir le foyer (fig. 76). Le haut de ce cylindre forme une trémie contenant la réserve de combustible et rétrécie à la base pour la laisser écouler sur le foyer. Celui-ci est constitué par deux rangées de barreaux parallèles et horizontaux. En arrière se trouvent seulement deux gros barreaux creux en terre réfractaire, soutenus par des barreaux de fer placés à l'intérieur ; en

avant se trouvent cinq barreaux de fer plat. Tous ces barreaux sont démontables et peuvent être remplacés instantanément, car ils sont maintenus seulement par des saillies ou
des ouvertures pratiquées dans les parois. Des rainures
horizontales sont creusées entre les barreaux pour recevoir

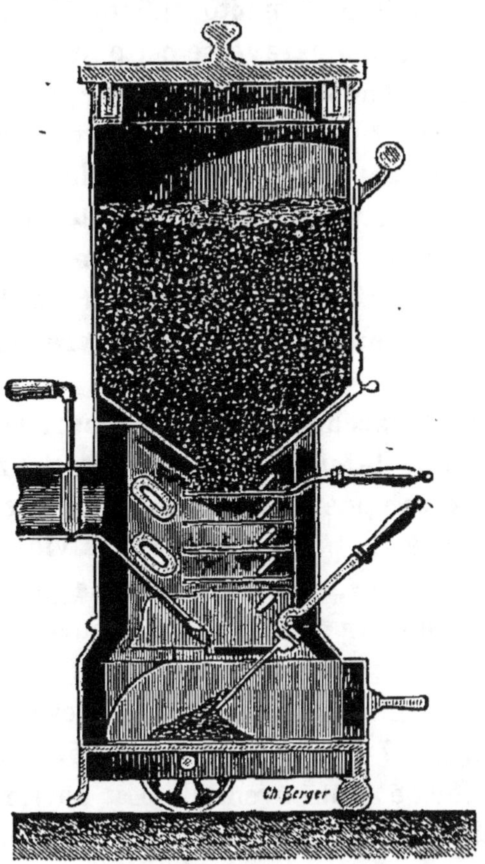

FIG. 76. — Poêle Cadé.

une pelle spéciale. Enfin le fond du foyer est constitué par
une pièce qu'on peut faire basculer autour d'un axe horizontal au moyen d'une manette.

Derrière les barreaux de terre réfractaire s'ouvre la buse,
qui est munie d'un registre pour le réglage. Le couvercle
s'enfonce dans une rainure remplie de sable. Le cendrier
est placé dans le socle, qui est muni de roulettes.

Pour allumer, on glisse la pelle dans les rainures supérieures, comme le montre la figure; on remplit la trémie de
combustible, on place un peu de braise sur le fond mobile et
on enlève la pelle. On allume alors la braise avec un peu de
papier. Le combustible est bientôt enflammé sur toute la hauteur des barreaux. L'air traverse cette masse incandescente
et s'échappe directement par la buse. Le réglage se fait par
le registre et surtout par le dégagement des cendres. Pour
opérer ce dégagement, on glisse la pelle à la hauteur de
l'étage qu'on veut nettoyer, on fait basculer le fond du foyer,
pour faire tomber les cendres dans le cendrier, comme le
montre la figure; puis on le remet en place et l'on enlève la
pelle. En répétant souvent cette manœuvre, on active beaucoup la combustion.

L'appareil peut marcher pendant une journée entière; mais
il est préférable de le charger toutes les douze heures. On
peut utiliser des combustibles menus et à bon marché. Enfin,
en cas d'extinction, on peut rallumer sans vider la trémie.

Cheminées mobiles. — Ces appareils ne diffèrent des
poêles mobiles que par la forme extérieure, qui permet de
les appliquer plus exactement dans l'ouverture d'une cheminée ordinaire. La plus ancienne de ces cheminées est la
Salamandre (fig. 77 [1]), inventée en 1885. Le corps extérieur A a la forme d'un éventail. La partie qui forme le
foyer est entourée d'une chemise N en terre réfractaire, qui
repose sur l'anneau de fonte E, placé immédiatement au-
dessus de la grille, par l'intermédiaire de la partie plane M.
La grille F est double ; la partie inférieure se manœuvre
par la tige T, qui sort de la façade. Au-dessous se trouve
le cendrier B. Une grande porte C, placée au centre et
garnie de mica, laisse voir le feu ; elle est préservée du
contact des charbons par une grille inclinée D en fonte.
L'allumage se fait par cette porte; on charge ensuite par la

---

[1] Figure empruntée aux *Inventions Nouvelles*.

porte H, qui s'ouvre à charnière au moyen de la poignée *n*.
La grille *o p f* dirige le combustible vers le fond. Autour de
l'enveloppe P se trouve à la partie supérieure une chambre
dans laquelle circulent les gaz avant de s'échapper par la

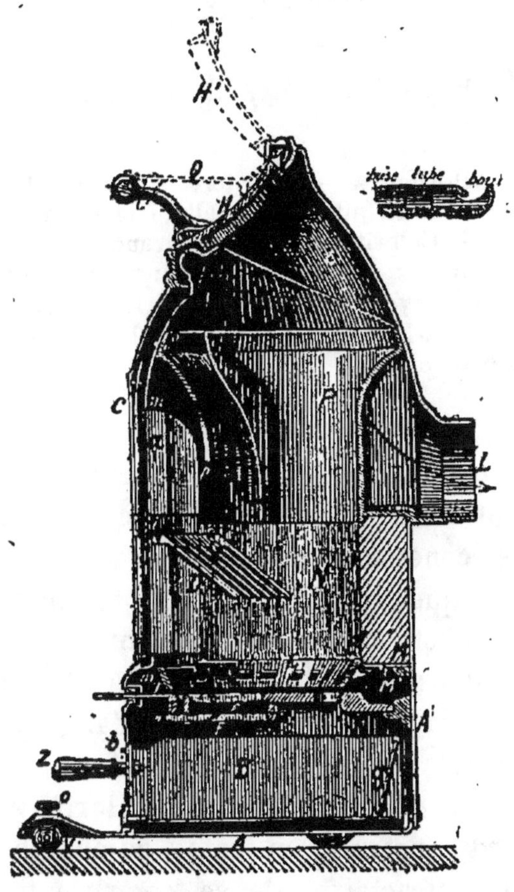

FIG. 77. — Cheminée mobile « la Salamandre ».

buse L, de section elliptique. Le réglage se fait par la valve
b, qui laisse passer l'air destiné à la combustion. En *o* se
place un chauffe-assiettes. L'appareil se déplace au moyen
d'une poignée et de trois roulettes *v*, dont une, celle de
devant, peut être rendue fixe par une vis *o*.

CHAPITRE IX

CHAUFFAGE PAR L'AIR CHAUD

Principe des calorifères. — Calorifères à air chaud. — Calorifères verticaux : Gaillard-Haillot, Grouvelle, Giraudeau-Jalibert, d'Hamelincourt. — Calorifère d'écoles Giraudeau-Jalibert. — Calorifères horizontaux : Piet-Bellan, Grouvelle, Geneste-Herscher. — Calorifères à foyer extérieur. — Calorifères céramiques : Piet-Bellan, Gaillard-Haillot, Geneste-Herscher, Michel Perret. — Conduites d'air chaud.

Principe des calorifères. — Lorsqu'on a à chauffer simultanément un grand nombre de locaux, il est plus commode et plus économique de recourir au chauffage central. Un appareil unique, appelé calorifère, produit la chaleur et la cède à une substance qui sert de véhicule et qui la transporte ensuite dans les locaux à chauffer. La substance employée à cette transmission peut être l'air, l'eau liquide ou la vapeur d'eau.

Calorifères à air chaud. — Les calorifères à air chaud ont été d'abord construits en fonte ; aujourd'hui on en fait aussi en terre réfractaire. Ils se composent dans tous les cas d'une série de conduits de formes variées, que traverse la fumée avant d'arriver à la cheminée. L'air froid, amené du dehors, circule autour de ces conduits et s'échauffe, puis se réunit dans une *chambre de chaleur*, située au haut de l'appareil, et de là se distribue dans les locaux à desservir. La surface de chauffe doit être aussi grande que possible ; mais l'appareil doit être très ramassé pour ne présenter qu'un volume assez faible. Les tuyaux suivis par la fumée peuvent être soit verticaux, soit horizontaux, ou bien pré-

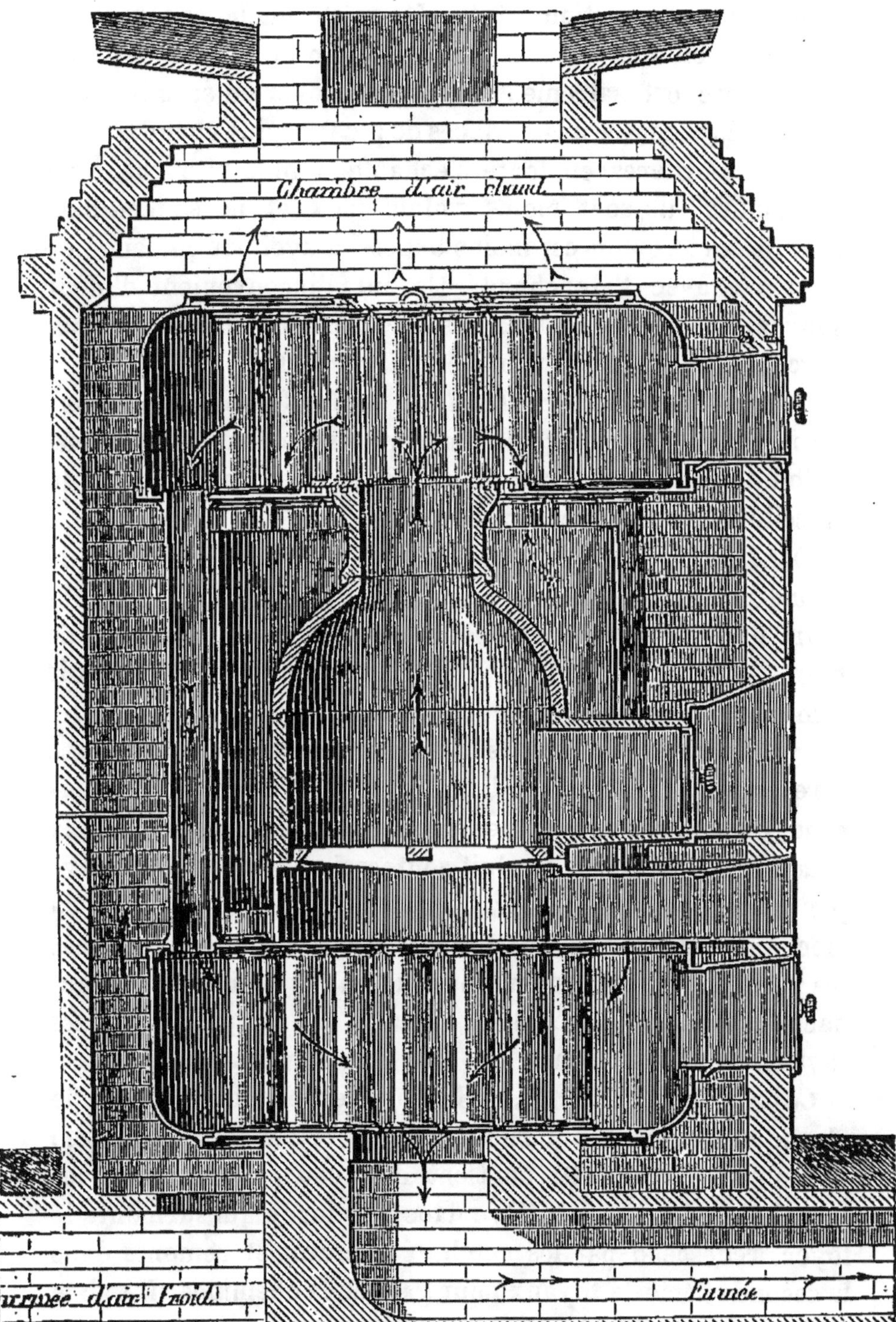

Fig. 78. — Calorifère vertical Gaillard-Haillot.

senter une disposition mixte. Il existe quelques appareils dans lesquels l'air suit le même chemin que la fumée ; mais on préfère ordinairement le faire marcher en sens inverse, afin qu'il rencontre des surfaces de plus en plus chaudes.

Les calorifères en fonte s'échauffent plus vite que ceux en briques ; ils sont moins volumineux et ne se fendillent pas, de sorte qu'on est moins exposé à avoir un mélange de la fumée avec l'air chaud. Ils ont l'inconvénient d'offrir souvent au contact de l'air des surfaces trop chaudes, ce qui lui communique des propriétés désagréables.

Calorifère Gaillard-Haillot. — M. Chaussenot a construit l'un des premiers des calorifères en fonte avec circulation de fumée verticale. MM. Gaillard et Haillot et M. du Roselle ont perfectionné ce système.

Dans le système Gaillard-Haillot (fig. 78), le foyer a la forme d'une cloche et communique par le haut avec un réservoir, que traversent de petits tubes destinés au passage de l'air. Au bas de l'appareil se trouve un autre réservoir semblable, également traversé par de petits tubes, et relié au précédent par de grands tubes verticaux. La fumée passe directement de la cloche dans le premier réservoir, redescend dans le second par les grands tuyaux et se rend de là à la cheminée par un conduit souterrain. L'air froid arrive par un autre canal souterrain, passe en partie autour de la cloche, des grands tuyaux et des réservoirs, en partie dans les petits tubes qui traversent ceux-ci, et se réunit en haut dans la chambre de chaleur, d'où il est emporté par les tuyaux de distribution.

Calorifère Grouvelle. — Le foyer est encore en forme de cloche et garni à l'intérieur d'un revêtement réfractaire ; le cendrier F (fig. 79) contient de l'eau pour éteindre les escarbilles. La fumée s'élève dans la colonne qui surmonte le foyer, redescend par les conduits latéraux et remonte dans la seconde série de tuyaux pour gagner la cheminée. Il existe deux modèles, l'un à tubes lisses, l'autre avec lames longitudinales ; c'est ce dernier que montre la figure. Dans tous les cas, le ramonage se fait entièrement par la façade, ce qui permet de loger ces calorifères dans un emplacement

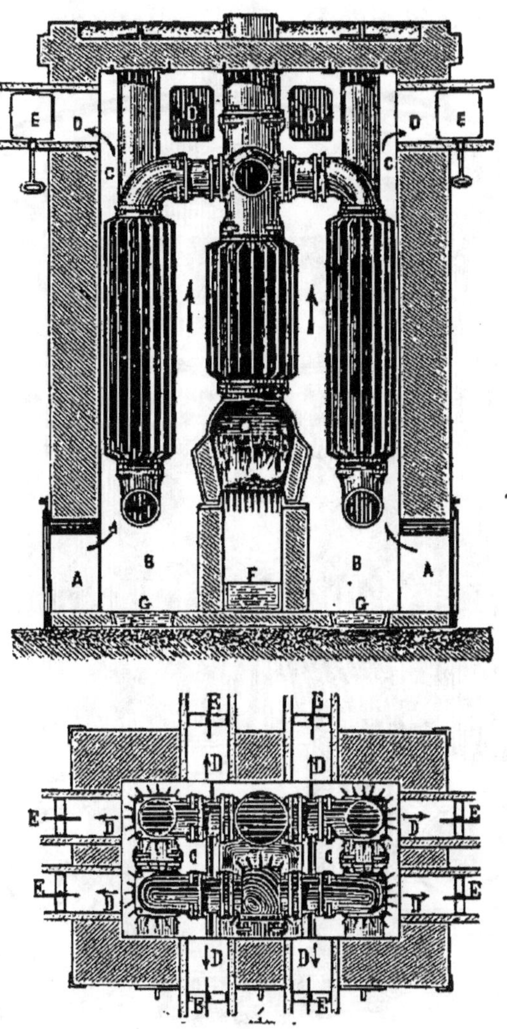

Fig. 79. — Calorifère Grouvelle à tuyaux verticaux avec lames.

ne laissant qu'une face libre. Les joints sont boulonnés et munis d'une garniture spéciale pour éviter les fuites.

Calorifère Giraudeau-Jalibert. — Le foyer, à nervures extérieures et cannelures intérieures, est surmonté d'une *boule de coup de feu*, G (fig. 80), en fonte très épaisse, dans laquelle la flamme s'épanouit et la combustion s'achève. Trois tuyaux ascendants conduisent ensuite la fumée au réservoir intermédiaire D ; de là elle passe par P dans le

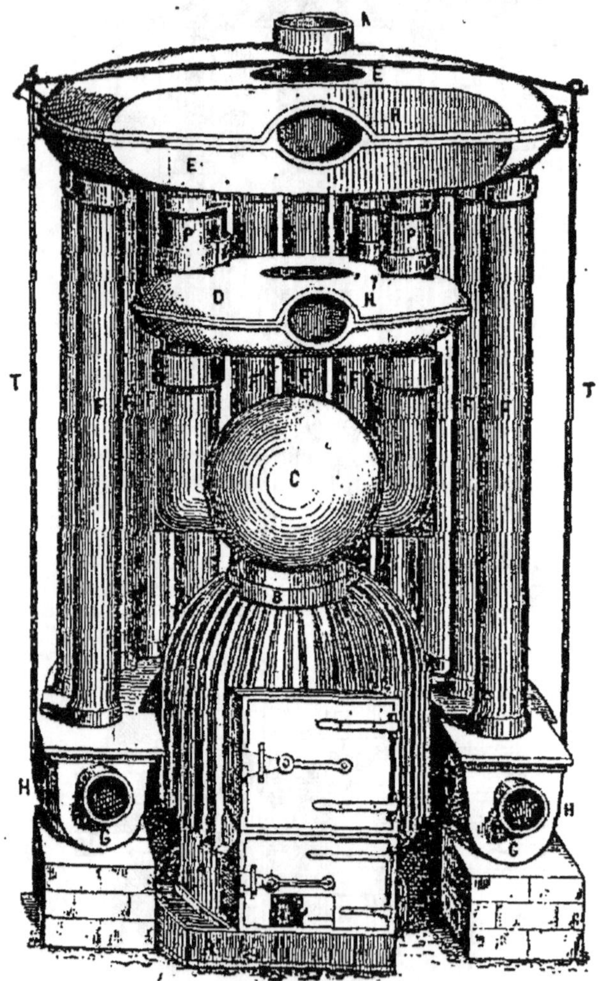

FIG. 80. — Calorifère Giraudeau-Jalibert.

réservoir supérieur E, qui est divisé en deux parties par une cloison. De la partie antérieure, elle redescend par les tubes F jusqu'au réservoir inférieur G, en forme de fer à cheval, et remonte enfin par les tuyaux F' à la partie postérieure de E, d'où elle s'échappe par K dans le tuyau. L'air

Fig. 84. — Calorifère d'Hamelincourt (Anceau).

circule dans l'enveloppe extérieure autour des tuyaux et des réservoirs.

Calorifère d'Hamelincourt. — Dans ce calorifère, on a cherché à obtenir une surface de chauffe considérable, afin d'augmenter la masse d'air chauffée et de diminuer sa température jusqu'à 60 degrés au plus. On évite ainsi les inconvénients de l'air surchauffé et notamment l'excès d'humidité. La partie centrale du calorifère est occupée par le foyer A, qui est un cylindre ou un prisme carré à nervures, d'assez grandes dimensions pour qu'il suffise de le remplir matin et soir (fig. 81). Ce foyer repose sur un massif en maçonnerie et se termine par un dôme B, d'où partent cinq tubulures aboutissant à autant de colonnes E, divisées en deux parties par des cloisons sur toute leur hauteur. La fumée arrive en B, se divise entre les colonnes, dans lesquelles elle descend jusqu'au bas par le compartiment intérieur, remonte ensuite par le compartiment extérieur, et vient se réunir dans la boîte de fumée H, d'où elle se rend à la cheminée.

Les colonnes sont en fonte à nervures, et formées de trois ou quatre segments superposés et raccordés par des joints garnis de terre. On peut donc faire varier le nombre des segments, ainsi que celui des colonnes, suivant la surface de chauffe qu'on veut obtenir. Au moment de l'allumage, on ouvre un registre qui fait communiquer directement par K le dôme B avec la boîte H, pour obtenir un plus fort tirage. On ferme le registre lorsque le combustible est en ignition. Des portes servent à nettoyer l'intérieur des colonnes.

L'appareil est entouré d'une enveloppe en maçonnerie, dans laquelle l'air extérieur, arrivant par le bas, circule et s'échauffe au contact de toutes les parois. On peut reprocher à ce calorifère de nécessiter un trop grand nombre de joints, ce qui expose à des fuites.

Calorifère d'école Giraudeau-Jalibert. — On a cherché dans cet appareil, comme dans le précédent, à augmenter la

surface de chauffe pour avoir de l'air porté seulement à
60 degrés. Il est formé de deux foyers distincts, à nervures
verticales, qui envoient la fumée dans une vaste enveloppe

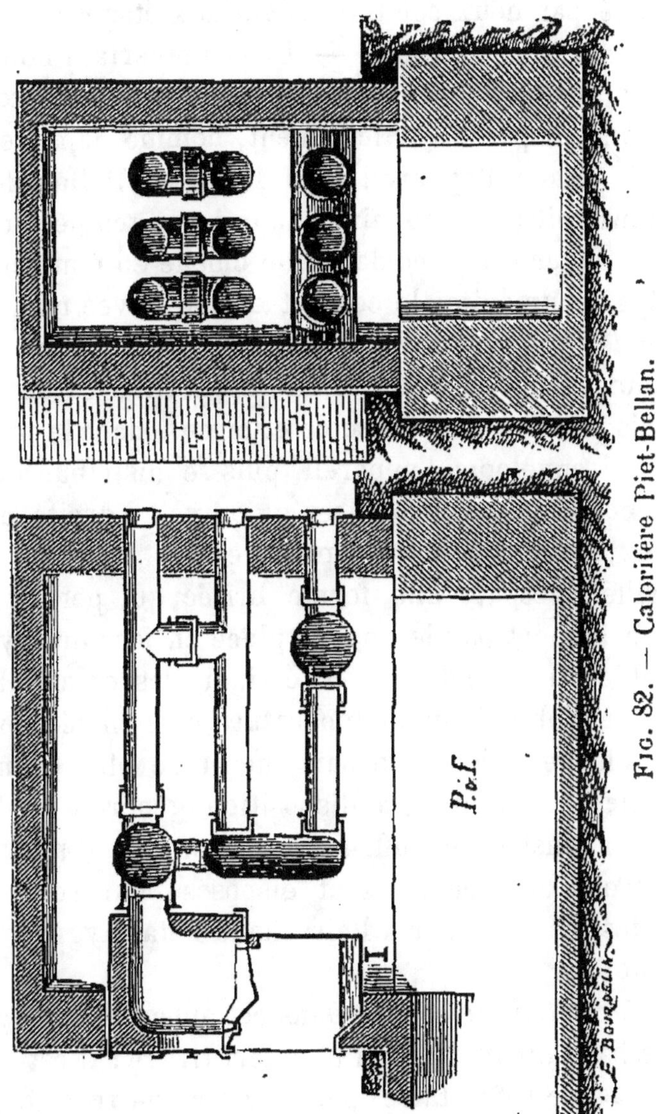

Fig. 82. — Calorifère Piet-Bellan.

rectangulaire, dont les parois sont ondulées pour augmenter
la surface, puis de là à la cheminée.

Le tout est entouré d'une enveloppe en briques, à double
paroi ; l'air extérieur pénètre par des ouvertures latérales,

situées près du haut, descend entre les deux parois jusqu'au bas de l'appareil, remonte dans la chambre intérieure, où il s'échauffe au contact des parois métalliques, et sort de chaque côté, par deux conduits allant aux étages supérieurs.

Calorifère Piet-Bellan. — Dans un certain nombre de calorifères, les tuyaux où circule la fumée sont horizontaux, au lieu d'être disposés verticalement, comme dans ceux qui précèdent. Tel est l'appareil de MM. Piet et Bellan (fig. 82), qui est construit pour fournir de l'air à une température peu élevée. Le foyer est placé dans une cloche en fonte entourée de briques, pour éviter le contact de l'air avec une surface trop chaude. La fumée circule dans trois séries de tuyaux horizontaux et se rend du bas de l'appareil à la cheminée. L'air frais pénètre dans le socle et circule dans le massif en briques qui enveloppe l'appareil, puis se distribue dans les diverses conduites. Les orifices qu'on voit à droite, au bout des tuyaux, servent pour le ramonage.

La grille présente une forme brisée qui permet de la charger facilement par le regard placé en face du foyer. Le cendrier I est rempli d'eau pour éteindre les escarbilles.

Si l'on veut obtenir une température plus élevée, on remplace la cloche précédente par une autre plus grande, et complètement en fonte, la disposition générale restant la même. On a ainsi un chauffage plus économique, mais moins salubre. Tous les modèles sont disposés pour recevoir un appareil destiné à donner à l'air chaud l'état hygrométrique convenable.

Calorifère Grouvelle. — Dans cet appareil, le foyer est placé très bas, afin d'avoir un plus fort tirage : il est entouré d'une enveloppe réfractaire, pour éviter une trop forte élévation de température. La fumée s'élève d'abord dans un tuyau vertical, puis s'engage dans une série de conduits descendants (fig. 83), pour gagner la cheminée. L'air frais arrive par A et B, passe sur le vase G, rempli d'eau, s'échauffe au contact des tubes et se distribue par les conduits D, dont on règle la section au moyen des registres E. Des cordelettes d'amiante ou de laine minérale, serrées par les boulons, rendent les joints hermétiques.

Ces calorifères occupent peu de hauteur et par conséquent

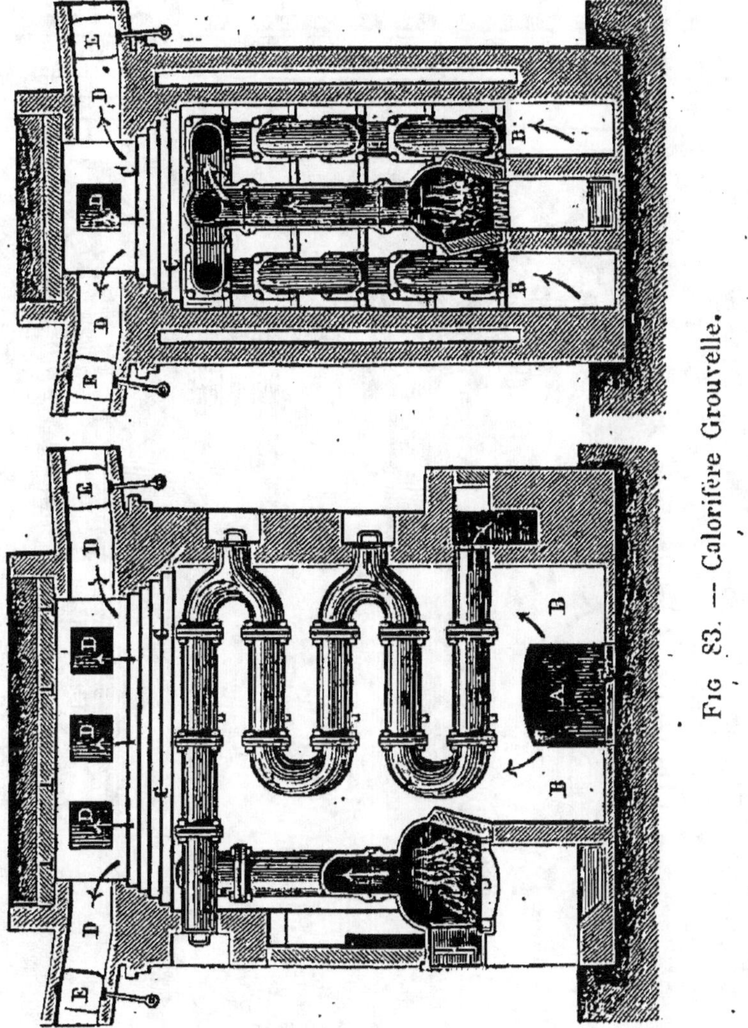

Fig. 83. — Calorifère Grouvelle.

évitent les fouilles. Le modèle figuré est un de ceux qui servent au chauffage des habitations. Pour le séchage, l'étuvage, et toutes les applications qui demandent une grande longueur d'air chaud, on construit des appareils analogues, mais plus bas et plus allongés. Dans tous les modèles, les regards pour le ramonage sont d'un accès facile, comme on le voit sur la figure.

FIG. 84. — Calorifère Geneste-Herscher.

Calorifère Geneste-Herscher. — Dans certains calori-fères, la fumée parcourt successivement des conduits horizon-taux et verticaux ; c'est ce qui a lieu dans l'appareil de

MM. Geneste et Herscher (fig. 84). Le foyer, garni à l'intérieur d'un revêtement réfractaire, est surmonté d'une cloche à nervures, communiquant par un conduit recourbé avec un demi-cylindre creux vertical et concentrique, qui entoure le foyer et la cloche. Ce cylindre est divisé par deux chicanes en trois compartiments horizontaux. La fumée s'élève dans la cloche, redescend dans le cylindre en parcourant successivement les trois conduits horizontaux, et se rend à la cheminée, placée à la partie supérieure. L'enveloppe demi-cylindrique forme écran autour du foyer et lui renvoie une grande partie de la chaleur qu'elle en reçoit. L'enveloppe extérieure en briques est donc moins chaude, et rayonne moins de chaleur dans la cave.

L'air froid pénètre à la partie inférieure et circule à la fois autour du demi-cylindre et autour de la cloche, puis se réunit à la partie supérieure. Un vase d'eau semi-circulaire est disposé autour du cendrier et peut se remplir de l'extérieur.

La cloche est formée d'anneaux identiques superposés et réunis par des joints étanches ; on peut donc lui donner une hauteur variable.

Ce calorifère peut recevoir un foyer spécial à alimentation continue, qui permet d'utiliser des combustibles menus et à bas prix. Ce foyer est muni d'une trémie qui contient une provision de combustible pouvant durer plusieurs heures, et qui tombe sur la grille à mesure qu'elle se dégarnit. Cet appareil atteint rapidement son état de régime, et son allure peut être réglée suivant la température extérieure.

Calorifères à foyer extérieur. — Dans les appareils précédents, la fumée passe dans une série de tubes autour desquels circule l'air à échauffer. Il est évident qu'on peut au contraire faire passer l'air à échauffer dans des tuyaux autour desquels circule la fumée. Les tubes peuvent du reste être placés horizontalement ou verticalement.

Dans ce dernier cas, l'air froid arrive dans une chambre

inférieure et traverse les tuyaux pour se rendre à la chambre de chaleur, située au haut de l'appareil. Quand les tubes sont horizontaux, on peut les incliner un peu pour faciliter le mouvement de l'air. Les deux chambres situées aux extrémités sont divisées par des cloisons, pour forcer l'air à traverser succssivement chaque rangée de tubes.

On peut augmenter le rendement en garnissant les tuyaux de nervures intérieures ou en plaçant dans chacun d'eux un tuyau plus petit, qui s'échauffe par rayonnement et cède cette chaleur au courant d'air.

Ces appareils nécessitent d'ordinaire un grand nombre de joints ; aussi est-il rare que l'air chaud ne se mélange pas avec la fumée.

Dans le calorifère Bourdon, on a cherché à éviter cet inconvénient en faisant plonger les extrémités des tubes, qui sont verticaux, dans un bain de sable, formant un joint à peu près hermétique.

Calorifères céramiques. — On construit aussi maintenant des calorifères en briques ; mais, à cause de l'épaisseur et de la faible conductibilité de cette substance, il est nécessaire d'augmenter autant que possible la surface de chauffe. Ces calorifères conviennent surtout avec le chauffage au bois et lorsque les interruptions ne doivent pas être fréquentes, car elles ont pour effet de fendiller rapidement les briques et les poteries. Quelques constructeurs ont essayé d'employer des briques émaillées, afin d'éviter les infiltrations de fumée dues à la porosité de la terre ; mais ce procédé a l'inconvénient de rendre les appareils beaucoup trop coûteux. On peut se servir de briques creuses, qui donnent une grande surface de contact sous un volume relativement faible.

Il faut encore éviter autant que possible la multiplicité des joints, et, pour se mettre complètement en garde contre les rentrées de fumée dans l'air, donner à celui-ci une pression supérieure à celle de la fumée.

Comme la fumée est souvent disséminée dans de très petits

conduits et éprouve une grande résistance, il faut donner à l'air une très faible vitesse et assurer à la cheminée un puissant tirage.

Les calorifères en briques ont l'avantage de donner, plus facilement que la fonte, de l'air à une température peu élevée. Au point de vue du rendement, ils peuvent soutenir

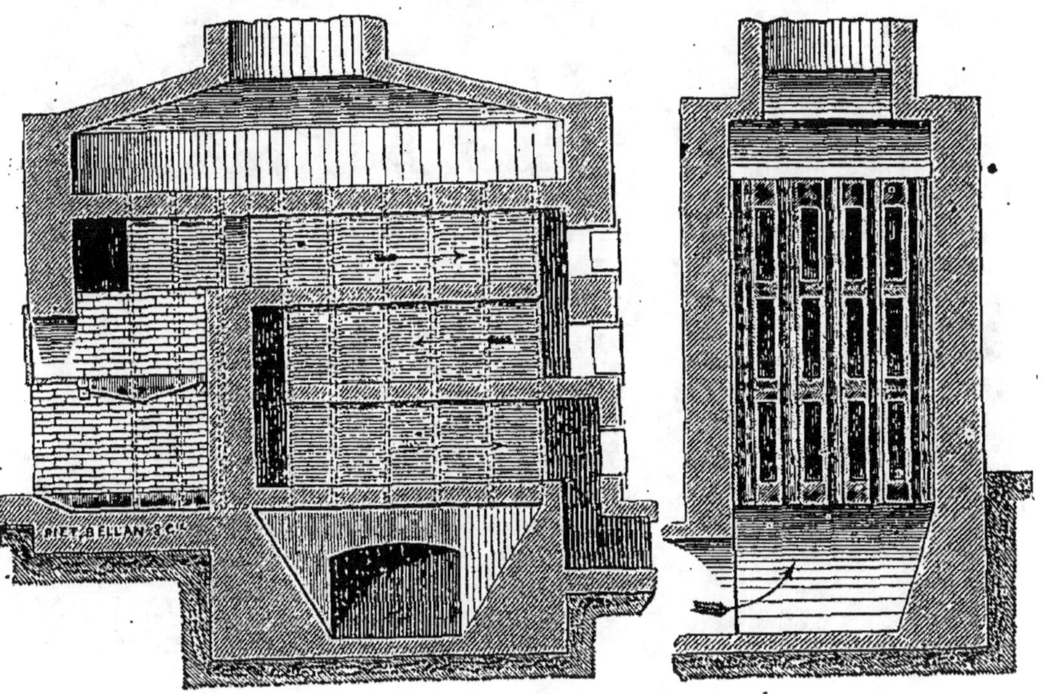

Fig. 85. — Calorifère en terre réfractaire, système Piet-Bellan.

la comparaison avec les appareils en fonte. Pour les faibles puissances, la brique paraît être un peu plus coûteuse que la fonte ; elle exige en outre des appareils plus volumineux et plus encombrants. Mais l'équilibre s'établit entre les deux systèmes pour une consommation d'environ 25 kilogrammes et, au delà, l'avantage reste à la brique.

Calorifère Piet-Bellan. — Ce calorifère est construit tout entier en terre réfractaire. La fumée parcourt trois séries de carneaux disposées horizontalement (fig. 85) et se réunit au bas dans le conduit qui va à la cheminée. L'air frais

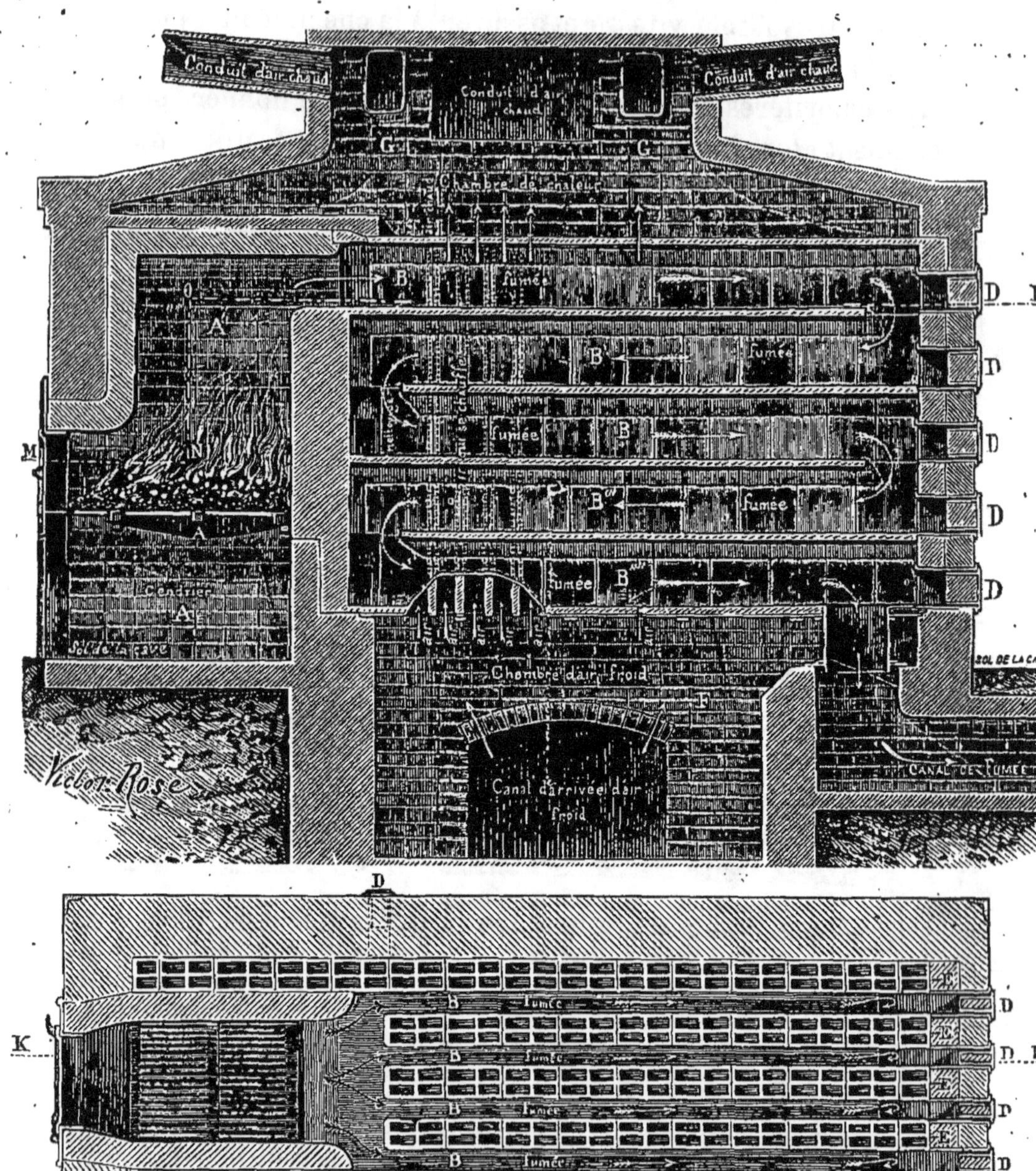

Fig. 86. — Calorifère en terre réfractaire, système Gaillard-Haillot.

entre à la partie inférieure, monte par les conduits verticaux, et se réunit dans la chambre supérieure, pour se distribuer de là dans les différents tuyaux.

On peut remplacer les briques formant carneaux par des conduits en poterie, s'assemblant par emboîtement, pour simplifier la construction et éviter les fuites. On voit que les regards servant au ramonage sont situés sur le prolongement des carneaux.

Calorifère Gaillard-Haillot. — Cet appareil diffère du précédent par l'emploi de briques creuses. La fumée parcourt, avant d'arriver à la cheminée, quatre séries de carneaux disposées horizontalement (fig. 86). L'air extérieur s'échauffe en traversant les nombreux conduits verticaux ménagés dans les briques creuses. Pour se garantir contre les effets des fissures, il est prudent de donner à l'air chaud une faible vitesse et d'assurer à la cheminée un bon tirage. Les regards pour le nettoyage sont disposés comme dans l'appareil précédent.

Calorifère Geneste-Herscher. — Pour éviter le mélange de la fumée avec l'air chaud, les conduits de fumée sont constitués par des tuyaux en tôle noyés dans un massif rectangulaire en maçonnerie. Ce massif est percé en outre de conduits verticaux pour le passage de l'air chaud. La fumée parcourt un certain nombre de conduits horizontaux avant de se rendre à la cheminée.

L'air froid arrive dans une chambre située à la partie inférieure, traverse un grand nombre de conduits pratiqués dans la maçonnerie et se réunit dans une autre chambre placée en haut de l'appareil.

Calorifère Michel Perret. — Cet appareil diffère absolument de tous ceux qui précèdent par la disposition du foyer, qui est spécialement destiné à brûler des combustibles menus même pauvres, et à bas prix, tels que poussières de charbons maigres et d'anthracite, de coke, de lignites, tourbe menue, fraisil des forges, suies de locomotives, boues et schistes du lavage des houilles, enfin les houilles les plus pauvres et les résidus de tous les foyers. Ces résidus, en effet, après un triage grossier à la pelle des plus gros mâchefers, contiennent encore au moins 30 à 35 pour 100 de matières combustibles.

Le *foyer à étages multiples* (fig. 87) se compose essentiellement de quatre étages en dalles réfractaires légèremen

FIG. 87 — Foyer Michel Perret à étages multiples (Fernand Dehaitre.)

cintrées, pour leur donner plus de résistance, et d'un cendrier Les étages communiquent alternativement en avant et en arrière; ils sont supportés par les parois latérales, qui sont aussi en matériaux réfractaires. La façade est percée de trois ouvertures superposées garnies de portes. Celle du bas, qui dessert le cendrier, est destinée à l'extraction des résidus ; les deux autres servent à la manœuvre du combustible. Le tout est renfermé dans un massif en briques ordinaires, destiné à éviter la déperdition de chaleur.

Le combustible menu est étalé en couches minces sur les dalles et brûlé lentement par le courant d'air chaud qui circule à sa surface de bas en haut. A des intervalles plus ou moins rapprochés, suivant qu'on veut obtenir plus ou moins de chaleur, on fait tomber, à l'aide d'un râble, les résidus dans le cendrier; on fait descendre de même le combustible de chaque étage sur l'étage immédiatement inférieur, et l'on recharge l'étage le plus élevé.

La combustion, ainsi établie, continue d'elle-même, sans qu'il soit nécessaire d'intervenir autrement qu'aux heures de manœuvre. Le combustible s'appauvrit à mesure qu'il descend, mais il rencontre de l'air de plus en plus pur, de sorte que la combustion est bien complète, la surface se trouvant renouvelée chaque fois que la matière descend d'un étage. En arrivant à la partie supérieure, la fumée est dirigée dans une série de tuyaux au contact desquels s'échauffe l'air destiné à être envoyé dans les appartements.

La mise en train se fait en brûlant du bois ou de la braisette dans le cendrier et sur les dalles, et en portant au rouge, une première fois, tout l'ensemble des étages, qu reçoivent à ce moment une première charge de combustible.

Il est évident que la manière dont la combustion s'effectue dans cet appareil donne naissance à une grande quantité d'oxyde de carbone; il faut donc éviter soigneusement le mélange de la fumée avec l'air de chauffage.

Dans ce but, M. Albert Robin a modifié légèrement l'appareil primitif et lui a donné la disposition représentée par la figure 87. Les parois réfractaires sont d'abord entourées d'une garniture de briques et de sable, pour éviter la déperdition de la chaleur, et le tout est renfermé dans l'intérieur d'une caisse en tôle, destinée à éviter toute communication entre l'air extérieur et les produits de la combustion. Tout l'ensemble est maintenu par un système général d'armatures métalliques.

La surface de chauffe, qui surmonte le foyer proprement dit, est aussi d'une étanchéité absolue. Elle est formée d'un caisson en tôle d'acier, plongé dans un bain de sable, et traversé par des tubes ovales en tôle ou en fonte, dont tous les joints sont hermétiques. L'air, qui arrive par la partie inférieure, s'élève le long du foyer et passe dans les tubes ovales, où il s'échauffe. Les gaz du foyer se répandent dans la caisse et circulent autour des tubes. Cette distribution,

Fig. 88. — Foyer Michel Perret à prismes (Fernand Dehaitre).

qui ne concentre la chaleur dans aucun point, mais qui la distribue au contraire dans toute la caisse, s'oppose à ce qu'aucune partie de la surface de chauffe soit portée au rouge Cet ensemble est renfermé dans une enveloppe en briques formant chambre de chaleur, et raccordé d'un côté à la prise d'air extérieur, de l'autre aux conduits de distribution.

Dans un autre modèle, les étages sont remplacés, pour

simplifier la manœuvre, par des prismes en matière réfractaire, disposés les uns au-dessus des autres, en quinconce (fig. 88), et laissant entre eux les intervalles nécesaires pour la chute du combustible. La matière pulvérulente, en descendant, forme naturellement des talus au-dessous des prismes et laisse des canaux vides dans lesquels l'air circule de bas en haut. La section tronquée des prismes empêche le combustible de descendre trop rapidement, tandis que leur forme longitudinale, légèrement cintrée, assure leur fixité en cas de rupture.

Pour mettre l'appareil en train, on le remplit de combustible par la porte supérieure, puis on allume dans le cendrier un feu de bois qu'on entretient jusqu'à ce que les trois premiers rangs de combustible soient portés au rouge. Quand on veut activer la combustion, il suffit d'agiter successivement les divers rangs de combustible à partir du bas avec une tringle munie d'un crochet.

Les calorifères Michel-Perret ont l'inconvénient d'exiger une mise en train assez longue ; de même, le régime ne peut être modifié que lentement ; pour ces raisons, il est difficile, avec ces appareils, de suivre les variations brusques de la température, qui se produisent si fréquemment, surtout au commencement et à la fin de l'hiver. On est donc obligé de maintenir le calorifère à la même allure par tous les temps et d'envoyer directement, par les temps doux, une partie de l'air chaud dans l'atmosphère par une gaine spéciale.

Malgré cet inconvénient et celui que nous avons signalé déjà, ces calorifères sont assez fréquemment employés, car ils possèdent des avantages assez nombreux, une grande stabilité de fonctionnement et une grande économie.

Conduits d'air chaud. — Les conduits destinés à la distribution de l'air chaud doivent prendre naissance à la partie supérieure du calorifère : ils doivent avoir une inclinaison aussi forte que possible. Il est bon d'avoir une prise avec un conduit spécial pour chaque pièce à chauffer ; en effet, lorsqu'un même conduit dessert plusieurs locaux, l'air chaud s'engage toujours dans les conduits les plus inclinés et les plus voisins du calorifère. Si les prises sont assez nombreuses pour qu'on soit obligé de les placer les unes au-dessus des autres, il faut réserver les prises les plus hautes, qui reçoivent l'air le plus chaud, pour les points les plus éloignés et les plus bas, qui sont les plus difficiles à chauffer.

Le calorifère doit d'ailleurs être placé au centre des locaux à chauffer, car on ne peut donner aux conduits une grande longueur horizontale, sans perdre une grande partie de la chaleur. A 30 mètres, dans les conditions ordinaires, l'air arrive presque froid. On ne peut guère dépasser une distance horizontale de 15 mètres sans prendre des précautions spéciales contre le refroidissement. Quand la distance est notablement plus grande, il vaut mieux établir plusieurs calorifères.

Les conduits d'air chaud se font ordinairement en briques, ou en poteries de sections rectangulaires ; au départ, il est bon de les réunir en groupes, afin de diminuer autant que possible les pertes de chaleur. Ces conduits sont soutenus sur leur longueur par des fers plats maintenus de distance en distance par des étriers en fer ; le tout est recouvert d'un enduit en plâtre.

Pour éviter le refroidissement, on peut entourer les conduits d'une double paroi, ou d'une couche de carreaux de plâtre ou de briques creuses ; on peut encore ajouter une enveloppe de bois ou d'une autre substance peu conductrice.

Les conduits d'air chaud s'ouvrent dans les pièces chauffées par des orifices munis de registres et appelés *bouches de chaleur*, qui sont situés soit sur le parquet, soit au bas des murs, dans la plinthe. La seconde disposition est préférable, parce que, dans le premier cas, les poussières et les balayures tombent facilement dans le conduit, d'où le courant d'air peut les ramener dans l'atmosphère de la pièce.

Il est évident que les salles chauffées doivent être munies de conduits d'évacuation, surtout lorsqu'elles n'ont pas de cheminée; ces conduits sont ménagés dans les murs ou construits à l'extérieur en poterie. Les cheminées peuvent remplacer ces conduits; elles peuvent même, lorsqu'on y allume du feu, produire un tirage assez énergique pour diminuer la quantité d'air chaud envoyée dans les autres pièces.

Installation des calorifères; prises d'air froid. — Le calorifère doit être placé, comme nous l'avons dit, au centre des locaux à desservir. On doit avoir soin, dans le montage, de faire les joints bien étanches et de laisser toutes les pièces libres de se dilater. La chambre d'air chaud se fait en briques et ses parois doivent avoir au moins 22 millimètres d'épaisseur; il est avantageux de les construire en briques creuses, qui sont peu conductrices.

Les prises d'air froid doivent être établies avec soin, en contre-bas des locaux à chauffer, en un point où l'air soit bien pur et complètement dépourvu d'humidité ou de mauvaise odeur; elles doivent être fermées par un grillage assez serré pour s'opposer à l'entrée des petits animaux, qui pourraient périr dans les conduits et communiquer à l'air chaud une odeur fétide. Il est mauvais de prendre l'air froid dans la cave même qui renferme le calorifère : l'air ainsi recueilli est humide, chargé d'odeurs, et peut entraîner, surtout au moment où l'on charge le foyer, des cendres ou des poussières de charbon. Il est utile d'avoir deux prises d'air, sur les deux faces du bâtiment, afin d'être à l'abri de l'influence du vent; on maintient alors les deux conduits séparés jusqu'à ce qu'ils aient pris la direction verticale.

CHAPITRE X

CHAUFFAGE PAR L'EAU CHAUDE

Principe du chauffage par l'eau chaude. — Divers modes de chauffage par l'eau chaude. — Disposition des tuyaux montants et descendants. — Chaudières à eau chaude. — Chaudières horizontales tubulaires : Fortin-Hermann. — Chaudières multitubulaires : Grouvelle, Perkins, Michel Perret. — Chaudières verticales. — Tuyaux de conduite. — Surfaces chauffantes, poêles à eau chaude. — Vases d'expansion. — Principaux modes de canalisation. — Divers systèmes de chauffage. — Chauffage à haute pression, système Perkins. — Microsiphon. — Système Chibout. — Distribution d'eau chaude sous pression.

Principe du chauffage par l'eau chaude. — Au lieu d'employer l'air comme véhicule pour transporter aux divers points d'un édifice la chaleur dégagée dans le calorifère, on peut se servir de l'eau ou de la vapeur.

Les appareils à eau chaude, que nous allons décrire maintenant, comprennent une chaudière destinée à élever l'eau à la température convenable, des tuyaux de distribution, qui envoient le liquide aux diverses pièces à chauffer et le ramènent ensuite à la chaudière, enfin des récepteurs, situés dans ces pièces et destinés à retenir l'eau pendant un temps suffisant pour qu'elle abandonne dans chaque local la quantité de chaleur nécessaire ; ces récepteurs peuvent du reste être constitués dans certains cas, au moins en partie, par les tuyaux de distribution convenablement repliés.

A ces parties essentielles, il convient d'ajouter quelques organes accessoires, et notamment le *vase d'expansion*, récipient placé au haut de l'édifice pour recevoir l'excès de liquide produit par la dilatation, pendant le fonctionnement de l'appareil.

L'eau, portée dans la chaudière à une température plus ou moins élevée, devient plus légère et monte par les tuyaux jusqu'aux différentes pièces, où elle se refroidit ; par suite de cet abaissement de température, elle redevient plus dense et redescend à la chaudière par d'autres conduits.

Divers modes de chauffage par l'eau chaude. — L'appareil de chauffage peut communiquer librement avec l'atmosphère par sa partie la plus élevée, qui est généralement le vase d'expansion ; la pression intérieure, en chaque point de la canalisation, est alors égale à celle de l'atmosphère, augmentée de celle de la colonne d'eau qui se trouve au-dessus de ce point. L'eau est donc chauffée sous une pression peu supérieure à la pression atmosphérique, et sa température ne peut guère dépasser 100 degrés ; c'est le *chauffage sans pression*.

On peut au contraire fermer complètement la canalisation et produire à l'intérieur une pression plus ou moins forte, qu'on règle au moyen de soupapes : suivant la valeur de cette pression, le chauffage est dit *à haute* ou *à moyenne pression*.

Dans le chauffage sans pression, l'eau ne peut guère céder aux pièces à chauffer plus de 30 à 40 calories par litre : il faut par suite augmenter l'étendue des surfaces chauffantes. D'autre part, les tuyaux montants et descendants n'offrant qu'une assez faible différence de température, la vitesse du courant d'eau est faible : on est donc obligé d'employer un grand volume de liquide et de donner un large diamètre aux conduits de distribution. Pour toutes ces raisons, on donne encore à ce procédé le nom de *chauffage à grand volume*.

Dans le chauffage sans pression, l'eau peut abandonner jusqu'à 100 calories par litre et même davantage, et la vitesse de circulation est plus grande : on peut donc réduire beaucoup le volume de l'eau, et donner aux conduits une faible section, d'où le nom de *chauffage à faible volume*.

d'eau. Il faut d'ailleurs observer que, vu la pression intérieure, ces appareils seräient dangereux s'ils renfermaient un grand volume de liquide.

Disposition des tuyaux montants et descendants. — La disposition de ces conduits n'est pas sans importance : le calcul montre en effet que la vitesse de circulation augmente avec la différence de densité des deux colonnes. Il y a donc intérêt à choisir le mode de groupement le plus avantageux.

Chaudières à eau chaude. — La chaudière qui sert à alimenter un appareil à eau chaude peut être absolument semblable à une chaudière de machine à vapeur ; les petites chaudières à eau peuvent notamment être utilisées dans ce but ; mais on fait alors monter les carneaux de fumée jusqu'au sommet de la chaudière, ce qui augmente la surface de chauffe et n'offre pas ici d'inconvénients au point de vue de la conservation des tôles de la chaudière, puisqu'il n'y a pas de chambre de vapeur.

On a cependant construit, pour le chauffage par l'eau chaude, quelques modèles spéciaux de chaudières, présentant des dispositions plus simples, exigeant moins de place et se prêtant à un entretien plus facile et moins dispendieux. Ces chaudières peuvent être horizontales ou verticales.

Chaudières horizontales tubulaires. — Les chaudières horizontales sont le plus souvent tubulaires.

On peut se servir d'une disposition analogue à celle des locomotives : l'eau est placée dans un cylindre de tôle fermé aux deux bouts par des plaques tubulaires qui reçoivent un faisceau de tubes de petit diamètre. Ces tubes, baignés par l'eau, sont assez nombreux pour ne laisser entre eux que des intervalles assez étroits. Le foyer est placé au-dessous du cylindre, dont la fumée chauffe d'abord la partie inférieure ; elle revient ensuite à travers les tubes pour se rendre à la cheminée.

Pour les machines à vapeur, les chaudières tubulaires sont peu commodes, parce qu'il est difficile d'enlever les incrustations ; cet inconvénient disparaît dans le chauffage, puisqu'on emploie presque indéfiniment la même masse d'eau ; il suffit d'en ajouter de temps en temps une petite quantité pour compenser les fuites ou l'évaporation.

La chaudière Fortin-Hermann est à double retour de fumée. L'eau est placée dans une enveloppe annulaire qui entoure le foyer et contient un certain nombre de tubes parallèles. La fumée parcourt dans toute sa longueur la cavité centrale, revient par les tubes implantés dans la chaudière, et passe ensuite, pour se rendre à la cheminée, autour de celle-ci, entre sa paroi extérieure, qu'elle chauffe, et le massif de maçonnerie qui entoure l'appareil.

Chaudières multitubulaires. — Inversement, l'eau peut être renfermée dans une série de tubes chauffés extérieurement par la fumée et se rapprochant plus ou moins des dispositifs employés dans les réchauffeurs et les economisers.

Dans un des modèles les plus simples, l'eau est contenue dans douze tubes de fer horizontaux disposés sur trois rangs et reliés aux deux bouts par deux collecteurs plats, dont l'un porte le tube de départ et l'autre le tube de retour. La fumée circule entre les tubes, qui sont ainsi tous soumis à l'action directe du feu, et se rend à la cheminée par un conduit situé à la partie inférieure du fourneau et séparé du foyer par une cloison verticale.

M. Grouvelle emploie indistinctement pour le chauffage à haute et à basse pression un appareil formé d'un tube de fer continu, replié sur lui-même en un serpentin plat à spires inégales (fig. 89); celles du bas et du centre sont plus courtes que les autres et s'engagent dans une série de pièces en fonte formant une cloison verticale.

Le foyer est muni de deux grilles, l'une horizontale et l'autre inclinée, qui reçoivent le combustible versé par le gueulard de chargement, qu'on voit vers la partie supérieure et qui est manœuvré par une poulie à chaîne. La flamme monte le long de la cloison et redescend de l'autre côté, pour gagner l'orifice placé à la base. Dans ce dernier parcours, le chauffage est méthodique, puisque l'eau chaude sort par la

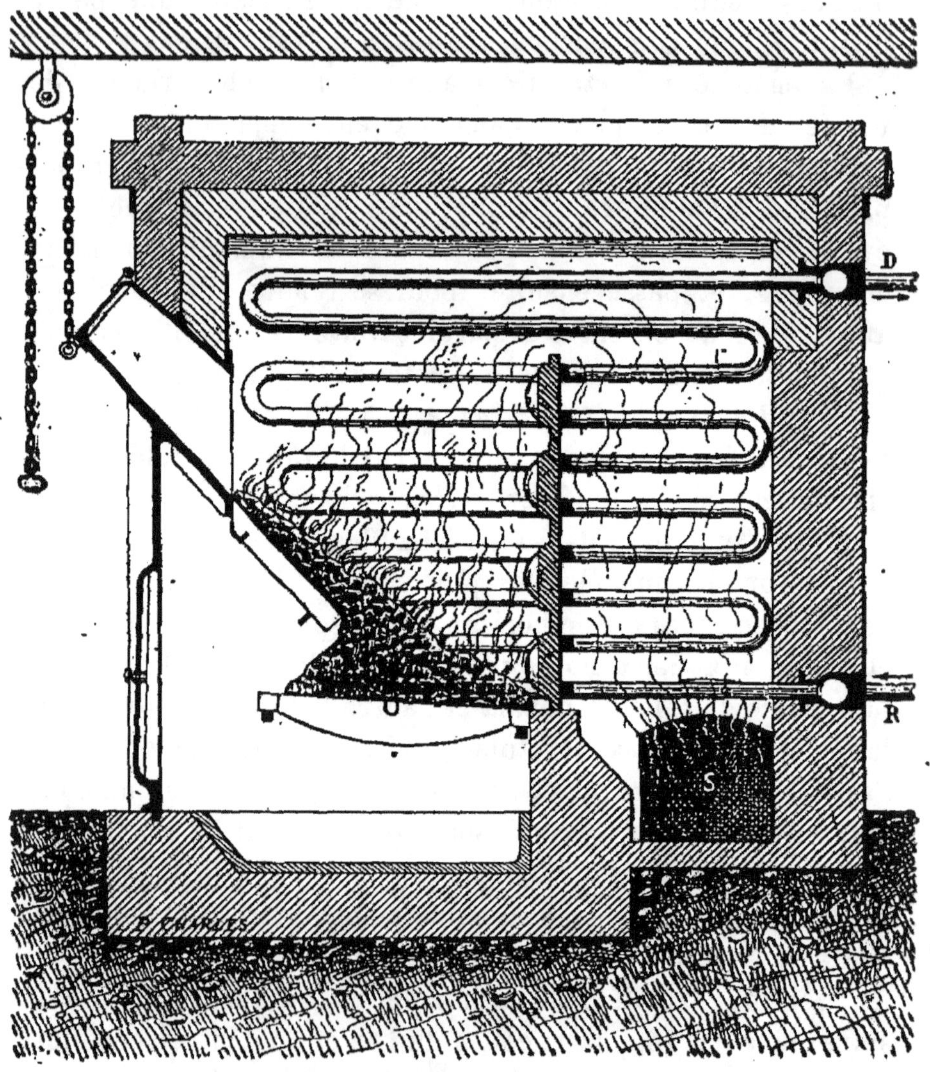

FIG. 89. — Chaudière Grouvelle.

partie supérieure du serpentin, tandis que le liquide refroidi revient par le tuyau inférieur.

Dans le système Perkins (chauffage sous pression), la chaudière est constituée par un tube de petit diamètre

enroulé en un serpentin auquel on peut donner une forme
variable, suivant l'emplacement dont on dispose. Le plus

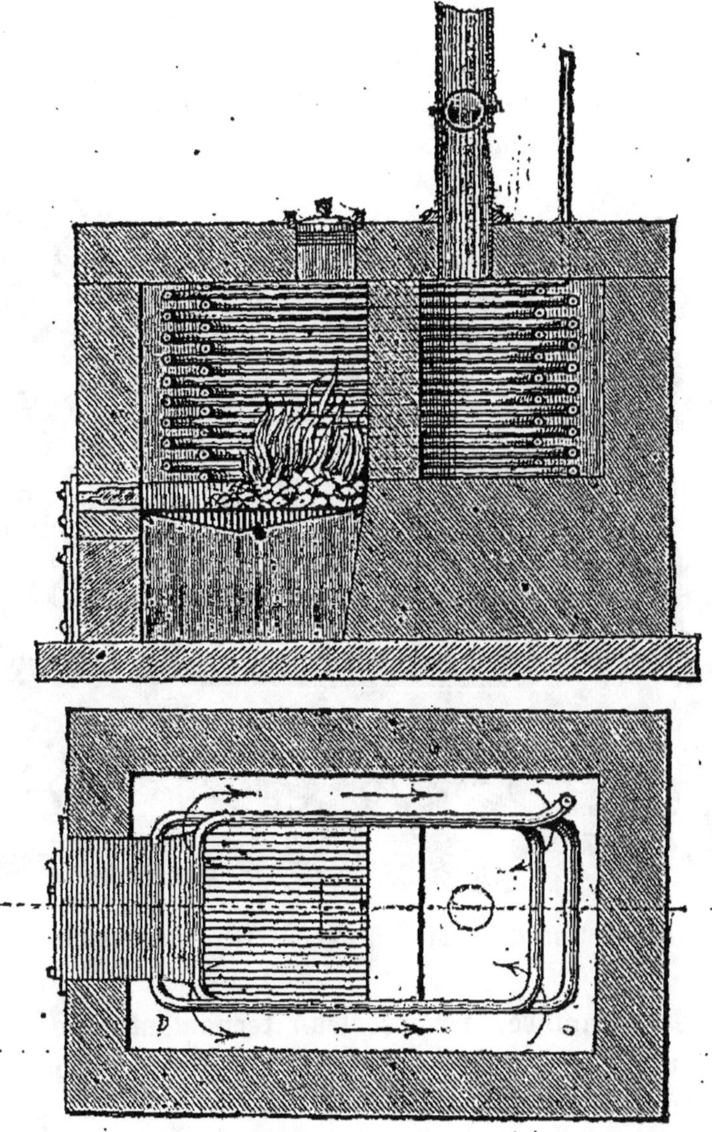

Fig. 90. — Chaudière système Perkins (coupe verticale
et coupe horizontale).

souvent, ce serpentin reçoit une forme cylindrique pour
les petites installations et rectangulaire pour les grandes
(fig. 90). Les spires successives se touchent sur une grande

partie de leur longueur, sauf aux deux extrémités, où elles alternent, comme le montre la figure. La chambre ainsi constituée est divisée en deux parties par une cloison verticale ; la grille est placée à la partie inférieure de l'un des compartiments, la cheminée au sommet de l'autre. Une chambre en maçonnerie entoure l'appareil et le serpentin s'élève jusqu'au sommet. La fumée monte dans l'intérieur de

Fig. 91. — Chaudière Michel Perret (Fernand Dehaître).

la première chambre, traverse les alternements des spires, circule autour du serpentin, passe de nouveau entre les spires pour entrer dans la seconde chambre et s'échappe par a cheminée. L'eau chaude s'élève dans le serpentin, et, de là, dans la canalisation, qui est formée par un tube de même diamètre.

Chaudière Michel Perret. — Le foyer Michel Perret à étages ou à prismes, que nous avons décrit plus haut, peut s'appliquer au chauffage à l'eau chaude à haute ou à basse pression. Le foyer est alors surmonté d'une chaudière présentant une faible épaisseur et une grande surface de chauffe (fig. 91) ; les gaz de la combustion sont obligés de suivre toutes les faces de la chaudière avant de gagner la cheminée. La chaleur est distribuée dans les locaux par des tuyaux en

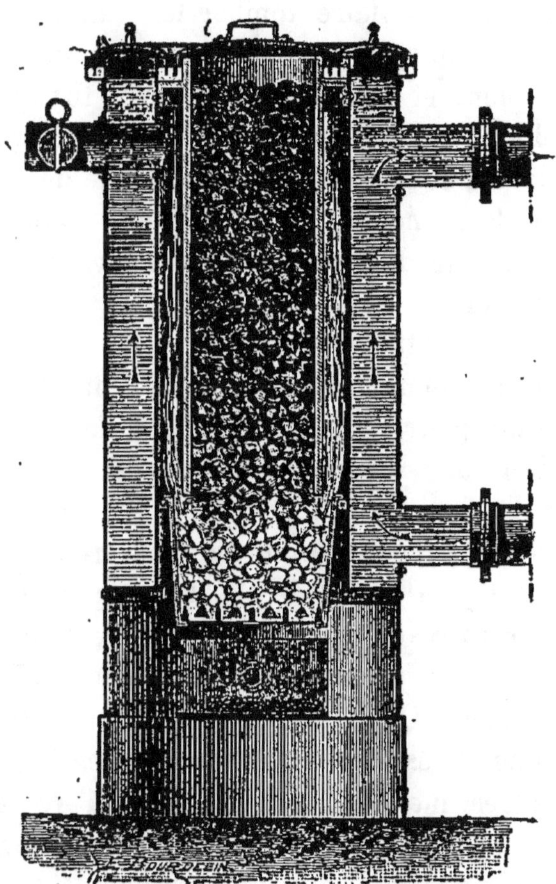

Fig. 92. — Thermo-continu (Fernand Dehaitre).

fer ou en cuivre, lisses ou à ailettes. Un système spécial de ventilation amène l'air froid contre les parois chaudes des tuyaux et le distribue ensuite dans les locaux.

Ce système convient bien pour obtenir un chauffage continu, de jour et de nuit, dans des conditions économiques.

Chaudières verticales. — Les surfaces de chauffe, cylindres, tubes, etc., peuvent être disposées verticalément.

Le *thermo-continu* (fig. 92) est un des appareils les plus simples. Son centre est une sorte de trémie, fermée par un couvercle avec joint de sable, qui reçoit une provision de combustible assez considérable ; une grille articulée permet d'activer le feu et de faire tomber les cendrès. La fumée s'engage dans un cylindre concentrique, qui entoure le premier récipient et communique avec le tuyau. Une troisième enveloppe est remplie d'eau et communique avec les tuyaux de départ et de retour. La simplicité de cet appareil, la facilité de la manœuvre, qui rappelle celle d'un poêle mobile, permettent de le placer très souvent dans l'un des locaux à chauffer.

La figure 93 montre encore une disposition très simple qui convient bien pour hôtels, maisons d'habitation, serres, etc., en un mot pour de petites installations. L'eau chaude est placée dans une enveloppe S, qui entoure une sorte de poêle R ayant une porte F à la partie inférieure pour allumer et pour surveiller la combustion, un gueulard J pour le chargement et un tuyau de fumée A. Une partie de la fumée descend par des tuyaux cylindriques et remonte autour du liquide avant de s'échapper en O. Au-dessous de la grille se trouve le cendrier. Quand l'appareil est en train, il suffit de le charger à peu près toutes les vingt-quatre heures.

Dans d'autres modèles, l'enveloppe qui renferme l'eau présente une forme plus complexe, afin d'augmenter la surface de chauffe. Ainsi l'on peut ajouter une cloison creuse remplie d'eau et communiquant à chaque extrémité avec l'enveloppe-cylindrique (fig. 94). Outre cette disposition, les plus grands modèles sont munis, comme le montre la figure, de tubes Field, semblables à ceux des machines à vapeur. Ce sont des tubes creux, renfermant chacun un tube plus étroit, ouvert aux deux bouts. L'eau se vaporise dans ces tubes et la vapeur s'élève dans l'espace annulaire, qui est plus fortement chauffé, tandis qu'un courant d'eau moins chaude descend par le tube central. Le foyer se charge

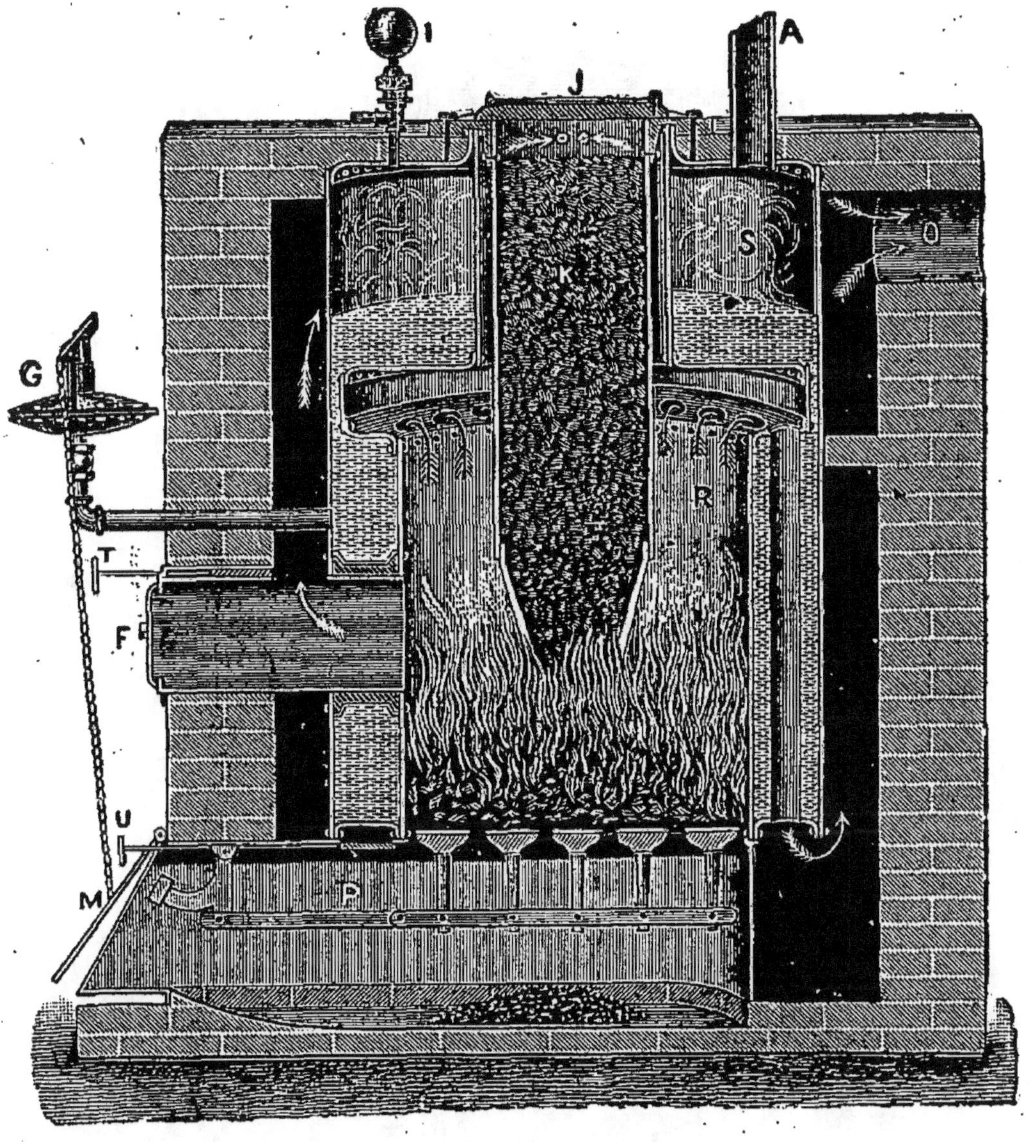

FIG. 93. — Chaudière verticale pour petites installations (Sée).

par la porte placée vers la partie inférieure, la flamme passe entre les tubes de Field et contourne la lame d'eau verticale, qu'elle chauffe extérieurement, tandis qu'elle chauffe inté-

rieurement l'enveloppe cylindrique. Le conduit de fumée
est à la partie inférieure, séparé du cendrier par une cloison
en fonte

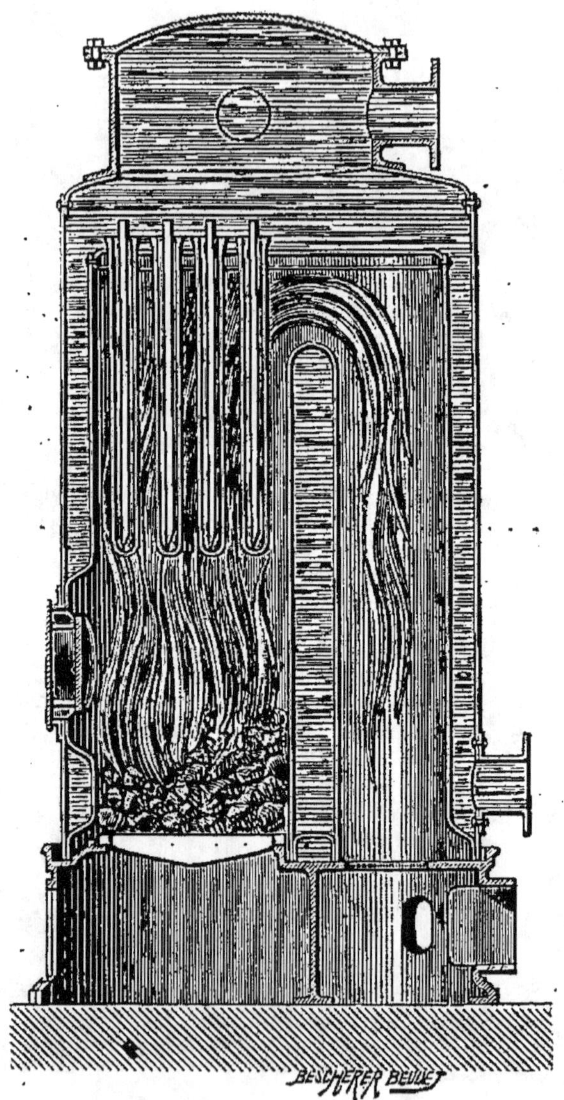

Fig. 94. — Chaudière verticale (Haillot).

Tuyaux de conduite. — Pour transporter l'eau de la
chaudière aux locaux à chauffer et la ramener ensuite, on se
sert de tuyaux en cuivre, en fer ou en fonte, à surface lisse

ou munie de nervures. Dans ce cas, les tuyaux horizontaux portent des ailettes transversales ; les conduits verticaux peuvent être identiques ou porter des nervures longitudinales rectangulaires. La figure 95 montre un tuyau du premier genre, de 0,10 m. de diamètre intérieur, ayant des ailettes en tôle circulaires ; ce système donne une surface de chauffe de 3,50 m. carrés par mètre courant, par conséquent environ dix fois plus grande que la surface d'un tuyau lisse de même diamètre. Les ailettes augmentent en même temps la solidité.

Les tuyaux à ailettes, en augmentant la surface de chauffe, permettent de diminuer la longueur totale des conduits ; par suite ils diminuent le poids total, les frais d'achats, d'installation et de transport ; enfin ils réduisent le nombre des joints, qui forment la principale cause de réparations et

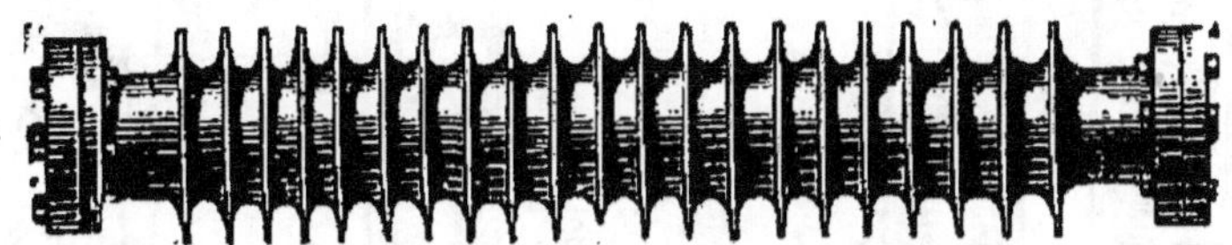

Fig. 95. — Tuyau à ailettes.

d'entretien. Dans tous les cas, les tuyaux de conduite doivent être réunis par des joints spéciaux, munis de manchons, et parfaitement étanches.

Surfaces chauffantes: — On se contente parfois de faire passer les tuyaux de conduite dans les locaux pour obtenir le chauffage nécessaire ; lorsque cela ne suffit pas, on établit des surfaces chauffantes plus développées.

Ces surfaces peuvent alors être constituées de diverses manières : on peut simplement replier les tuyaux de conduite plusieurs fois sur eux-mêmes. On peut encore employer des batteries de tuyaux, lisses ou à ailettes, tous verticaux ou tous horizontaux, réunis aux deux bouts par deux collecteurs perpendiculaires. Enfin on peut se servir de récipients de plus grande masse, auxquels on donne le nom de *poêles à eau chaude*.

Certains poêles sont formés d'un cylindre vertical, dans lequel circule l'eau, et dont la surface peut être lisse ou garnie de nervures ; ce cylindre est souvent traversé par un ou plusieurs tubes verticaux A dans lesquels circule l'air de la pièce ou l'air froid appelé du dehors (fig. 96). D'autres

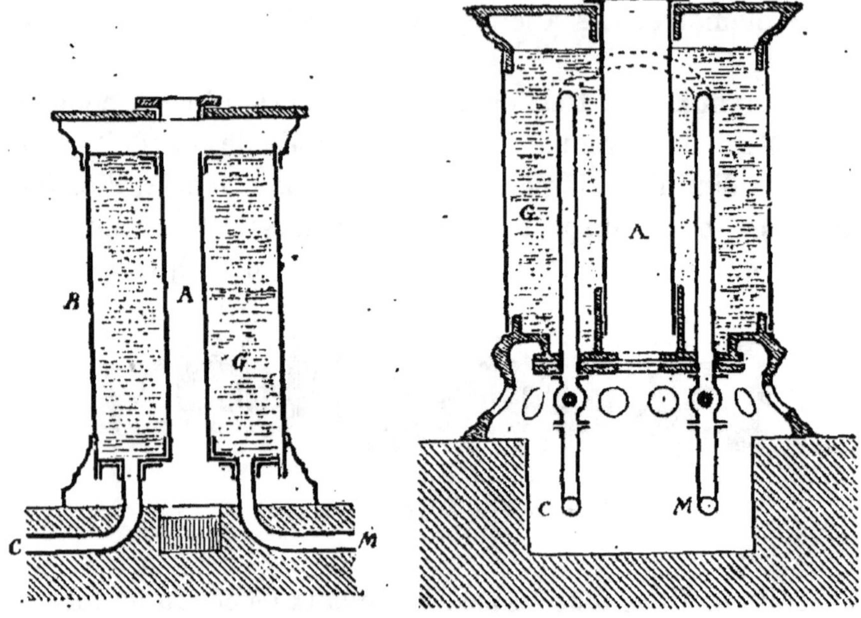

Fig. 96. — Poêles à eau chaude.

modèles renferment une masse d'eau fixe, qui s'échauffe par le seul contact de la canalisation fermée dans laquelle circule l'eau chaude ; c'est la disposition représentée par le second dessin.

Vase d'expansion. — Ce vase doit avoir des dimensions suffisantes pour contenir le produit de la dilatation du liquide. Lorsqu'il est ouvert, la température ne dépasse pas 100 degrés et la dilatation n'est jamais supérieure à 1/204 du volume total ; mais, à cause de l'augmentation de pression produite dans la chaudière par la colonne d'eau qui remplit l'appareil, il peut arriver, surtout si le feu vient à être trop poussé, que des bulles de vapeur viennent crever à la surface du vase, en projetant à l'extérieur une certaine quantité d'eau. Ces projections peuvent dégrader le bâtiment ; en outre, si elles sont abondantes, le vase se vide et la circulation du liquide se trouve interrompue. Il faut donc faire le vase d'expansion beaucoup plus grand qu'il ne semble nécessaire, ou le fermer par un couvercle muni d'un tuyau débouchant dans l'atmosphère au-dessus des toits.

On peut encore recourir à divers avertisseurs, qui

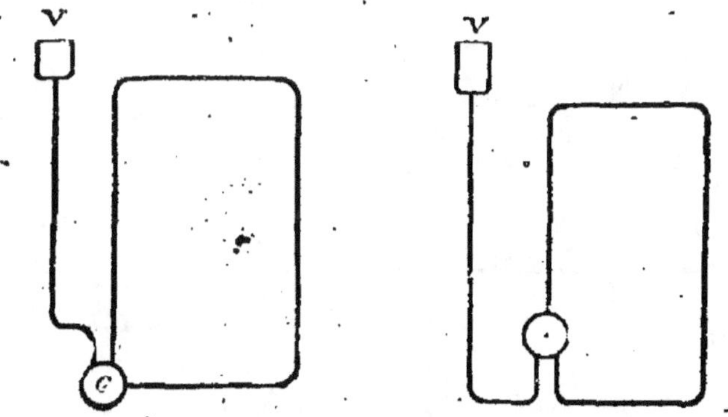

Fig. 97. — Dispositions diverses du vase d'expansion.

préviennent le chauffeur lorsque la température, dans le vase d'expansion, s'approche de 100 degrés ; on modère alors le feu. On peut placer le vase d'expansion au haut de la canalisation elle-même (fig. 98) ou à la partie supérieure d'un tube spécial (fig. 97). On peut encore, comme sur le second dessin de la même figure, le disposer au sommet d'un tube partant du bas de la chaudière ; il se trouve alors rempli d'une eau relativement froide ; mais, s'il se forme des bulles de vapeur, elles se rendent à la partie supérieure des tuyaux, où elles peuvent interrompre la circulation et produisent en se condensant des bruits désagréables et des secousses qui peuvent amener une rupture.

Principaux modes de canalisation. — Les tuyaux qui font communiquer les surfaces chauffantes avec la chaudière peuvent offrir un grand nombre de dispositions. On doit préférer évidemment la plus avantageuse. La figure 98 montre l'installation la plus simple : l'eau chaude s'élève directement de la chaudière C jusqu'au vase d'expansion V et redescend ensuite successivement à chacun des étages, dans les poêles *p*. Par ce procédé, les étages inférieurs

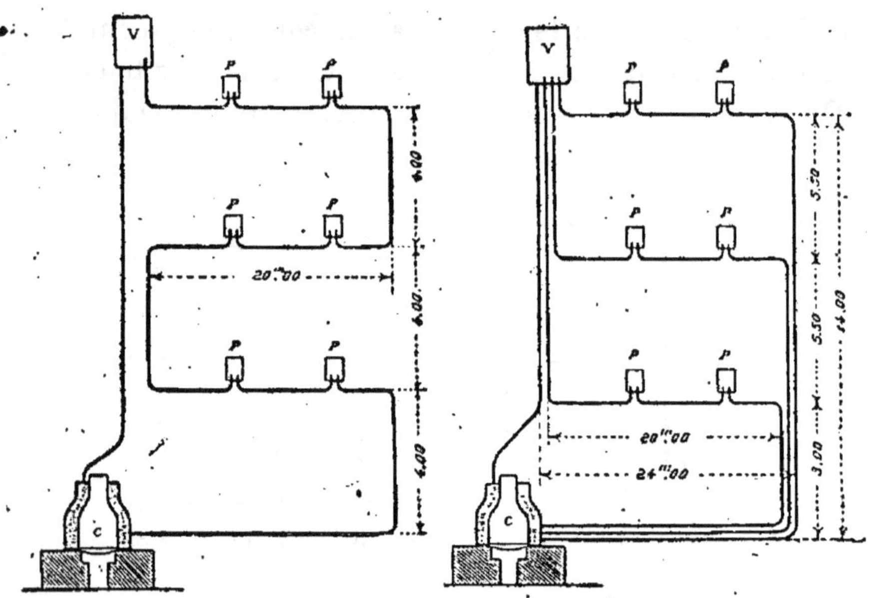

FIG. 98. — Divers modes de canalisation.

reçoivent l'eau déjà en partie refroidie ; il faut donc leur donner de plus grandes surfaces chauffantes.

Le système représenté par le second dessin est bien préférable : l'eau redescend directement du vase d'expansion à chacun des étages, qui la reçoivent dans les mêmes conditions, et revient de là à la chaudière.

Divers systèmes de chauffage. — Le chauffage à grand volume et sans pression, très en faveur autrefois, est presque complètement abandonné aujourd'hui, à cause des dimensions exagérées des appareils, de leur poids, de leur volume, et aussi parce que la grande masse du liquide empêche de faire varier rapidement le régime pour suivre les variations brusques de la température. La présence d'un grand volume de liquide est encore plus dangereuse lorsque l'appareil fonctionne sous pression, parce que la rupture d'un poêle ou d'un tuyau peut causer de graves accidents.

On cherche aujourd'hui à restreindre la masse des appareils ; c'est pourquoi l'on emploie de préférence les tuyaux à ailettes et les chaudières multitubulaires de faible capacité. On conserve ainsi une masse d'eau suffisante pour assurer la stabilité du fonctionnement et permettant cependant de faire varier assez rapidement le régime.

Nous terminerons ce chapitre en décrivant quelques-uns des systèmes les plus employés.

Chauffage à haute pression, système Perkins. — Les appareils Perkins, peu employés en France, mais très répandus en Angleterre, en Belgique, en Hollande et en Allemagne, renferment de l'eau portée à une température qui dépasse parfois 300 degrés. Ils sont entièrement formés de tubes en fer ayant 27 millimètres de diamètre extérieur et 15 millimètres de diamètre intérieur. Ces tubes se replient dans le fourneau pour former la chaudière, qui a été décrite plus haut (fig. 91) ; dans les appartements, ils peuvent se dissimuler sous les plinthes ou se recourber en serpentins, qu'on place dans des gaines en fonte ou en bois figurant un piédestal de statue, un fût de colonne, un meuble ou toute autre disposition décorative ; pour la canalisation, leur faible diamètre permet de les introduire partout sans faire de dégradations. Les jonctions se font par des manchons à filets contraires, qui donnent un joint métallique parfaitement étanche.

Au sortir de la chaudière, placée dans la cave (fig. 99), l'eau suit le tuyau placé à gauche, se rend dans les appartements où elle traverse les serpentins formant les surfaces chauffantes, s'élève jusqu'au vase d'expansion, et redescend directement par le conduit situé à droite.

Microsiphon. — MM. Geneste et Herscher donnent ce nom à un système de chauffage à moyenne pression, qui se rapproche du système Perkins et qui est très employé en France. La canalisation entière est constituée, comme le nom l'indique, par des tuyaux en fer de petit diamètre (25 millimètres à l'intérieur).

Ce système présente, comme celui de Perkins, les avantages d'une marche et d'un arrêt rapides, mais il permet en outre d'arrêter ou de modérer le chauffage d'une salle quelconque, sans modifier celui des autres. C'est ce qui est impossible dans les appareils Perkins, où l'ensemble des canalisations forme une circulation continue unique.

La chaudière du microsiphon est constituée par le tuyau de fer lui-même, enroulé en spirale. L'eau monte directement de cette chaudière aux vases d'expansion et se rend ensuite aux salles à chauffer, où elle circule le long et au bas des parois portant les orifices de ventilation.

Sur cette ligne de circulation principale on établit des dérivations destinées au chauffage des salles et en général en nombre égal à celles-ci. Ces dérivations sont formées par un tuyau semblable au conduit principal, mais portant des ailettes, pour augmenter leur surface chauffante ; elles sont ordinairement repliées en spirale (fig. 100) et disposées au bas des parois vitrées, de manière à éviter les courants d'air froid produits par les joints ; le tout peut être caché par des plaques de tôle grillagée. Ces dérivations vont ensuite retrouver la conduite principale de retour.

Les ailettes sont en fer et frettées à contact intime sur les tubes. Elles sont excentrées, de sorte que le bord supérieur touche presque le tuyau ; cette disposition facilite l'enlèvement des poussières, ce qui, dans certains cas, par exemple dans les hôpitaux, présente une grande importance.

L'entrée de chaque dérivation est munie d'un robinet qu'on peut fermer pour arrêter le chauffage de la salle correspondante. On peut en outre placer, à côté de ce robinet, un

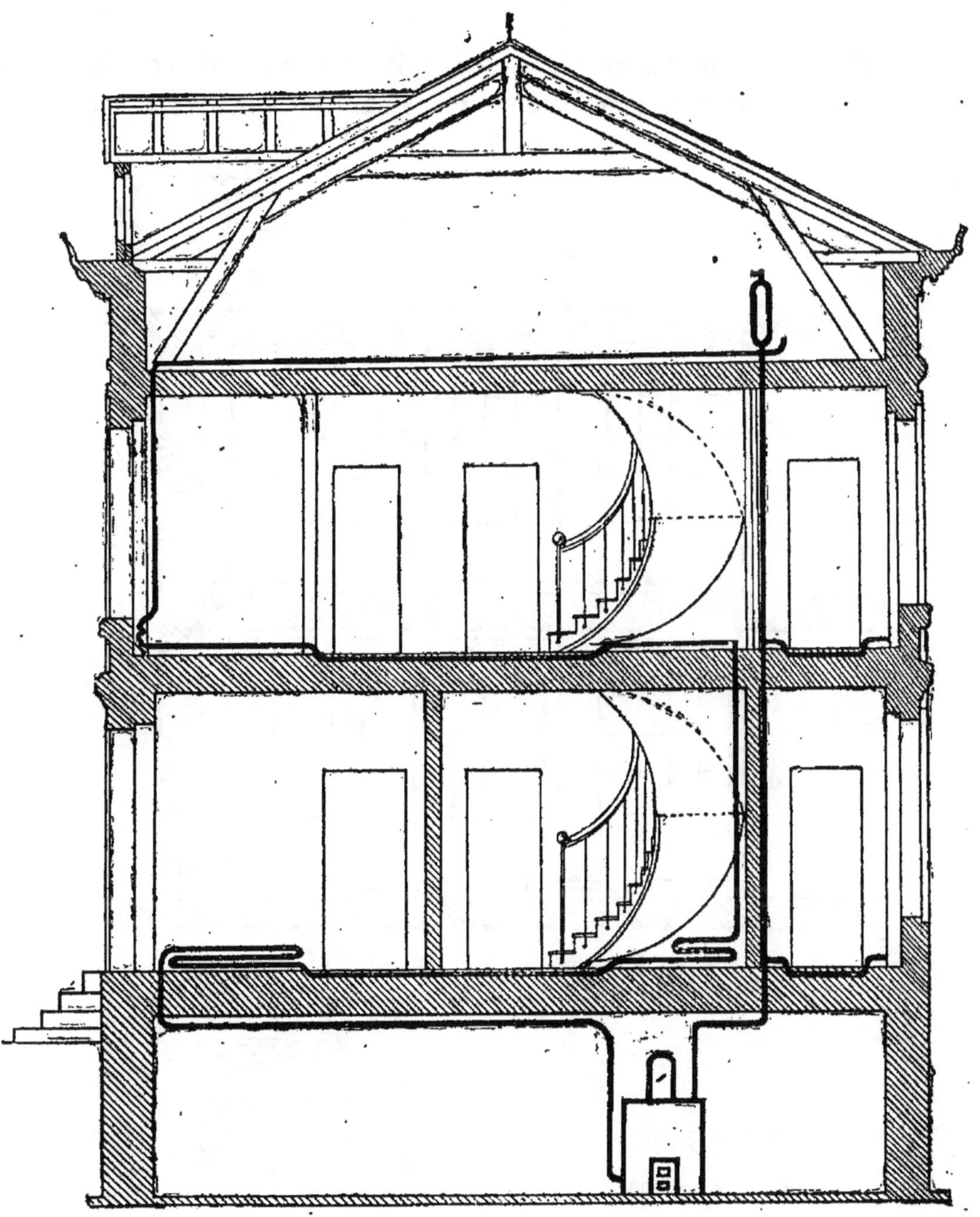

Fig. 99. — Chauffage d'une maison par le système Perkins.

régulateur de température qui agit, lorsque celui-ci est ouvert, pour laisser passer une quantité variable d'eau

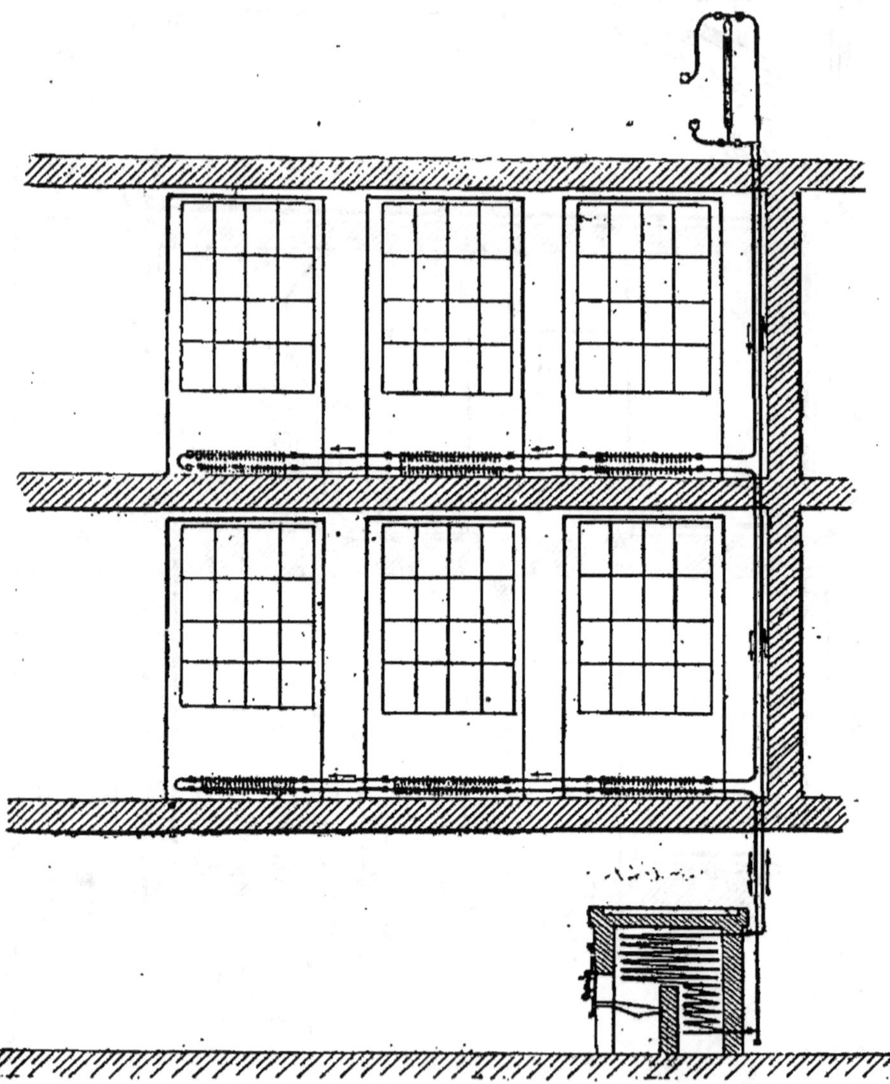

Fig. 100. — Chauffage par le microsiphon.

chaude et maintenir la salle à la température réglementaire. Les surfaces chauffantes sont toujours établies pour satisfaire aux froids rigoureux; il y a donc lieu, pendant une grande partie de l'hiver, de diminuer la quantité d'eau mise en circulation.

Lorsque le chauffage est suspendu dans plusieurs salles à la fois, la chaudière est exposée à atteindre une température trop élevée. On évite cet inconvénient en faisant varier automatiquement le volume d'air qui arrive sous la grille et en manœuvrant le registre de la cheminée.

Enfin les fourneaux des microsiphons peuvent être munis de grilles spéciales pour brûler des combustibles pauvres et à bon marché, ce qui permet d'obtenir un chauffage économique.

Système Chibout. — M. Chibout emploie une disposition qui permet d'augmenter la vitesse de circulation du courant d'eau chaude. Ce courant est déterminé d'ordinaire par la seule différence de température à l'entrée et à la sortie de la chaudière, tandis qu'ici on ajoute à cette cause la pression produite par la vapeur.

La chaudière A (fig. 101) est surmontée d'un récipient B, communiquant avec elle par une ou plusieurs tubulures, et d'une capacité close C, placée au haut du tuyau H. Ce tuyau porte en F un clapet de retenue, constitué par un boulet I, qui repose librement sur son siège. La conduite principale M part du fond du récipient C, dessert les appareils de chauffage n, n^1, n^2, etc., et revient à la chaudière en passant par le clapet de retenue G.

Quand on chauffe la chaudière A et que la pression de la vapeur devient supérieure à celle de la colonne FO, la sphère I est soulevée et l'eau monte dans le récipient C, jusqu'à ce que, l'extrémité du tube H ne plongeant plus dans le liquide, ce tube se trouve vidé. La vapeur répandue en B se condense et détermine un vide partiel. A ce moment, la pression de la colonne d'ascension ne faisant plus équilibre à la pression de la colonne de retour M, l'eau refroidie de cette colonne soulève le boulet I' et rentre dans la chaudière. Là, cette eau s'échauffe de nouveau et le mouvement recommence.

Si le récipient C s'ouvrait à l'air libre, il y aurait une

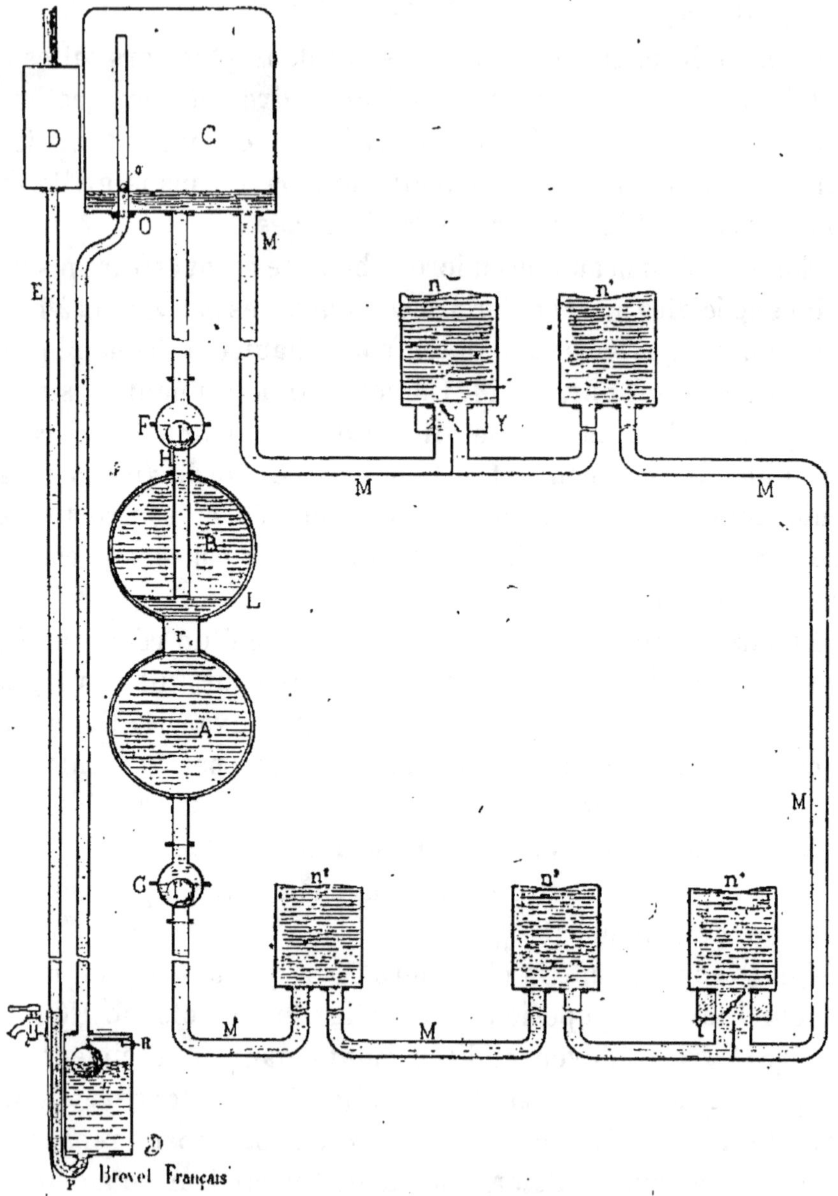

Fig. 101. — Chauffage à eau chaude, système Chibout.

perte de vapeur, qu'on évite en le fermant par un tube en
U plein d'eau OPE, qui forme soupape hydraulique et se

termine par un vase de trop-plein D, ouvert à l'air libre, et destiné à éviter les projections. En augmentant la hauteur du tube en U, on peut accroitre la pression et par suite la température de l'eau. Ce tube s'élargit à la partie inférieure, près de la courbure P, et porte un robinet R, qui laisse échapper directement la vapeur, lorsque la pression devient trop forte.

Enfin, pour rendre les appareils de chauffage n, n^1, n^2, etc., indépendants les uns des autres, on les a munis d'une soupape, placée à la base, dans un conduit Y, divisé par une cloison verticale. On voit facilement que cette disposition permet de fermer en partie ou complètement l'entrée de ces appareils.

Distribution d'eau chaude sous pression. — Une compagnie avait organisé, il y a quelques années, un service de distribution d'eau chaude, à 200 degrés environ, dans un quartier de Boston. Les deux tuyaux d'aller et de retour étaient placés sous les rues, dans un même caniveau : des branchements secondaires à trois directions permettaient de desservir trois maisons à la fois. L'eau chaude pouvait servir directement au chauffage ou être transformée en vapeur pour la force motrice. Ce système a été abandonné, par suite de l'usure rapide des tuyaux de retour.

CHAPITRE XI

CHAUFFAGE INDIRECT PAR L'EAU CHAUDE

Principe du chauffage indirect. — Calorifère à tubes. — Calorifère d'Hamelincourt. — Chauffage par colonnes de tuyaux à lames.

Principe du chauffage indirect. — Au lieu d'envoyer à distance l'eau chaude dans les locaux à chauffer, on peut l'utiliser indirectement pour le chauffage en la faisant circuler dans un appareil très ramassé adjoint à la chaudière, au contact duquel s'échauffe l'air qu'on envoie ensuite dans les salles à chauffer. On a ainsi un véritable calorifère à air chaud, dans lequel l'air est chauffé par l'intermédiaire de l'eau, au lieu de l'être directement par le contact de la fumée, ce qui donne une température moins élevée et plus régulière.

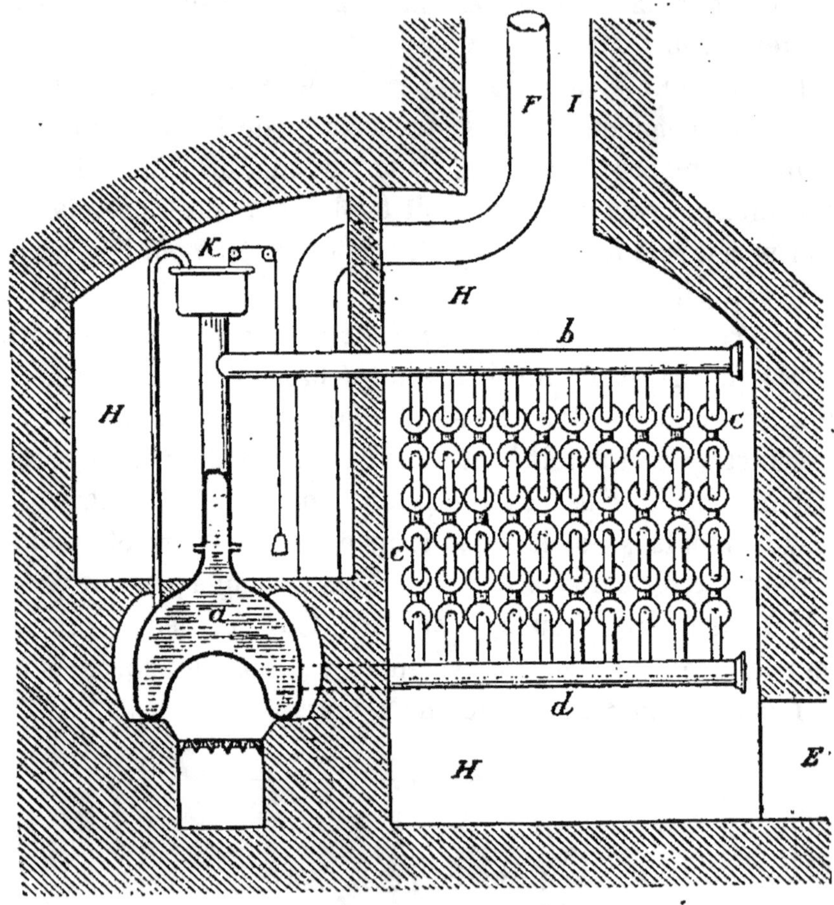

Fig. 102. — Calorifère à tubes.

Ce procédé a encore l'avantage d'être beaucoup moins encombrant que le chauffage direct par l'eau chaude dans les pièces chauffées ; mais il encombre beaucoup les sous-sols et surtout les échauffe, ce qui est parfois un inconvé-nient plus grave.

Il existe un certain nombre d'appareils fondés sur ce principe, et dans la plupart desquels on a cherché à augmenter la surface de chauffe.

Le calorifère à tubes (fig. 102) comprend une chaudière à eau a, chauffée par dessous et latéralement : l'eau chaude passe dans le tube b, descend à travers les tubes c et revient par d à la chaudière. En K est un vase d'expansion.

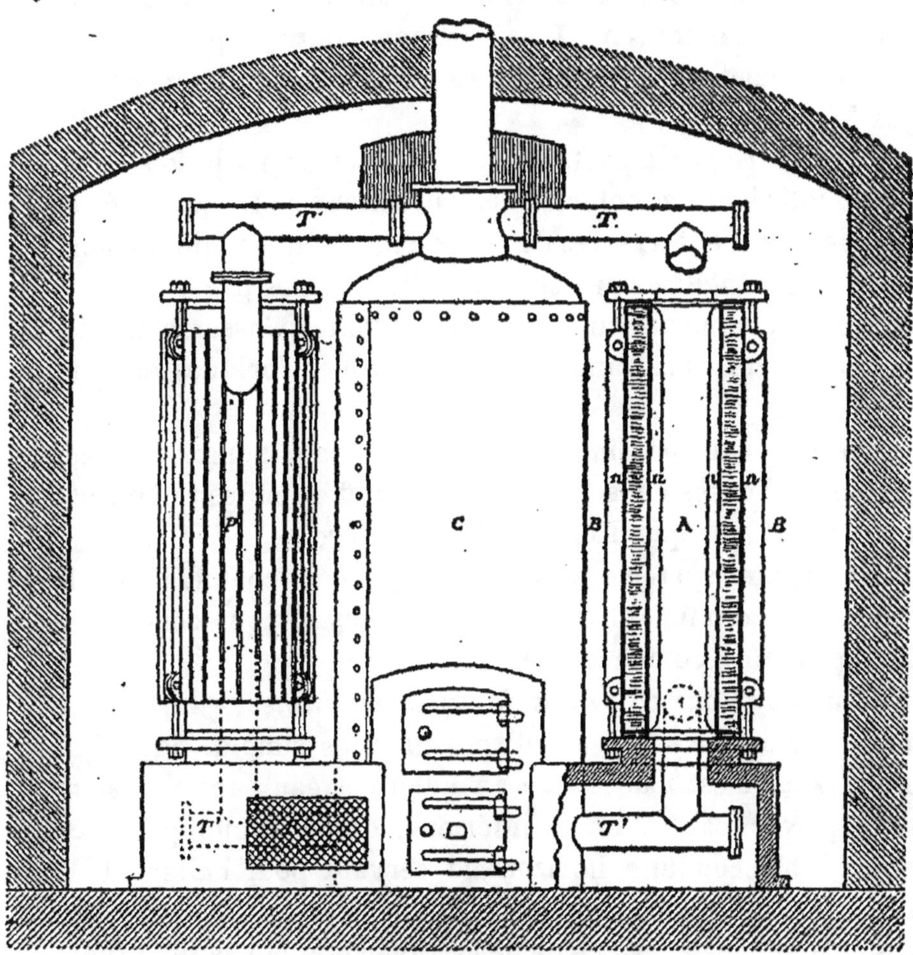

Fig. 103. — Calorifère d'Hamelincourt [Anceau]
(chauffage indirect).

L'air frais arrive par E dans la chambre H où il s'échauffe au contact des tubes et s'échappe en I. La fumée passe à la partie postérieure et sort par la cheminée F.

On peut disposer les tubes en quinconce et les garnir d'ailettes pour augmenter les surfaces et retarder le passage de l'air.

En Angleterre, on remplace les tubes par des caisses en fonte.

Calorifère d'Hamelincourt. — Cet appareil (fig. 103) se compose d'une chaudière centrale C, communiquant par des tuyaux tels que T et T' avec un certain nombre de colonnes creuses qui l'entourent. L'eau chaude monte jusqu'aux tubes T, redescend par les colonnes et revient à la chaudière par T'.

L'air entre par la partie inférieure et circule à la fois en A, dans l'intérieur des colonnes, et tout autour en B. Les surfaces intérieures et extérieures de ces colonnes sont garnies de nervures, les joints du haut et du bas sont formés par un caoutchouc comprimé par une rondelle en fonte qu'assemblent des boulons à œil rabattants. Une chemise en briques entoure l'appareil.

On peut au besoin disposer un certain nombre de ces colonnes creuses dans les pièces à chauffer, en les reliant par deux tubes tels que TT' avec la chaudière.

Le même système a été appliqué au chauffage par la vapeur, en diminuant le diamètre des tuyaux qui conduisent la vapeur aux colonnes creuses.

Chauffage par colonnes de tuyaux à lames. — La même maison emploie aussi un dispositif plus simple (fig. 104). Dans la cave est placée une chaudière à eau sans pression, du type vertical, à foyer intérieur, qui communique avec une double conduite horizontale servant pour l'aller et le retour. Cette tuyauterie porte, de distance en distance, une colonne verticale formée de deux tuyaux, à lames longitudinales, de 6 centimètres de diamètre intérieur, accouplés à leur partie supérieure; l'eau venant de la chaudière monte par l'un de ces tuyaux, redescend par l'autre et revient par le tuyau de retour horizontal.

Chaque colonne est placée dans une gaîne verticale, divisée en autant de comparti-
ments superposés qu'il y a d'étages à chauffer. Dans chaque compartiment, l'air froid entre à la partie infé-
rieure, s'échauffe au contact des tuyaux, et sort par une bouche située dans la plinthe ou dans le parquet de l'étage supérieur. La moyenne des températures des deux tuyaux étant la même dans tous les compartiments, on obtient une répartition bien égale de la chaleur à tous les étages. Un vase d'expansion V est placé dans les combles. Ce système évite l'encombrement des caves et supprime

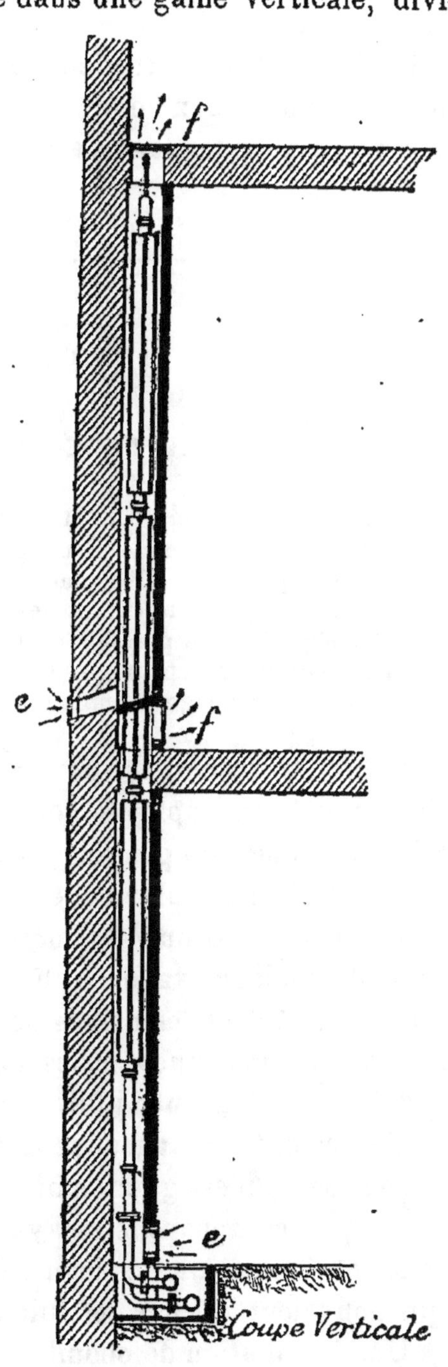

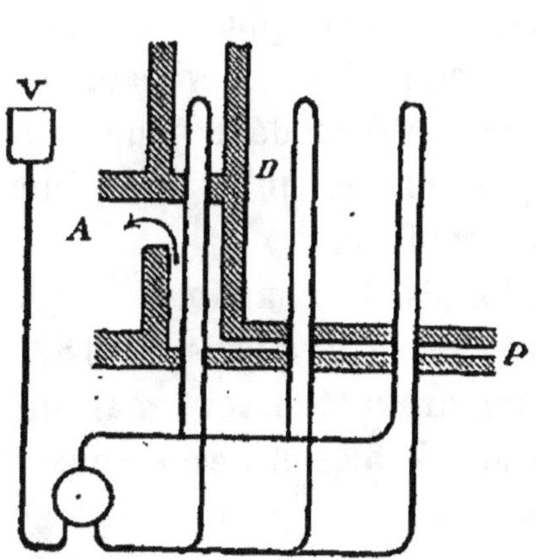

Fig. 104. — Chauffage indirect.

Fig. 105. — Colonne de tùyaux
à lames (Anceau).

en outre les conduits à forte pente nécessités par les calorifères à air chaud.

La figure 105 montre le détail des tuyaux ; on voit au bas une coupe des deux conduits principaux, placés au haut de la cave ; à chaque étage l'air frais entre en *e* et sort chaud en *f*.

CHAPITRE XII

CHAUFFAGE PAR LA VAPEUR

Principe du chauffage par la vapeur. — Divers modes de chauffage. — Chaudières. — Soupapes de sûreté. — Détendeur-régulateur de pression — Régulateurs de température. — Canalisation.
— Surfaces chauffantes ; poêles à vapeur. — Purgeurs d'air. —
Chauffage à basse pression et à retour indirect. — Chauffage par
distribution de vapeur. — Chauffage par la vapeur d'échappement. — Chauffage pneumatique.

Principe du chauffage par la vapeur. — La vapeur d'eau peut être employée pour le chauffage des édifices. Elle offre l'avantage de pouvoir céder en se condensant un très grand nombre de calories, elle peut être transportée facilement jusqu'à 300 ou 400 mètres, et même plus loin, sans perte de chaleur exagérée. Enfin l'emploi de la vapeur est tout indiqué dans les usines où on l'utilise déjà pour faire mouvoir les machines, et les appareils, lorsqu'ils sont bien installés, ne donnent ni fuites, ni accidents.

Malgré ces avantages incontestables, le chauffage par la vapeur seule n'est guère employé en France que depuis 1872, parce que les appareils essayés auparavant étaient mal installés et donnaient des bruits désagréables et des secousses qui pouvaient amener des fuites.

Une installation de chauffage par la vapeur comprend un ou plusieurs générateurs de vapeur, des surfaces chauffantes, dès conduits pour l'aller et le retour, enfin des appareils de distribution et de réglage, qui sont indispensables pour assu- rer un bon fonctionnement.

Divers modes de chauffage. — Lorsque la pression dans la canalisation ne dépasse pas 1,5 à 2 atmosphères, le chauffage est dit à *basse pression;* il est à *haute pression*, lorsque la force élastique de la vapeur dépasse notablement cette limite. Le premier mode convient surtout aux maisons d'habitation; le second s'applique surtout dans les usines, il exige des canalisations établies avec beaucoup de soin et des joints parfaits : on doit alors éviter l'emploi de la fonte, de crainte d'explosion.

L'eau condensée peut retourner directement à la chaudière ou se réunir dans un récipient, d'où elle est ensuite refoulée dans le générateur. Le premier système est dit à *retour direct*, le second à *retour indirect*. Dans la première méthode, la circulation de la vapeur est due seulement à la différence de pression entre la chaudière et les appareils de chauffage; cette différence est souvent assez faible. Ce procédé convient donc plutôt aux petites installations, tandis que le second , dans lequel on peut disposer, comme force motrice, de toute la pression de la vapeur, peut s'appliquer aux édifices plus considérables.

Chaudières. — On peut employer comme générateurs presque tous ceux qui servent pour les machines à vapeur, et en particulier les chaudières tubulaires, qui sont ici sans inconvénients, puisqu'on vaporise toujours à peu près la même eau et que par conséquent on n'a pas à craindre les incrustations.

Pour les petites installations, on se sert des chaudières verticales, à foyer intérieur, qui sont peu encombrantes et faciles à mettre en régime, puisqu'elles contiennent peu d'eau.

La chaudière employée par M. ǀMonnot (fig. 106) est cylindrique et construite en tôle d'acier soudée et d'une seule pièce, sans rivets ni boulons, ce qui lui assure une étanchéité

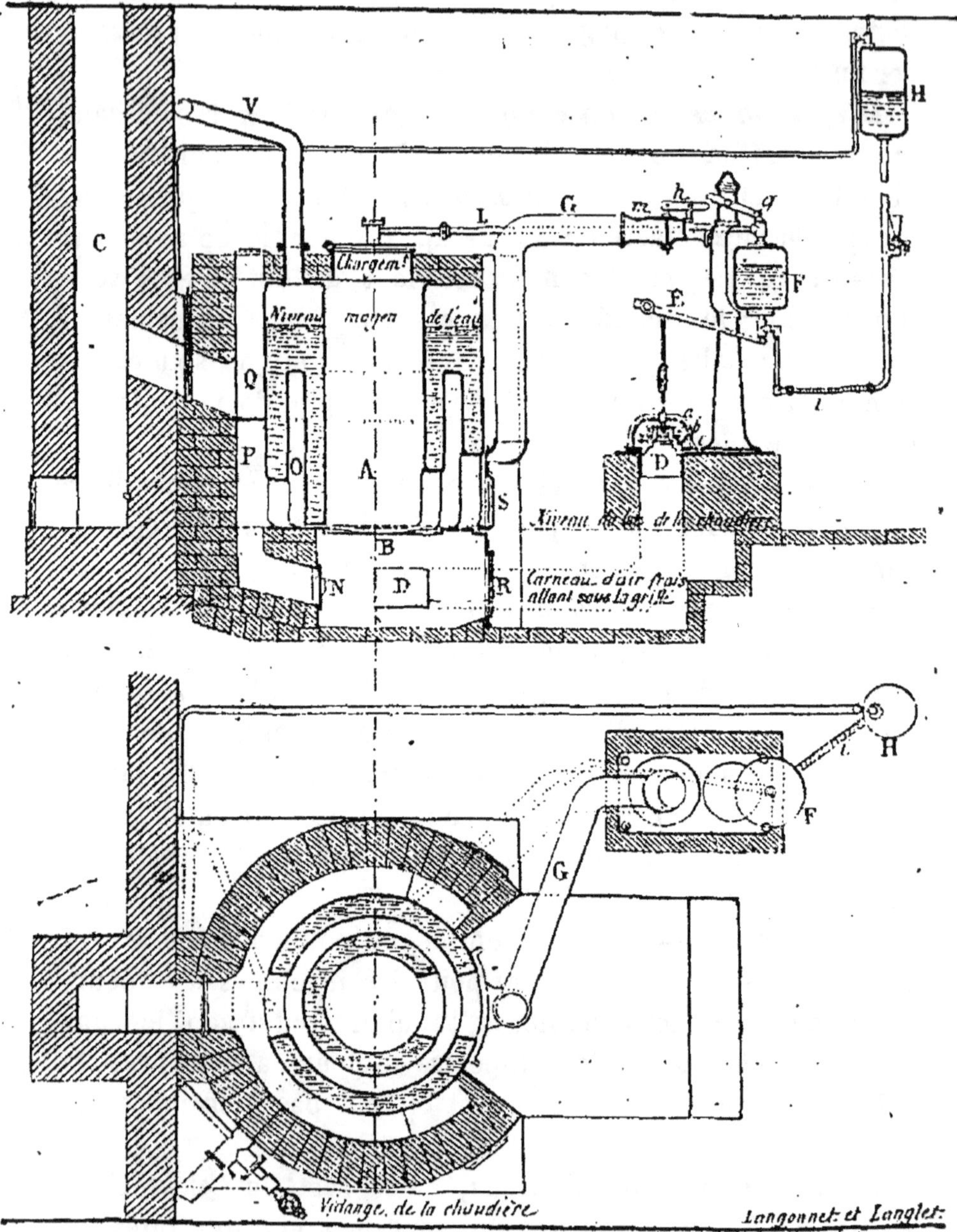

Fig. 106. — Chaudière automatique à basse pression (Monnot).

plus grande et une durée plus longue. La surface de chauffe
est formée par deux lames d'eau circulaires, d'une assez

faible épaisseur. Le combustible est chargé dans le cylindre central A entouré par la première lame d'eau ; il descend par son poids, et vient brûler sur la grille B. Les flammes et les gaz de la combustion sortent alors par une porte en dôme ménagée dans cette première lame d'eau, et circulent entre les deux lames dans un espace annulaire O ; ils font ainsi une première fois le tour de la chaudière. De là ils vont sortir par la porte ménagée dans la deuxième lame d'eau, et se rendent dans un second espace annulaire, compris entre la lame d'eau extérieure et l'enveloppe en maçonnerie.

Cet espace est divisé en deux, suivant la hauteur, par une plaque de fonte qui le sépare en deux carneaux, de façon à forcer les gaz à faire, d'abord une deuxième fois le tour de la chaudière dans le carneau inférieur P, et ensuite une troisième fois dans le carneau supérieur Q, avant de se rendre à la cheminée. Ils arrivent là considérablement refroidis et sont évacués après avoir cédé presque toute leur chaleur à la chaudière.

Cette circulation en hélice explique le rendement calorifique très élevé de ces générateurs. L'alimentation se fait par les eaux de condensation du chauffage, qui sont ramenées à la chaudière par la canalisation de retour d'eau. On n'a donc pas besoin de s'inquiéter de l'alimentation, car c'est toujours la même eau qui sert.

La porte du cendrier R et la porte du foyer S sont fermées hermétiquement par un levier de serrage, et l'air nécessaire à la combustion ne peut arriver sous la grille que par le carneau D, dont l'ouverture est commandée par les clapets du régulateur automatique.

C'est ce régulateur que nous allons décrire et qui est représenté à droite de la chaudière.

Régulateur d'admission d'air. — Les chaudières sont souvent munies d'un régulateur qui règle l'activité de la combustion, en admettant sous la grille une quantité d'air variable. La chaudière précédente possède un de ces régulateurs.

Il se compose essentiellement d'un réservoir mobile F, en cuivre rouge, monté sur une des extrémités d'un levier E. Ce levier est mobile autour d'un axe et porte à son autre extrémité un contrepoids et une tige actionnant les rondelles a, b, c, qui commandent l'arrivée d'air au foyer D.

Le réservoir mobile communique, par sa partie supérieure, avec la chaudière au moyen d'un tuyau flexible l, qui lui laisse son libre mouvement ; il est rejoint, par sa partie inférieure, à un réservoir fixe d'égale capacité H, placé, au dessus du premier, à une hauteur représentant, en colonne d'eau, la pression à laquelle on désire marcher. On place généralement ce deuxième réservoir à $2^m,50$ de hauteur, ce qui correspond à 1/4 d'atmosphère de pression.

Ceci posé, voyons comment cet ensemble fonctionne pour maintenir la pression dans les limites assignées d'avance.

Le réservoir mobile F est rempli d'eau ; lorsque la vapeur se forme dans la chaudière, elle vient en contact avec l'eau de ce réservoir, et la refoule dans le réservoir supérieur H au fur et à mesure que sa pression augmente.

Le poids du réservoir F diminuant progressivement, le contre-poids l'emporte, et ferme, petit à petit, l'entrée d'air D, à mesure que la pression dans la chaudière augmente, On règle la position du contre-poids de façon que l'entrée d'air soit complètement fermée lorsque la pression atteint 1/4 d'atmosphère. Jusque-là, cette entrée a été réduite constamment, et, en même temps, la combustion a diminué d'intensité.

La grille étant privée d'air, la pression va tomber ou tout au moins rester stationnaire. Si, par hasard, elle continuait à monter, toute l'eau du réservoir F serait refoulée dans le réservoir supérieur H, et le contrè-poids, l'emportant alors brusquement, ferait agir le levier supérieur g sur le clapet m communiquant par le tuyau G avec les carneaux de la chaudière au-dessus de la grille. L'ouverture de ce clapet produirait une circulation d'air frais dans ces carneaux, qui aurait pour résultat de faire retomber instantanément la pression à son régime normal ; dès lors, l'eau du réservoir supérieur H n'étant plus maintenue en place par l'excès de pression redescendrait dans le réservoir mobile F, augmenterait son poids, et ce dernier l'emportant sur celui du contre-poids, les rondelles de l'entrée d'air sous la grille se rouvriraient progressivement de manière à maintenir la pression constante.

Soupapes de sûreté. — Les chaudières exigent encore

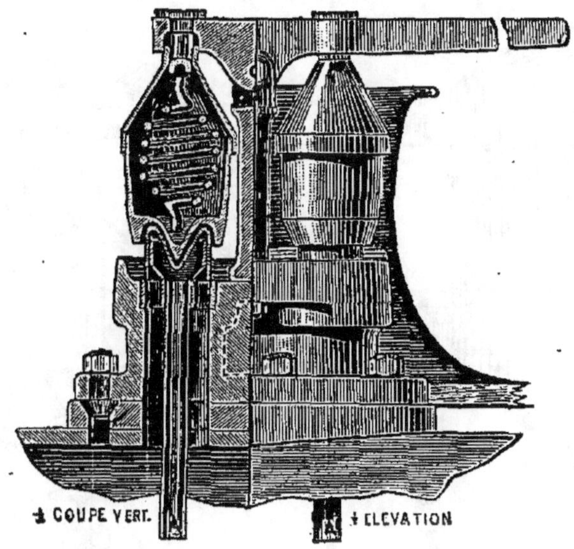

Fig. 107. — Soupape de sûreté (coupe verticale et élévation).

un certain nombre d'appareils accessoires dont nous allons indiquer les principaux.

Malgré les régulateurs de combustion, la pression de la vapeur peut devenir trop forte ; il est donc utile d'avoir une soupape de sûreté à grand débit, qui en laisse échapper une partie ; on dirige ordinairement le jet dans le cendrier, sous la grille, afin de modérer le feu.

La soupape Wilson (fig. 107) est munie d'un tube central A par lequel elle communique avec la chaudière ; c'est la vapeur arrivant par ce tube qui soulève la soupape, et non

celle qui s'échappe par l'espace annulaire qui entoure A ;
cette vapeur n'est donc pas refroidie et agit sur la soupape
avec toute sa pression. Le ressort qui maintient cette soupape
fermée est entouré d'une enveloppe qui le met à l'abri de la
vapeur et empêche aussi de la surcharger ; il est donc impossible de dépasser la pression réglementaire.

Détendeur-régulateur de pression. — Il est utile
d'ajouter aussi un détendeur, destiné à ramener la vapeur

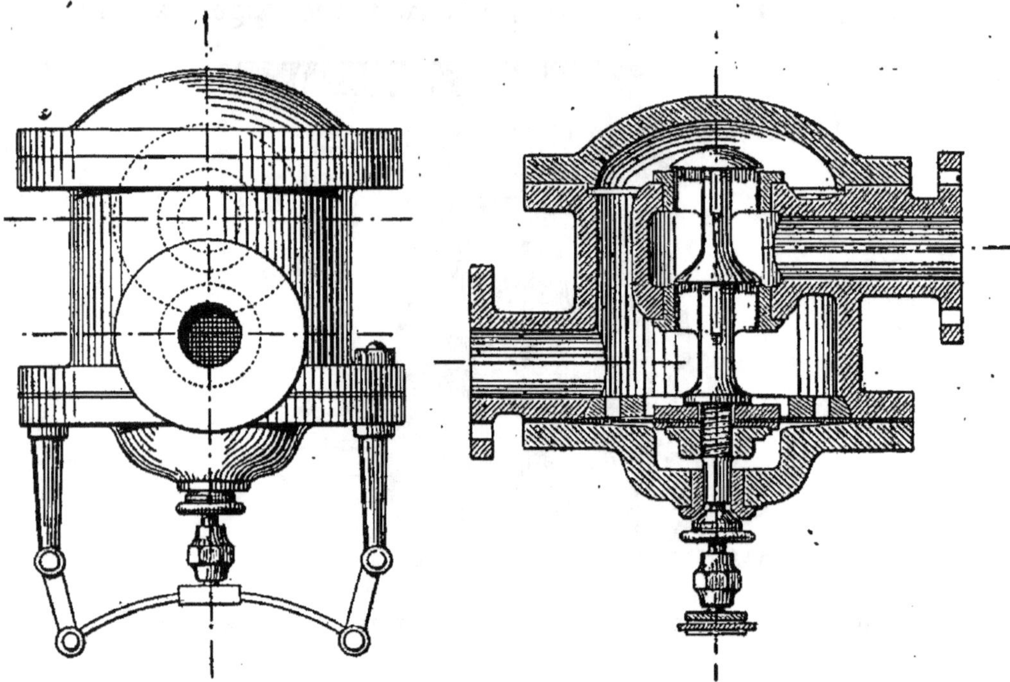

Fig. 108. — Détendeur de vapeur.

à une pression constante. Cet appareil (fig. 108) comprend
une chambre intérieure, qui reçoit à droite la vapeur
à pression variable venant de la chaudière, deux soupapes
équilibrées, fixées sur le même axe et pouvant obstruer les
deux orifices, inférieur et supérieur, de cette chambre, enfin
une chambre extérieure de détente, de laquelle part la vapeur
à pression constante.

La base de cette dernière chambre est fermée par une

membrane en cuivre mince, plissée, sur laquelle s'exerce la
pression de la vapeur détendue, et qui est maintenue par son
bord extérieur. Cette membrane est traversée à joint étanche par l'axe des soupapes, qui vient agir sur un ressort à
lames, suspendu à l'appareil par deux tiges à étriers, fixées
sur la chambre de détente. Le mouvement de la membrane
est d'ailleurs limité par deux disques pourvus de rainures
rayonnantes, qui empêchent la membrane en cuivre de se
coller sous l'effet de la pression.

Régulateurs de température. — Le régulateur (fig. 109)
se compose d'un appareil de distribution de vapeur et d'un
serpentin indéformable, rempli de liquide dont la dilatation ouvre ou ferme le passage de la vapeur. Le liquide employé peut être de la glycérine, du pétrole, etc. On donne
au serpentin une surface déterminée et on le place dans le
local dont on veut limiter la température. Lorsqu'il est loin
de l'appareil de distribution, on emploie un dispositif
spécial pour annuler l'influence des variations de température
qui peuvent affecter le tube de communication.

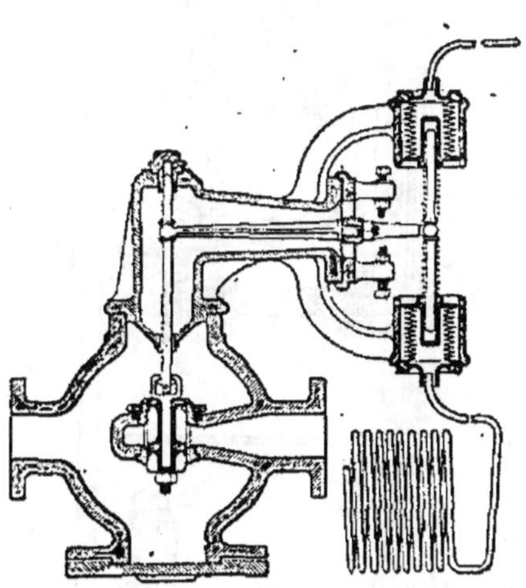

Fig. 109. — Régulateur de
température.

L'appareil de distribution comprend une petite chambre intérieure, qui reçoit la vapeur par la droite, et
une chambre extérieure sphérique, qui l'envoie par la
gauche aux conduits de distribution. Les deux ouvertures de la chambre intérieure peuvent être ouvertes ou
fermées à la fois par une soupape équilibrée, rattachée à une
tige verticale soudée en deux points. Cette tige elle même
porte deux épaulements entre lesquels vient agir la fourche

qui termine l'une des extrémités d'un levier horizontal de commande, traversant à joint étanche une membrane ondulée, et dont la course est limitée, en haut et en bas, par deux vis de buttée. L'autre extrémité du levier est commandée par un dispositif dont nous n'indiquerons pas les détails, et qui comprend essentiellement une tige verticale pourvue de deux ressorts, et reliée aux extrémités à deux cylindres ondulés, déformables, appelés *soufflets*, sur lesquels agit l'appareil de dilatation. Celui-ci met en mouvement les deux guides, qui entraînent, par l'intermédiaire des ressorts, la tige verticale et le levier horizontal qui lui est rattaché ; celui-ci, de son côté, fait mouvoir les soupapes qui ouvrent ou ferment le passage de la vapeur, suivant le sens du mouvement.

Dans d'autres modèles (fig. 110) l'appareil d'admission de vapeur est placé, comme le serpentin rempli de liquide, dans le local même dont on veut régler la température. Cet appareil d'admission fait alors partie de la conduite qui alimente les surfaces chauffantes du local desservi. Le serpentin peut être placé plus ou moins loin du régulateur proprement dit, avec lequel il communique par un tube débouchant dans une pièce fixe, qu'on voit à gauche, et dont l'intérieur communique avec un tube recourbé et aplati, analogue à un tube de manomètre, mais beaucoup plus robuste. L'autre

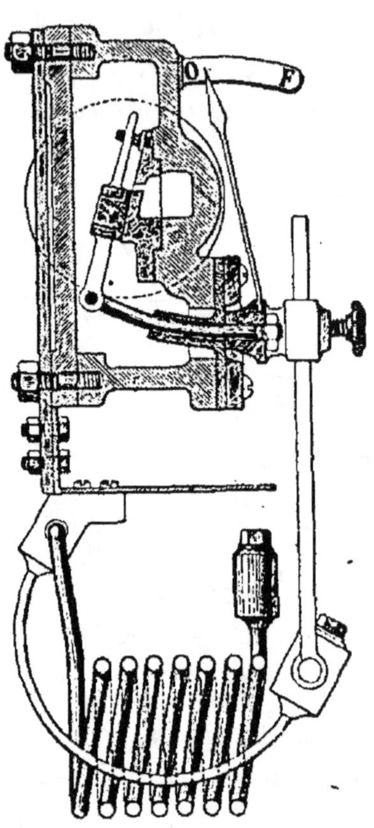

Fig. 110. — Régulateur de température Geneste et Herscher.

extrémité de ce tube est rattachée à un levier recourbé, dont la seconde branche traverse à joint hermétique un tube en caoutchouc muni d'une collerette serrée dans un joint à bride.

L'appareil d'admission est formé d'une boîte à tiroir en fonte, avec un siège en bronze sur lequel glisse une petite plaque entraînée par l'axe d'un cadre, mobile lui-même autour d'un axe horizontal et guidé par le levier recourbé dont nous avons parlé plus haut. La dilatation du liquide contenu dans l'appareil déforme le tube manométrique, dont l'extrémité libre déplace le levier recourbé, qui, par l'intermédiaire des organes décrits, fait ouvrir ou fermer l'entrée de la vapeur. Une aiguille mobile sur un secteur gradué indique à l'extérieur les mouvements produits.

Canalisation. — Les tuyaux en fer étiré qui conduisent la vapeur sont à peu près semblables à ceux que l'on emploie dans le chauffage à l'eau chaude; ils doivent présenter une résistance suffisante pour supporter une pression très supérieure à celle de la marche normale et être assemblés par des joints parfaitement étanches. Lorsqu'ils ont une grande longueur, il est bon de les entourer d'enveloppes peu conductrices. Ces tuyaux doivent porter de distance en distance des appareils compensateurs de la dilatation. Une des dispositions les plus simples consiste à ménager, tous les 20 ou 25 mètres, des parties cintrées dont la courbure peut changer légèrement.

Les tuyaux de retour, n'ayant généralement aucune pression à supporter, peuvent être en fonte, à moins qu'ils ne soient exposés aux chocs.

Surfaces chauffantes. — Ces surfaces sont formées le plus souvent par des tuyaux à ailettes, qui offrent les mêmes avantages que dans le chauffage à eau chaude. On les dispose ordinairement au bas des murs et des surfaces vitrées.

On peut se servir aussi de poêles à vapeur. Dans le modèle Haillot, représenté figure 111, la vapeur arrive dans un récipient cylindrique à nervures, figuré ouvert, autour duquel l'air de la pièce circule dans une double enveloppe.

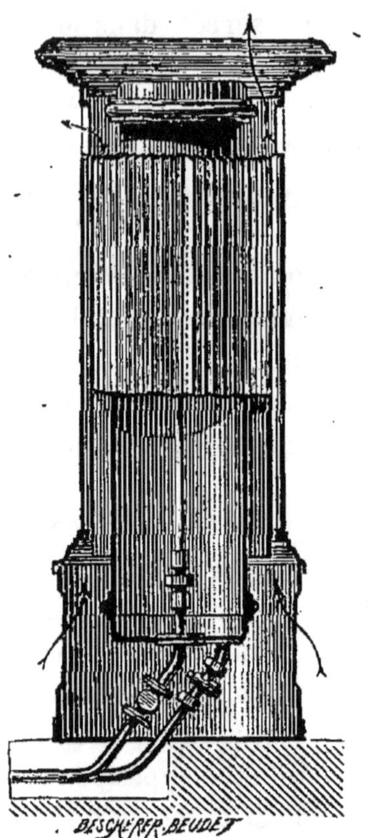

Fig. 111. — Poêle
à vapeur de Haillot.

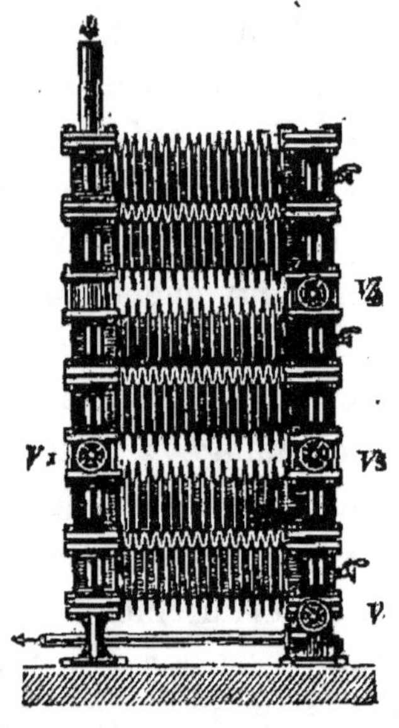

Fig. 112. — Poêle
à surface de chauffe variable.

La figure 112 montre un poêle formé de tuyaux à ailettes en fonte. Ces tuyaux sont aplatis dans le sens de l'épaisseur et munis d'ailettes de même forme, venues de fonte avec eux. Les extrémités sont un peu plus larges et portent des brides carrées parallèles à l'axe des tubes, qui servent à réunir entre eux les divers éléments du poêle. On interpose entre ces brides une rondelle d'amiante et on les joint par quatre boulons. La vapeur entre par le sommet du poêle et l'eau de condensation sort par un des pieds, qui est creux. On

peut faire varier la chaleur dégagée, soit en disposant au
sommet un robinet d'admission qu'on ouvre plus ou moins

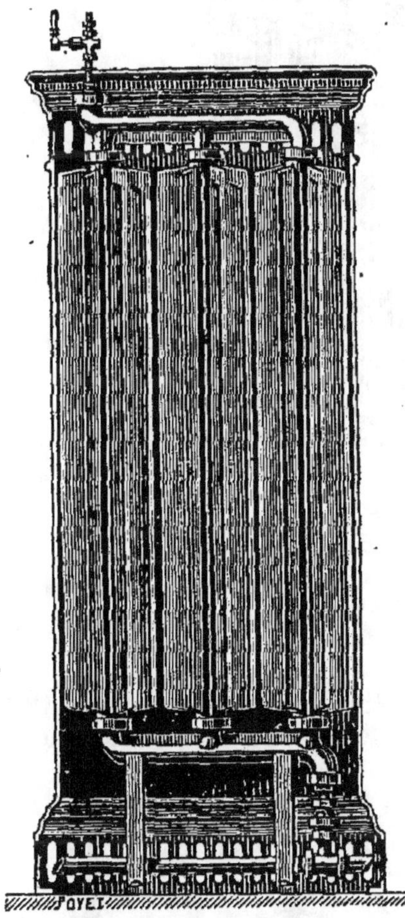

complètement, soit en plaçant
entre les divers éléments,
comme le montre la figure,
des valves V^1, V^2, V^3, V^4 ; en
ouvrant seulement un certain
nombre de ces valves, la
vapeur ne traverse qu'une
partie des tubes élémen-
taires.

M. Grouvelle emploie des
surfaces chauffantes formées
d'un certain nombre de
tuyaux verticaux, à nervures
extérieures, réunis aux deux
bouts par deux collecteurs
horizontaux (fig. 113). La
vapeur arrive par le robinet
du haut et l'eau de condensation sort à la partie inférieure. Ces tubes sont entourés d'une enveloppe exté-
rieure, ronde ou rectangulaire, dans laquelle l'air du
local circule et s'échauffe.

En Amérique, on emploie
beaucoup d'appareils appelés
radiateurs, qui sont formés
d'une caisse en fonte sur
laquelle on visse un certain
nombre de tubes verticaux,

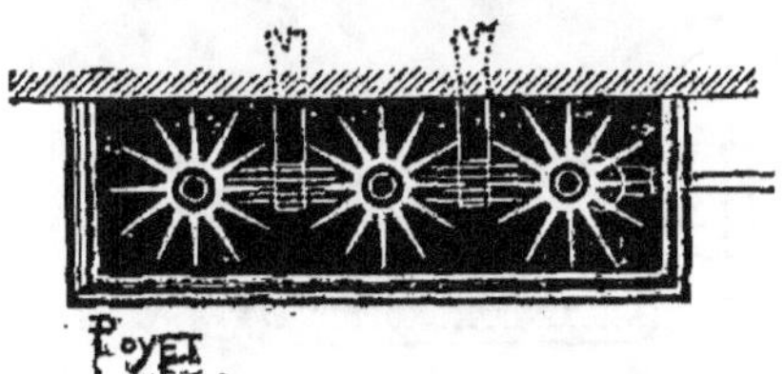

Fig. 113. — Poêle à vapeur
Grouvelle.

isolés ou réunis deux à deux par leur extrémité supérieure.
La figure 114 montre un radiateur d'un nouveau système,
pouvant servir pour la vapeur à basse pression ou pour l'eau

chaude ; elle permet de voir facilement la disposition des tubes.

Fig. 114. — Radiateur Bundy.

Purgeurs d'air. — Il est indispensable de pouvoir chasser l'air des surfaces chauffantes et des conduites secondaires qui les desservent, lorsqu'on commence à y lancer la vapeur ; il faut aussi pouvoir chasser dans les conduites de retour l'eau de condensation, qui peut séjourner dans les points les plus bas des conduites et finirait par les obstruer. C'est le rôle des purgeurs.

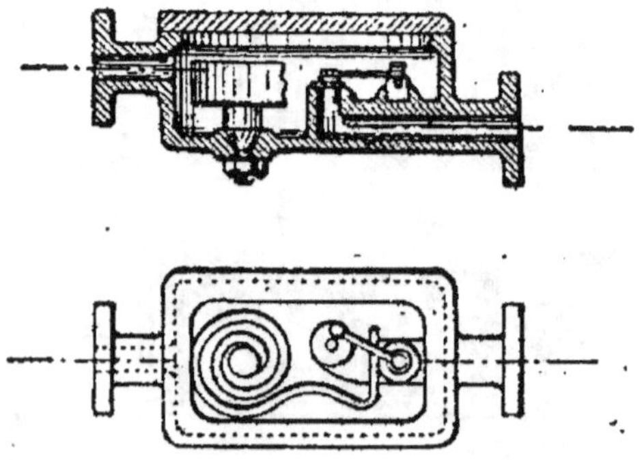

Fig. 115. — Purgeur thermométrique Geneste et Herscher.

Le purgeur thermométrique Geneste et Herscher (fig. 115) utilise la dilatation d'une lame bimétallique. Il se compose d'une boîte en fonte munie de deux tubulures, qui la font communiquer à gauche avec les surfaces chauffantes, à droite avec les conduites de retour. Cette dernière tubulure peut être masquée par une sorte de petit tiroir, fixé à l'extrémité d'un ressort formé d'une lame de cuivre et d'une lame d'acier soudées ensemble sur toute leur longueur. Quand l'appareil est froid, la tubulure est ouverte ; à mesure que la température s'élève, la lame bimétallique, en se dilatant, déplace le tiroir et, à 100 degrés, la fermeture est complète. Au commencement, l'orifice est ouvert et laisse échapper l'air ; il se ferme par suite de l'échauffement que produit la vapeur, puis s'ouvre de nouveau lorsque la boîte en fonte se trouve remplie d'eau condensée et refroidie ; un état d'équilibre finit bientôt par s'établir.

La figure 116 représente un autre purgeur destiné uniquement à laisser écouler l'eau de condensation. Il est fondé sur le principe d'Archimède. Deux cylindres, de densité et de volume différents, sont fixés aux deux extrémités d'une tige qui peut osciller autour d'un axe horizontal. Cet axe porte une manivelle servant à commander un levier, à l'extrémité duquel est fixé un tiroir qui couvre ou démasque l'orifice de sortie de l'eau condensée. Le gros cylindre, qui se trouve au fond lorsque l'appareil est vide, est soulevé par la poussée lorsqu'il y a de l'eau ; ces mouvements sont transmis au tiroir, qui ouvre ou ferme l'orifice. En marche normale, le tiroir prend une position telle, que la section d'écoulement est proportionnelle à la quantité d'eau à évacuer. Le fonctionnement ne dépend pas de la pression de la vapeur, qui n'agit sur le tiroir que dans des limites très restreintes.

On peut ajouter à cet appareil un robinet qu'on ouvre pour expulser l'air, chaque fois qu'on lance la vapeur dans un conduit non encore en service. On peut aussi disposer sur le purgeur à contrepoids les organes du purgeur thermométrique décrit plus haut (fig. 117), mais en réglant la spirale pour qu'il serve uniquement de purgeur d'air.

Chauffage à vapeur à basse pression et à retour indirect. — MM. Geneste et Herscher emploient la disposition suivante. La vapeur, fournie par une chaudière A placée en contre-bas de l'installation, monte par un tuyau vertical jusqu'au haut de l'édifice, où se trouve un régulateur de pression B (fig. 108); de là elle redescend, par un tuyau en pente douce, jusqu'en un point C où se trouve un purgeur

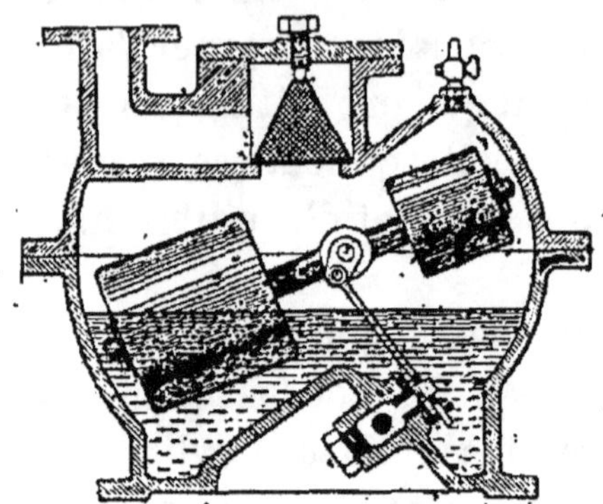

Fig. 116. — Purgeur à contrepoids (Geneste et Herscher).

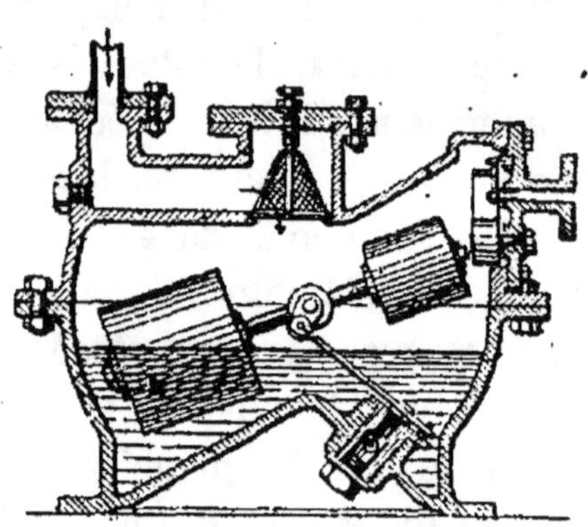

Fig. 117. — Purgeur à contrepoids muni d'un purgeur d'air (Geneste et Herscher).

d'air et d'eau de condensation, d'où le liquide condensé est ramené à la chaudière. Du tuyau BC partent les conduits secondaires de distribution, qui descendent verticalement, alimentent les surfaces chauffantes (tuyaux à ailettes) et débouchent dans la conduite de retour CA ; en chaque point de jonction avec ce tuyau se trouve placé un purgeur thermométrique.

Chauffage par distribution de vapeur. — Aux États-Unis, on emploie dans certaines villes un mode de chauffage très original, dans lequel on utilise la vapeur produite dans une usine centrale. Ce procédé, dû à M. Holly, est appliqué notamment à Springfield, Mass.; Denver, Col.; Detroit, Mich. ; Lynn, Mass. ; Auburn, N.-Y., et dans beaucoup d'autres villes.

La vapeur est produite dans les chaudières de la station

centrale et envoyée par des tuyaux chez les consommateurs. A Lockport, il y avait déjà, en 1880, trois cents abonnés, desservis par une série de tuyaux formant une longueur totale de 4 milles. Pour éviter la condensation, les tuyaux sont enveloppés d'une couche d'amiante, puis de plusieurs autres matières peu conductrices. Ce système est entouré d'un tuyau de bois plus large, dont il est séparé par une couche d'air. L'élasticité des enveloppes permet au tuyau de se dilater et de se contracter librement. Le tout est placé dans un conduit pratiqué dans le sol (fig. 118) et muni de regards de distance en distance.

Devant chaque maison se détache un tuyau plus petit, qui traverse d'abord un robinet interrupteur, puis un régulateur qui réduit la pression de la vapeur à la limite voulue, enfin un compteur. La chaleur est distribuée dans les appartements par des appareils formés de tuyaux longs de 30 pouces, placés verticalement, soit dans un récipient cylindrique, soit à plat sur deux rangs, et réunis ensemble par les deux extrémités.

L'ouverture supérieure laisse entrer la quantité de vapeur qu'on désire. L'eau de condensation est conduite au tuyau de retour à travers un serpentin placé dans une chambre en briques, qu'on voit à droite du sous-sol. L'air froid du dehors pénètre dans cette chambre, enlève à l'eau le reste de sa chaleur, et, ainsi chauffé, pénètre ensuite dans les appartements.

Chauffage par la vapeur d'échappement. — Le système Chaize est employé par MM. Sée pour le chauffage des ateliers et établissements qui font usage de machines à vapeur : il utilise pour le chauffage, sans nuire au vide, une partie de la vapeur d'échappement qui sort du cylindre, le reste allant au condenseur comme d'ordinaire. Il suffit de placer, à la sortie du cylindre, un tube en forme de T, avec un robinet de forme spéciale *a*, dont la figure 119 fait comprendre le fonctionnement. Ce robinet permet d'envoyer la

Fig. 118. — Chauffage à la vapeur par station centrale (Holly).

vapeur tout entière au condenseur par B, ou de l'employer complètement au chauffage en la dirigeant dans le tube C, qui

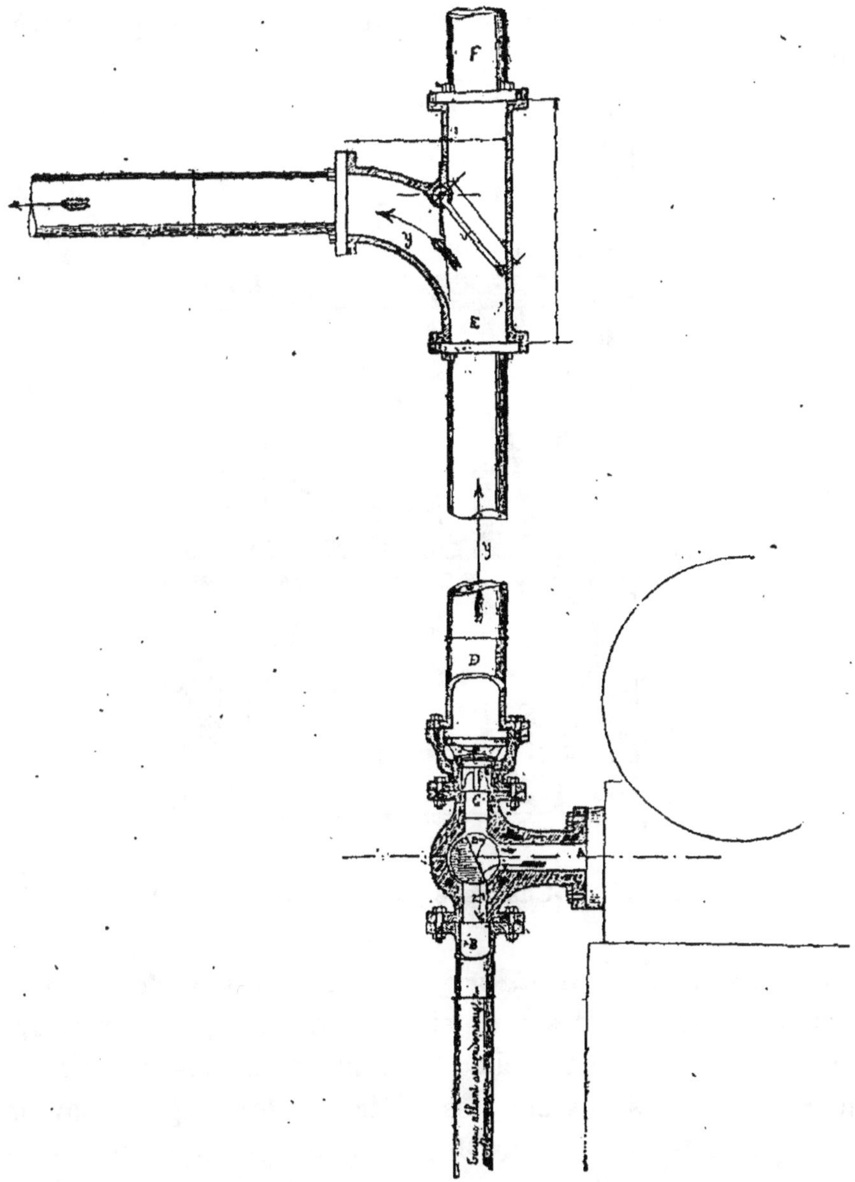

Fig. 119. — Chauffage par la vapeur d'échappement (Sée, de Lille).

se rend aux tuyaux de distribution, ou enfin de la partager entre le condenseur et le chauffage dans la proportion qu'on

veut. A chaque coup de piston, la vapeur soulève le clapet *c*
et pénètre dans le tube D. L'eau de condensation du chauffage
revient au condenseur. On peut faire que le vide ne soit
pas diminué, et le chauffage est obtenu avec une dépense très
faible.

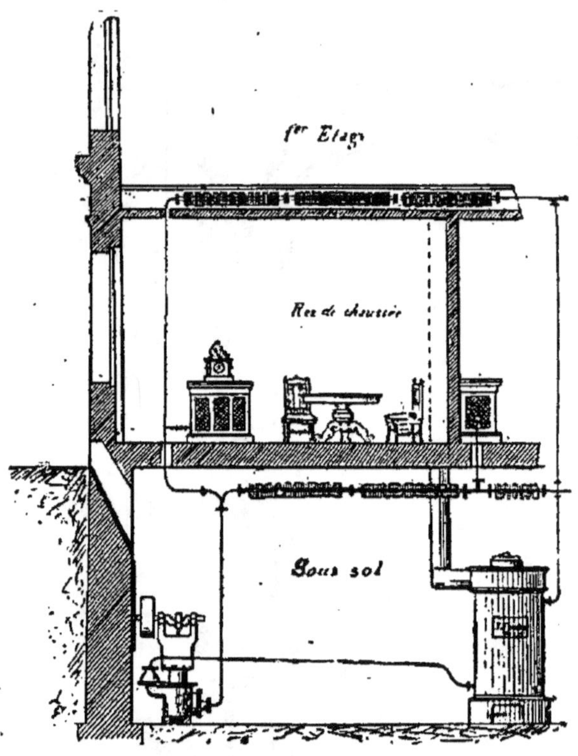

Fig. 120. — Chauffage pneumatique (Fouché).

Chauffage pneumatique. — Il est des cas où l'on ne peut
employer les procédés ordinaires de chauffage à la vapeur,
parce que les locaux à chauffer renferment des tentures ou
autres matières susceptibles d'être endommagées par la
moindre fuite de vapeur. On peut employer alors le chauffage pneumatique de M. Fouché (fig. 120), dans lequel il règne
toujours, à l'intérieur des conduites, une pression inférieure
à celle de l'atmosphère ; si quelque fuite se produit, c'est
l'air extérieur qui rentre et la vapeur ne s'échappe pas.

12.

La vapeur, provenant le plus souvent de l'échappement d'une machine, se rend dans des tuyaux à ailettes, à la suite desquels se trouve une pompe, qui puise l'eau condensée et la renvoie au générateur. La pompe maintient un certain vide dans les tuyaux, et sert à transporter l'eau de condensation d'un milieu à faible pression dans un milieu à pression plus élevée.

CHAPITRE XIII

CHAUFFAGE INDIRECT PAR LA VAPEUR
ET CHAUFFAGE MIXTE

Chauffage indirect par la vapeur : aéro-condenseur. — Chauffage mixte. — Poêles à eau et à vapeur.

Chauffage indirect par la vapeur ; aéro-condenseur. — La vapeur peut être employée, comme l'eau elle-même, à échauffer l'air qu'on envoie ensuite dans les locaux : c'est un autre système de chauffage indirect.

M. Fouché emploie pour cela une partie de la chaleur perdue dans les condenseurs des machines à vapeur. L'*aéro-condenseur* (fig. 121) se compose d'un faisceau de tubes assemblés dans des plaques en tôle, sur lesquelles viennent se fixer des calottes creuses en fonte, formant avec les plaques deux chambres où aboutissent tous les tubes. Un ventilateur à hélices lance un courant d'air sur ces tubes. La vapeur arrive par la tubulure figurée sur le dessin dans la chambre supérieure ; elle se condense dans les tubes sous l'action du courant d'air, qu'elle échauffe en même temps, et l'eau condensée s'écoule par la tubulure inférieure. On obtient par ce procédé une grande quantité d'air chaud, à une température peu élevée, qui peut être employé avantageusement au chauffage, et qui est produit sans dépense de combustible, dans tous les établissements où l'on possède une machine à vapeur.

En outre l'aéro-condenseur peut rendre encore d'autres services : il condense la vapeur sans dépenser d'eau, et fournit de l'eau distillée, qui peut être employée à divers usages ;

Fig. 121. — Aéro-condenseur (Fouché).

si l'on s'en sert pour alimenter de nouveau la chaudière, on aura l'avantage d'éviter les incrustations.

L'aéro-condenseur a encore l'avantage d'assurer la condensation de la vapeur, sans le secours d'une masse d'eau considérable, qu'on a parfois beaucoup de peine à se procurer. Il peut donc être employé comme condenseur, même lorsqu'on n'a pas de locaux à chauffer ; on peut alors se servir de l'air humide, ce qui permet de faire passer une masse de gaz beaucoup moindre (aéro-condenseur à air humide).

Chauffage mixte. — Au lieu d'employer directement la vapeur au chauffage, on peut l'utiliser pour chauffer des

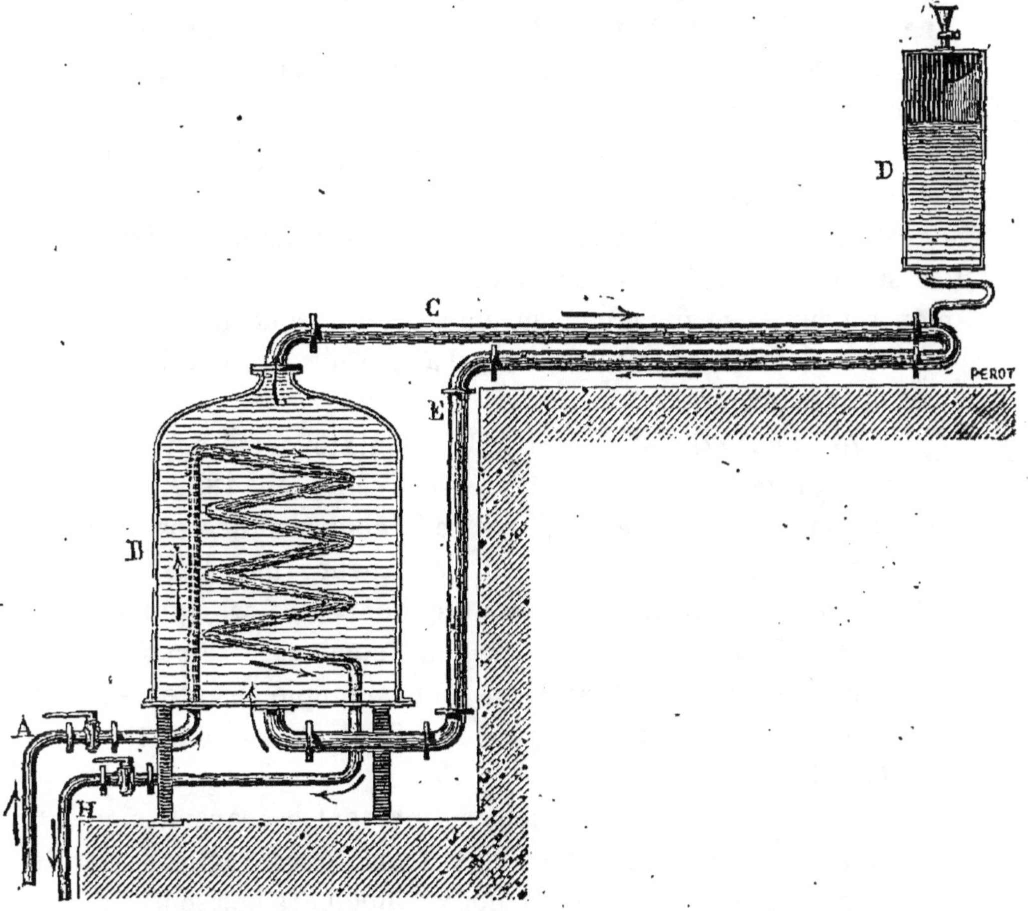

FIG. 122. — Poêle pour chauffage mixte avec vase d'expansion.

récipients pleins d'eau placés dans les salles. Ce système entraîne une plus grande complication et offre moins de sécurité, car la gelée peut briser les poêles, si l'on n'a pas la précaution de les vider chaque fois que le service est arrêté. En outre, il faut un temps assez long pour mettre l'appareil en train et pour faire varier le régime. Ce procédé ne convient donc pas pour un chauffage intermittent. Il est

en somme assez peu employé et s'applique surtout au
chauffage continu ; il permet, comme dans le chauffage
par la vapeur seule, de transporter la chaleur assez loin,
et l'eau, par sa masse et sa grande chaleur spécifique,
donne de la stabilité. On peut alors couvrir le feu pendant
une partie de la nuit et se dispenser de le surveiller, sans
que la température s'abaisse beaucoup dans les locaux
chauffés.

La vapeur peut échauffer l'eau à travers une paroi métallique ou par contact direct.

Poêles à eau et à vapeur. — Dans le chauffage mixte,
les surfaces chauffantes seules diffèrent des appareils employés pour le chauffage à la vapeur. Lorsque les poêles
sont complètement remplis d'eau, chacun doit être muni d'un
vase d'expansion.

Poêle Grouvelle. — Le chauffage mixte a été appliqué
pour la première fois par Ph. Grouvelle, en 1850, à la
prison Mazas : l'eau de chaque vase B était chauffée par un
serpentin dans lequel circulait la vapeur (fig. 122); les
tubes CE établissaient la communication entre cet appareil
et le vase d'expansion D. La vapeur condensée retournait
à la chaudière par H. Ce système a été appliqué ensuite dans
certains hôpitaux, par exemple à Lariboisière et plus tard
à l'hôpital Tenon.

La maison Grouvelle emploie maintenant la transmission
directe. L'eau est contenue dans trois tubes verticaux à
nervures (fig. 123), réunis par deux collecteurs horizontaux.
L'un de ces tubes, qui est un peu plus large, tout en présentant la même surface d'ailettes, est traversé par un tuyau
central, garni de nervures courtes et rapprochées, qui s'arrête à la hauteur de l'axe du collecteur supérieur. Ce tuyau
est parcouru par la vapeur qui arrive au haut de l'appareil,
tandis que l'eau condensée s'échappe à la partie inférieure ;
il sert en même temps de trop-plein et maintient l'eau à un
niveau constant. Le liquide s'échauffe rapidement au contact

de ce tube. Tout le système est entouré d'une enveloppe extérieure dans laquelle l'air circule et s'échauffe.

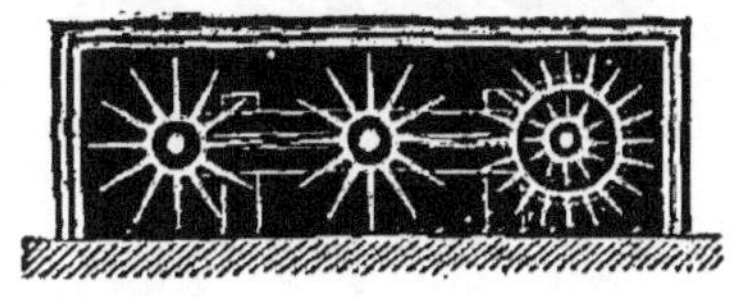

Fig. 123. — Poêle Grouvelle.

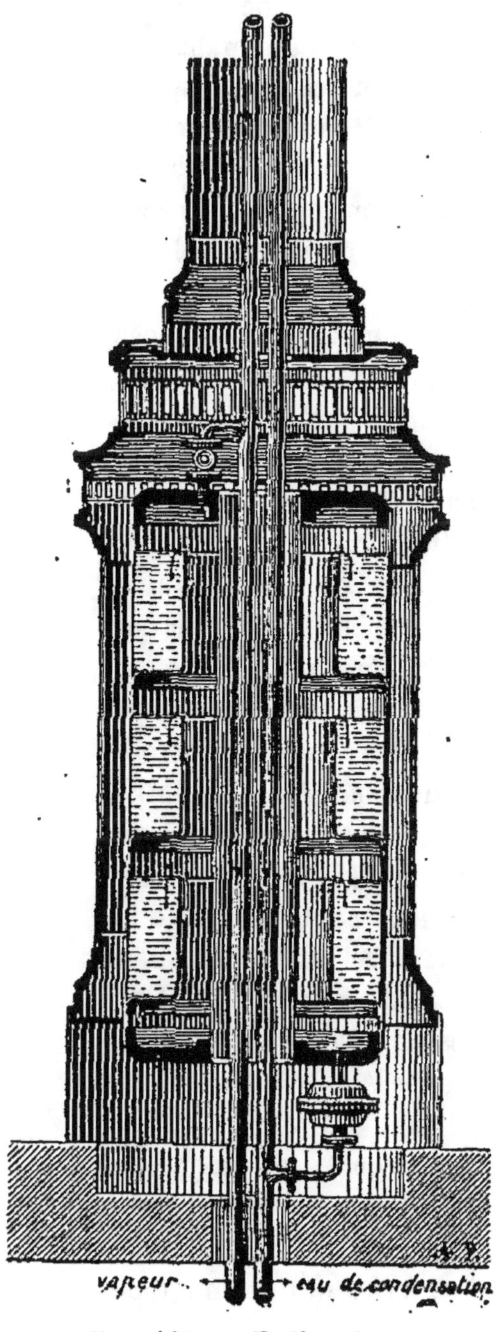

Fig. 124. — Poêle mixte.

D'autres modèles (fig. 124) ont la forme d'un poêle; ils sont traversés par un conduit central où circule l'air, et qui reçoit aussi deux tubes verticaux contenant la vapeur et l'eau condensée. L'air s'échauffe au contact de ces tubes. Chaque poêle contient trois récipients annulaires pleins d'eau : la vapeur arrive au sommet; l'eau en excès coule d'étage en étage et sort à la partie inférieure.

On emploie beaucoup, surtout en Suisse et en Allemagne, le système Sulzer, de Winterthur. La vapeur, produite par un générateur, s'élève par un tuyau principal jusque dans les combles, d'où elle redescend pour se distribuer dans des poêles spéciaux (fig. 125). Ces poêles sont formés d'un cylindre central B, dans lequel circule l'air; et qui est entouré d'une enveloppe A, à moitié remplie d'eau. La vapeur arrive dans cette enveloppe par les tubes *a b c d* et l'eau condensée sort par le tube *e f h i k*, qui forme trop-plein.

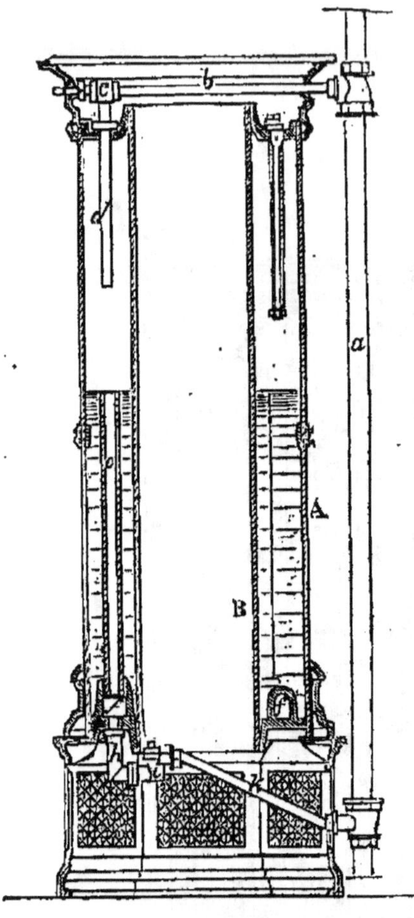

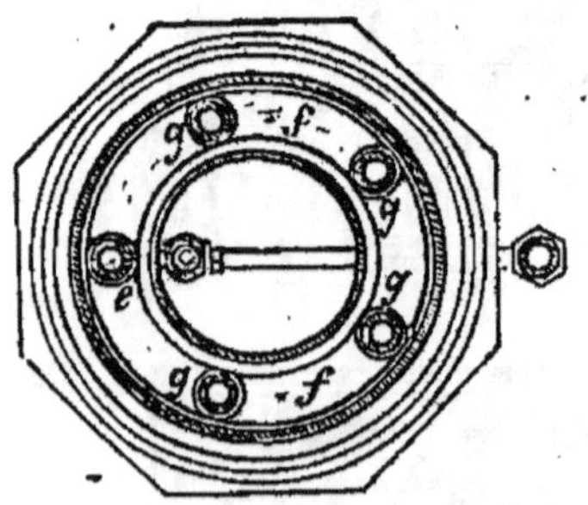

Fig. 125. — Poêle Sulzer.

CHAPITRE XIV

EXEMPLES D'INSTALLATIONS DE VENTILATION
ET DE CHAUFFAGE

Ecole alsacienne. — Musée d'Amsterdam. — Collège d'Etampes.
— Groupe scolaire de Bagnolet. — Théâtre de Nice. — Hôpital-
hospice Auban-Moet, à Epernay. — Nouvelles serres du Muséum.
— Nouvel hôtel de ville de Paris. — Opéra de Vienne. — Prison
de la Santé. —Nouvelle Sorbonne.

Nous avons déjà, dans les chapitres qui précèdent, cité
quelques dispositions générales. Nous allons décrire encore
quelques installations récentes et bien organisées, pour
mieux montrer les applications des appareils indiqués plus
haut.

Ecole alsacienne. — L'école alsacienne, à Paris, construite en 1880, est chauffée par l'air chaud, au moyen de
calorifères Grouvelle, à circulations horizontales (fig. 83)
qui sont disposés dans des caves préparées spécialement
pour les recevoir.

Ces caves étant les seules qui existent sous l'établissement,
presque tous les conduits de chaleur se trouvent enterrés
et ont nécessité des dispositions particulières ; ils sont formés
de boisseaux disposés en pente, dans un conduit en briques,
et séparés de ses parois par un espace vide de 5 centimètres.
Des briques placées de distance en distance sur le sol du
conduit supportent les boisseaux. Les conduits sont à large
section et débouchent dans les plinthes ; un conduit de 6 décimètres carrés dessert une classe de vingt-huit élèves.

Les chambres d'air chaud présentent une disposition particulière : chaque calorifère est divisé en deux sections complètement séparées et alimentant chacune un étage.

Les prises d'air ont une grande surface : il y en a une pour chaque section de calorifère. Les cuvettes d'humidification sont disposées dans les prises d'air au-dessous des tuyaux de chauffage. Chaque bouche est desservie par un conduit et chaque conduit est muni d'une clef de fermeture et de réglage.

La ventilation est obtenue presque sans dépense. Chaque classe est ventilée par quatre bouches. Deux sont placées au niveau du sol, à la base de deux conduits établis dans les angles et formant pans coupés ; ils débouchent dans le couloir d'accès des classes, au niveau du plafond. Les deux autres bouches sont percées au niveau du plafond et s'ouvrent directement dans le couloir, qui n'est pas chauffé. Comme il était impossible d'établir un système de ventilation avec conduits collecteurs, foyers d'appel, etc., on a utilisé l'appel produit par les cages d'escalier, qui ont été surmontées de cheminées pour l'évacuation de l'air vicié. Cet air sort, comme nous l'avons dit, au niveau du plafond, et circule à la même hauteur dans les couloirs, qui ne sont pas chauffés, puis se rend aux cages d'escalier.

La ventilation d'été est obtenue par l'ouverture des fenêtres et des vasistas. La dépense d'installation n'a été que de 14.000 francs pour chauffer un espace de 5800 mètres cubes.

Nouveau musée d'Amsterdam. — Ce musée est chauffé par l'air chaud. Des calorifères, placés dans les sous-sols, envoient dans les salles (fig. 126) de nombreuses émissions d'air chaud, à température modérée. Des dispositions spéciales ont été combinées afin de donner à l'air chaud ainsi introduit un degré hygrométrique convenable pour assurer la conservation des toiles et objets d'art garnissant les locaux desservis.

Collège d'Etampes. — Les nouveaux bâtiments de ce collège ont reçu un chauffage à l'eau chaude, installé par la maison Grouvelle. Les locaux ont été divisés en deux sec-

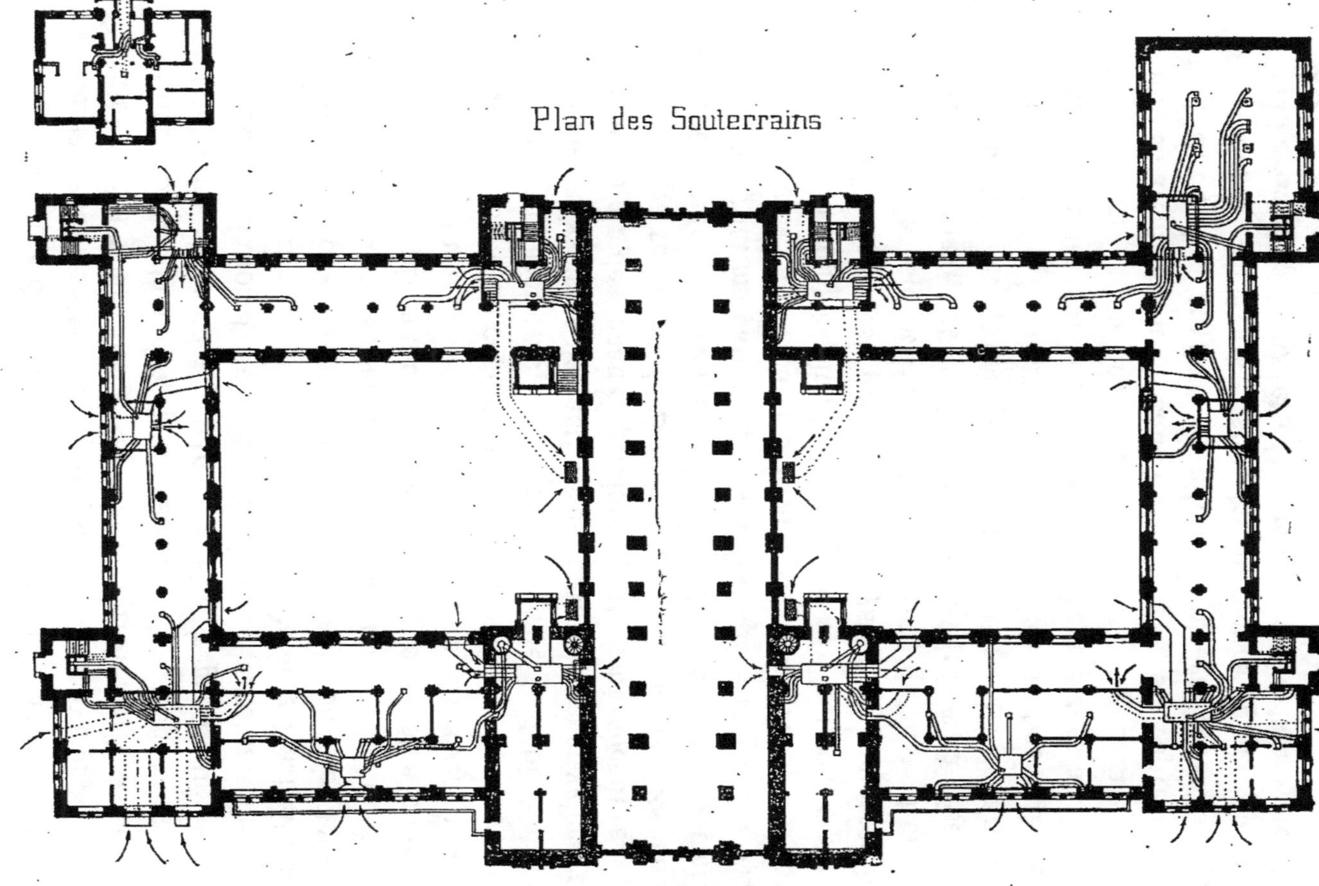

FIG. 126. — Nouveau musée d'Amsterdam.

tions, les études et les classes, et chaque section est desservie par un tuyau spécial, de sorte qu'on peut la chauffer séparément.

Les tuyaux de chauffage sont placés le long des murs, au-dessous des fenêtres, et protégés par une enveloppe en fonte ajourée. Il y en a deux superposés. L'air, pris à la partie inférieure de la pièce, pénètre dans l'enveloppe par le bas, s'échauffe au contact des tuyaux et se répand dans la pièce.

La circulation d'eau a été établie avec le volume de liquide minimum, afin de donner au chauffage une élasticité suffisante. Les foyers sont à volonté à feu actif ou à feu lent.

La ventilation se fait par appel, au moyen de bouches réservées au niveau du plafond. Chaque fenêtre placée du côté des surfaces de chauffe est munie, dans ses traverses supérieures, d'un certain nombre de petites ouvertures carrées dont la section a été calculée en vue du débit à obtenir. De larges vasistas permettent en outre de renouveler rapidement l'air des locaux, pendant qu'ils sont inoccupés.

Groupe scolaire de Bagnolet. — La figure 128 montre l'installation du groupe scolaire de Bagnolet. On fait usage de la ventilation naturelle : l'air frais pénètre par des vitres perforées et l'air vicié s'échappe par des gaines verticales partant du point le plus haut des plafonds, qui sont cintrés.

Le chauffage est produit par le système dit microsiphon, de MM. Geneste et Herscher. Le foyer, qu'on voit en F en avant du plan, est placé dans une cave; il est à réserve de combustible et exige peu de surveillance; le chargement peut se faire à intervalles assez éloignés. Les rubans de chaleur et les surfaces chauffantes sont placés au bas des parois vitrées ou froides. La conduite générale, placée immédiatement au-dessous des fenêtres, est représentée en pointillé; les tuyaux à ailettes, placés plus bas, sont installés en dérivation sur des parcours égaux. Des robinets d'arrêt spéciaux et des appareils de réglage sont placés dans chaque salle.

Théâtre de Nice. — La salle de ce théâtre montre une application intéressante du microsiphon (fig. 127). La chau-

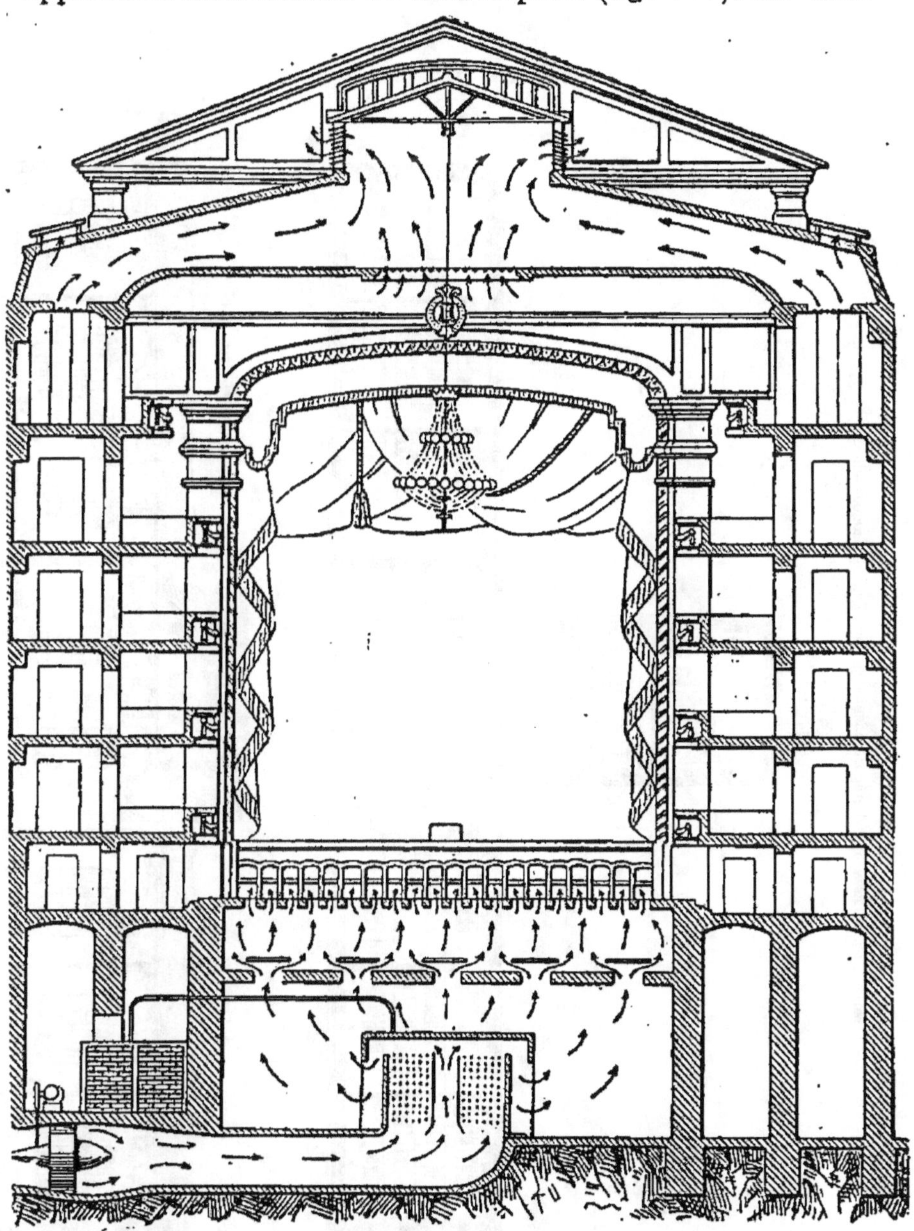

Fig. 127. — Théâtre de Nice (Geneste et Herscher).

dière, placée dans les dessous, alimente des batteries de chauffage placées sous la salle et formées de serpentins

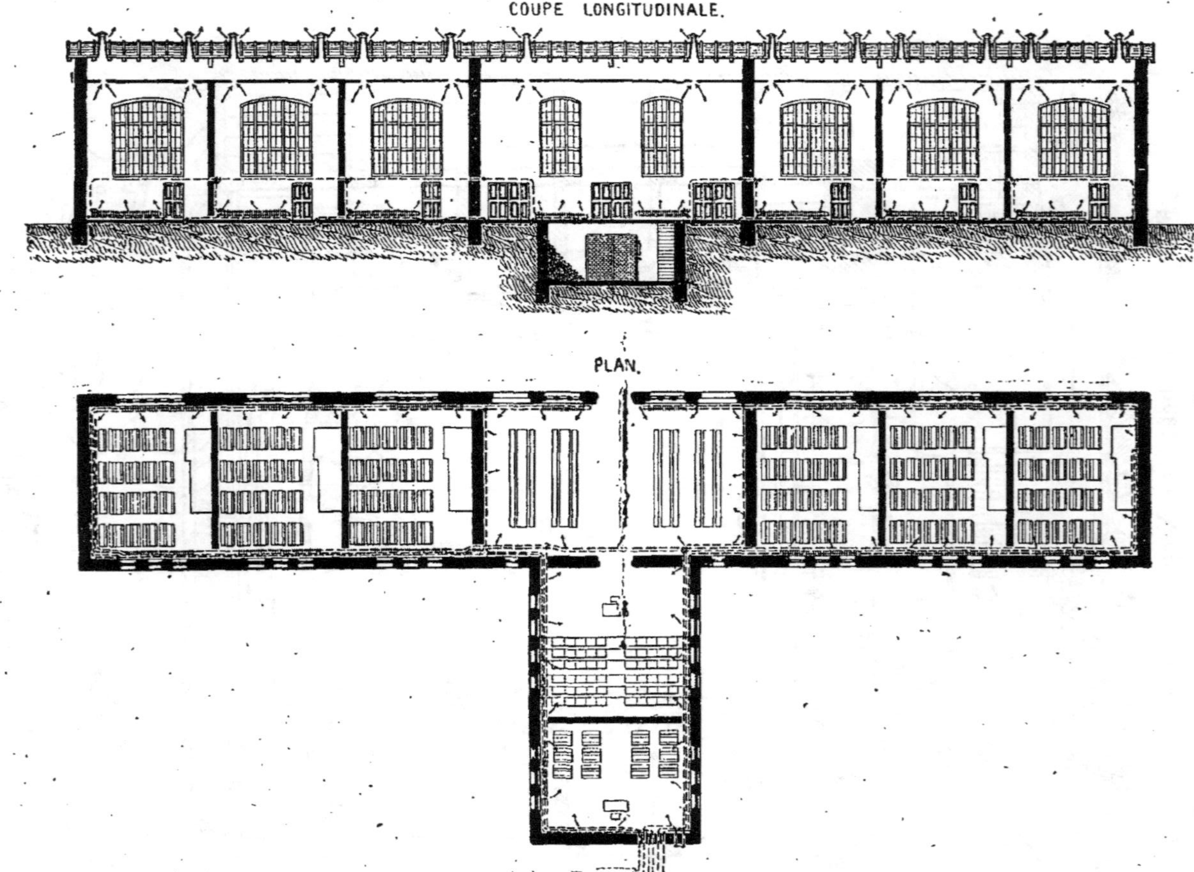

Fig. 128. — Groupe scolaire de Bagnolet. Chauffage produit par le système dit microsiphon;

en fer. Un ventilateur, placé aussi dans les dessous, envoie de l'air frais, qui traverse des chambres où il se mélange avec de l'air chaud. Le mélange gazeux, qui possède une température modérée et une vitesse très faible, se répand dans la salle par des grilles placées sous les fauteuils de l'orchestre. L'air vicié s'échappe par la partie supérieure de la salle, en utilisant la cheminée du lustre.

Hôpital-hospice Auban-Moet, à Épernay. — Dans cet établissement (fig. 129), la ventilation est obtenue directement par des vitres perforées, dont on peut atténuer l'effet au moyen de vasistas vitrés pleins. L'air vicié s'échappe par des orifices situés au plafond et des gaines qui s'ouvrent au-dessus de la toiture.

Le chauffage est produit par microsiphon. Le foyer est disposé spécialement pour brûler des combustibles pauvres et à bon marché. Les surfaces chauffantes, formées de tuyaux en fer à ailettes, sont placées autour des salles, à la partie inférieure des murs.

Nouvelles serres du Muséum. — Les nouvelles serres du Muséum possèdent un chauffage à eau chaude à moyen

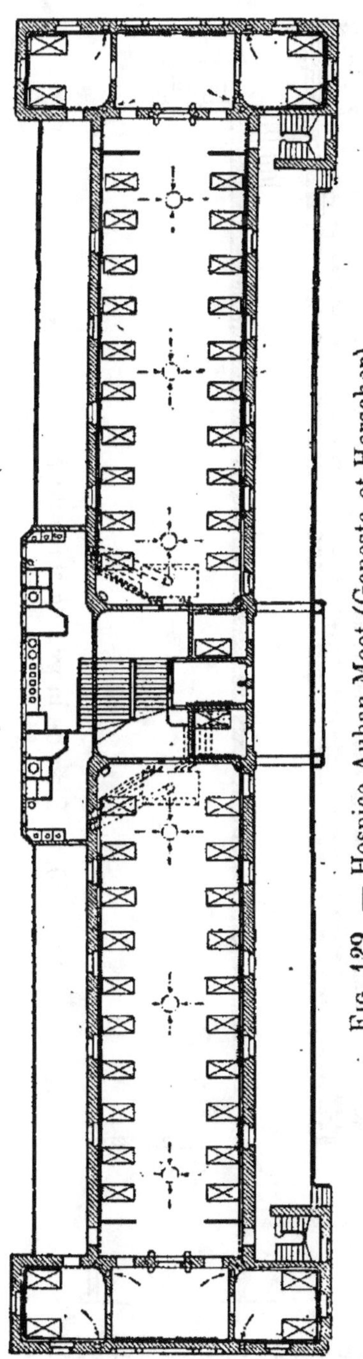

Fig. 129. — Hospice Auban-Moet (Geneste et Herscher).

volume, installé par la maison Geneste et Herscher. L'eau

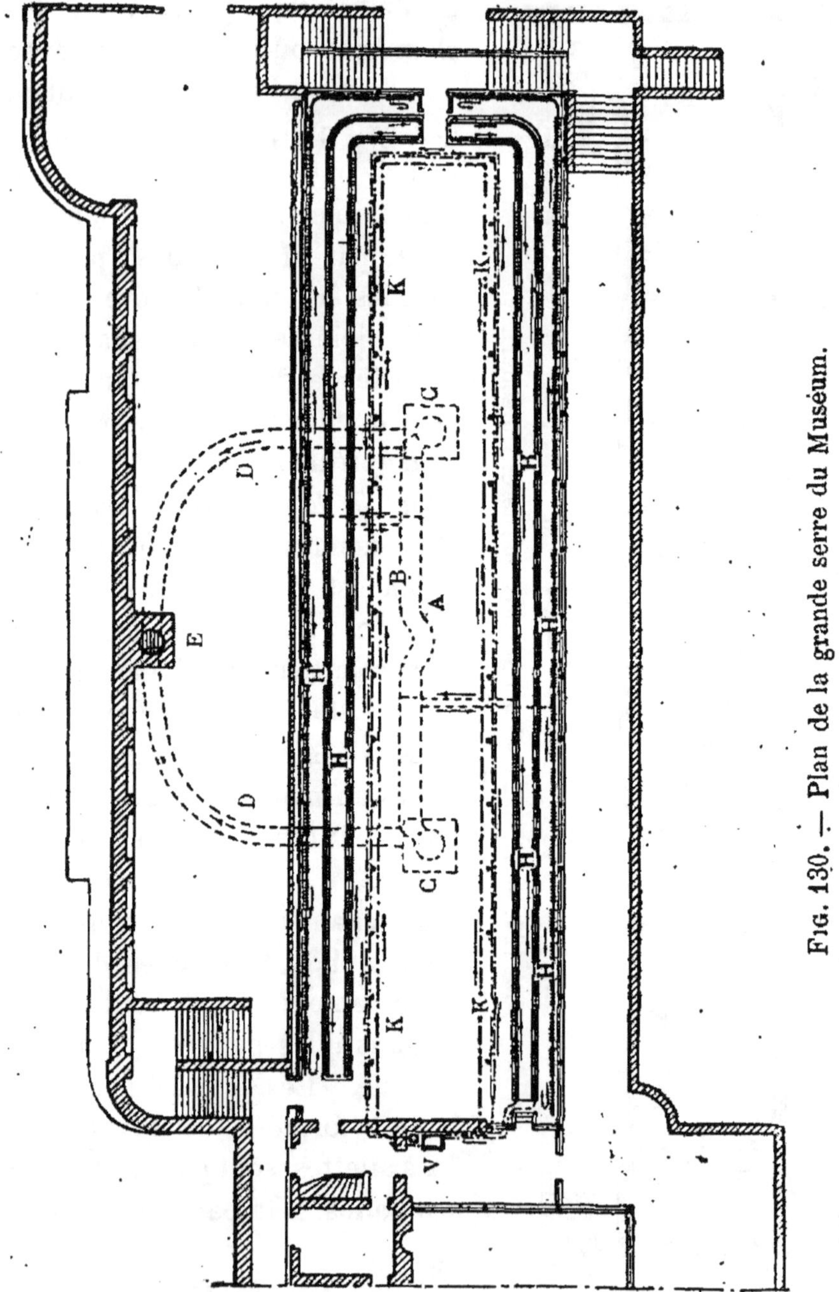

Fig. 130. — Plan de la grande serre du Muséum.

est chauffée dans des chaudières CC (fig. 130) : le départ se
fait par le tube A et le retour de l'eau froide par B. Les

produits de la combustion se rendent par les carneaux D à la cheminée E. Les tubes principaux AB sont reliés par des conduits secondaires, qui alimentent des surfaces chauffantes HH (fig. 130 et 131); placées le long des parois des bas

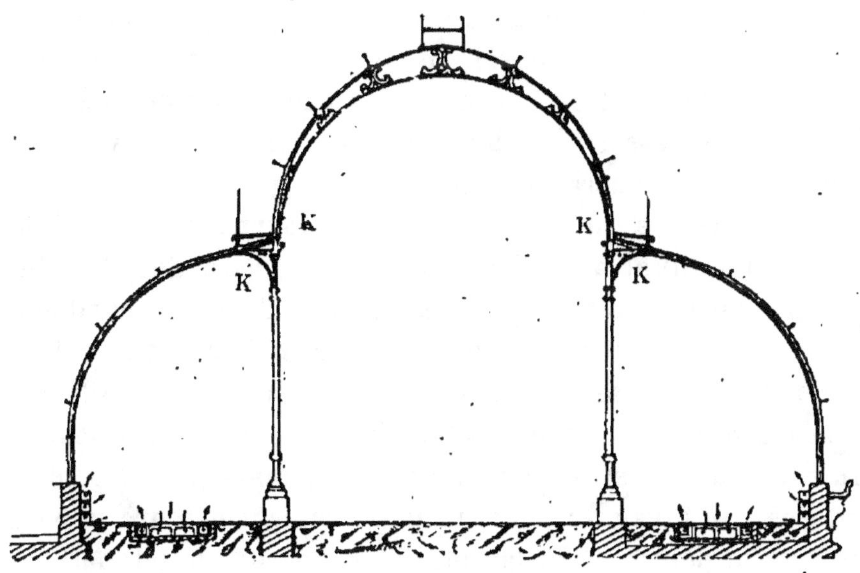

Fig. 131. — Coupe transversale de la grande serre du Muséum.

côtés, et des rubans de chaleur KK, placés à la base de la toiture vitrée du grand vaisseau central. En V se trouve un vase d'expansion ouvert avec caisse à flotteur. L'installation comprend en outre un hydromètre et un indicateur de niveau à distance.

Hôtel de ville de Paris. — Cette importante installation, dont les parties principales sont représentées figures 132 et 133, a été effectuée par MM. Geneste et Herscher de 1881 à 1884. Dans une partie de l'édifice, on utilise des ventilateurs V, qui sont les uns à force centrifuge (système Ser), les autres à hélice, et qui reçoivent le mouvement par l'intermédiaire d'une transmission de force électrique. Deux machines à vapeur A (fig. 133), placées sous la salle Saint-Jean, actionnent deux machines électriques G, non figurées.

Celles-ci envoient le courant à trente-quatre machines réceptrices R qui actionnent les ventilateurs VV, dont on voit un certain nombre dans les sous-sols.

La ventilation est faite par insufflation dans les bureaux du rez-de-chaussée, ceux du service financier, le service du préfet, la salle du Conseil municipal, les salons et les grandes salles de fêtes ; elle se fait par aspiration dans les locaux du sous-sol. Les bureaux des étages sont ventilés par appel ou par aération directe.

Le chauffage est dû à la vapeur que fournissent des générateurs multitubulaires inexplosibles A, placés dans la salle des machines. Cette vapeur est élevée dans les combles, détendue à une pression insensible et distribuée en circulant toujours dans le sens de la gravité. Les surfaces chauffantes sont placées, autant que possible, dans les locaux eux-mêmes, au bas des parois refroidissantes, et notamment des parties vitrées. Un tuyau formant ruban de chaleur entoure la base et tout le pourtour de la toiture vitrée du grand hall du service financier. D'autres surfaces de chauffe S sont installées dans des gaines en maçonnerie, où passe l'air de ventilation, qu'elles portent à une température modérée. L'installation est munie de purgeurs automatiques de vapeur condensée et de purgeurs thermométriques d'air et d'eau.

Le chauffage et la ventilation sont complètement indépendants l'un de l'autre. L'ensemble comporte dix chaudières à vapeur ayant une surface totale de chauffe d'environ 800 mètres carrés, deux moteurs à vapeur, deux machines électriques génératrices et trente-six réceptrices qui actionnent les trente-cinq ventilateurs et une pompe d'épuisement. Plusieurs des chaudières affectées pendant le jour au service du chauffage servent le soir à alimenter des machines produisant la lumière électrique.

Opéra de Vienne. — Ce théâtre est également chauffé par la vapeur. Il présente en outre un système de ventilation (fig. 134), qui a reçu l'approbation d'un grand nombre de

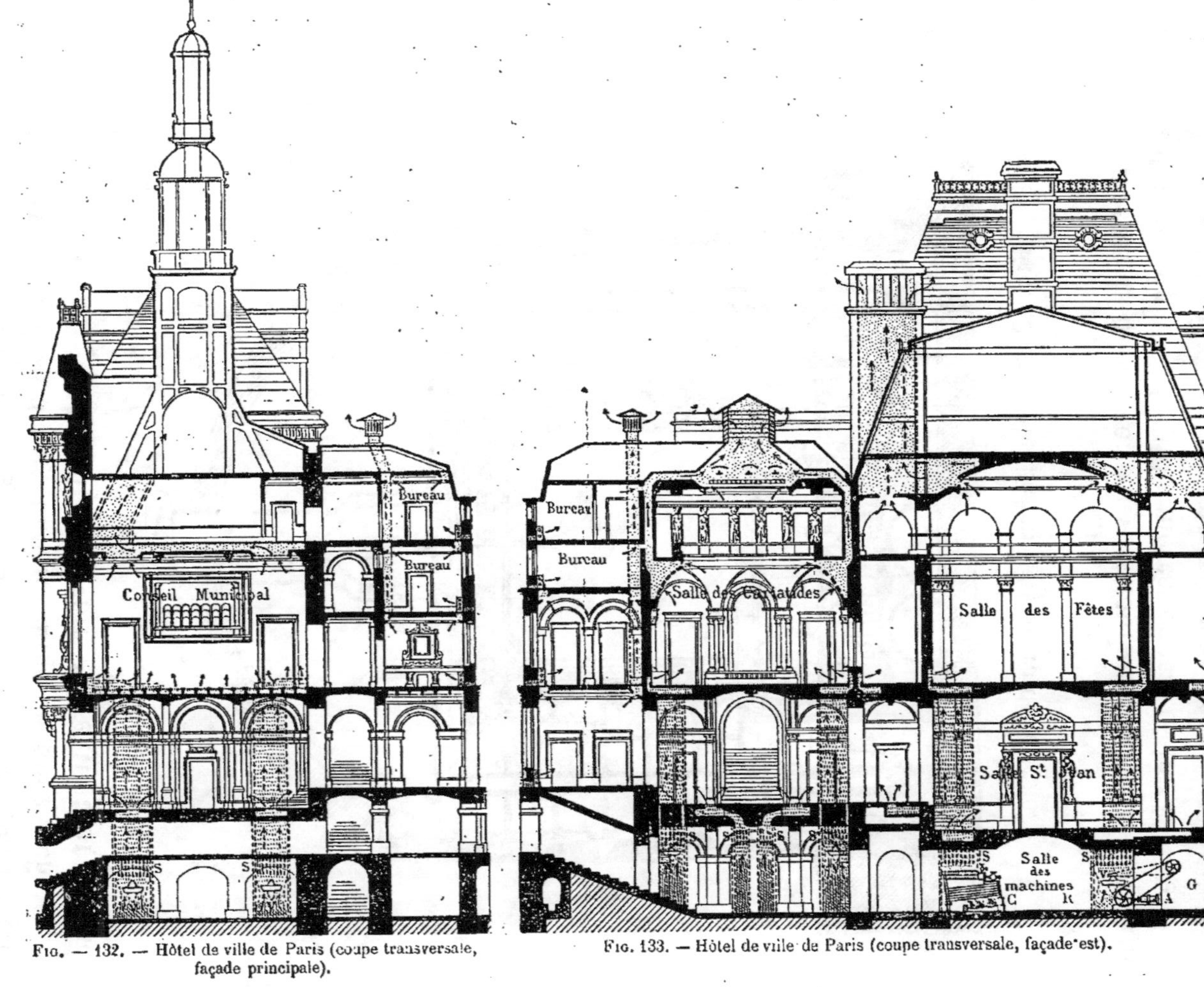

Fig. — 132. — Hôtel de ville de Paris (coupe transversale, façade principale).

Fig. 133. — Hôtel de ville de Paris (coupe transversale, façade est).

spécialistes. Tout récemment, le ministre des beaux-arts a envoyé à Vienne un architecte chargé d'étudier ce système en vue de l'appliquer au nouvel Opéra-Comique. Le sous-sol est divisé en trois étages. Au centre de l'étage inférieur se trouve une prise d'air ; une machine de douze chevaux, installée en ce point, fait mouvoir un ventilateur à hélice

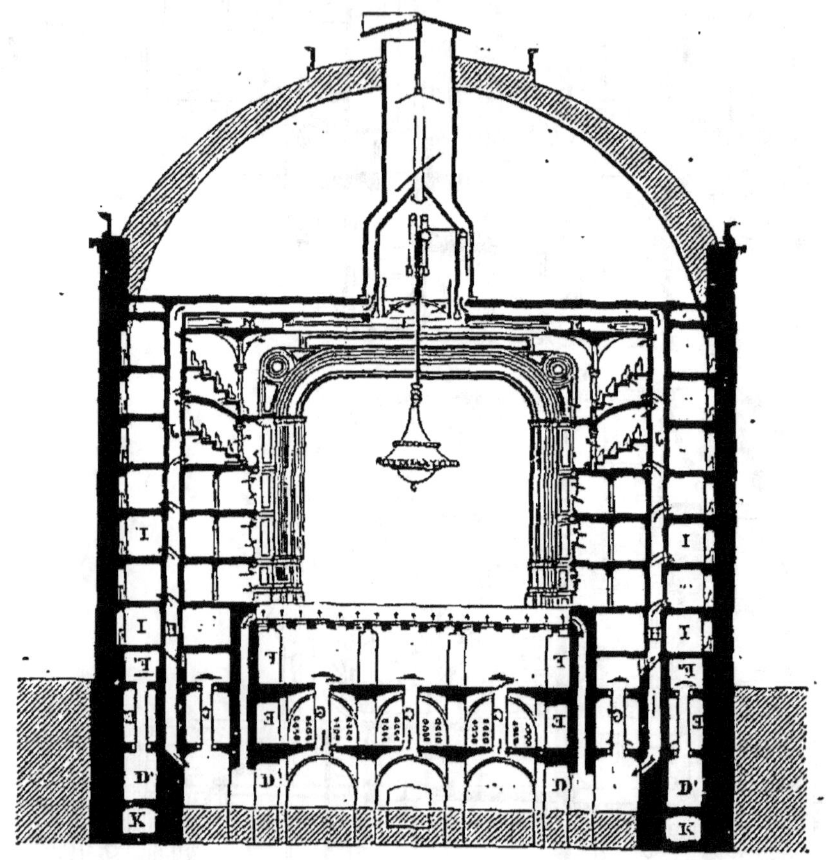

FIG. 134. — Ventilation de l'Opéra de Vienne.

de 3 mètres de diamètre, pouvant fournir par heure, suivant les besoins, de 40 à 20.000 mètres cubes d'air. L'ensemble des sous-sols forme un vaste réservoir dans lequel l'air se rafraîchit en été et se réchauffe en hiver ; il peut être envoyé directement à l'étage supérieur par de larges tuyaux cylin-

driques, de 1 mètre de diamètre, ou se rendre à la chambre
de chauffe du calorifère en passant par des ouvertures circulaires qui règnent autour de ces tuyaux. L'arrivée de l'air
peut du reste se régler en toute saison au moyen de cloches
en tôle disposées au-dessus des tuyaux, et d'anneaux qui les
entourent : on fait monter ou descendre ces cloches, suivant
qu'on veut augmenter ou diminuer la quantité d'air.

De l'étage supérieur, l'air se dégage dans la salle par sept
gaines, trois pour le parterre, et deux de chaque côté pour
les couloirs. Les trois gaines centrales se subdivisent en
douze bouches se rendant sous le plancher du parterre. Des
gaines verticales adossées aux murs desservent de même les
baignoires et les quatre galeries. Enfin l'air vicié s'échappe
par une gaine d'appel située au-dessus du lustre. En outre,
pendant l'été, un ventilateur à propulsion amène de l'air
frais tout autour du plafond.

Le chauffage est produit par la vapeur d'eau, que distri-
buent 18.000 mètres de tuyaux en fer étiré, ayant 25 millimètres de diamètre intérieur. La chambre de réglage et de
distribution de la vapeur est située sous le parterre. Un
tuyau acoustique sert à communiquer les ordres aux chauf-
feurs. Une sorte de télégraphe électrique, employant
38.000 mètres de fil, fait connaître la température et l'intensité de la ventilation en chaque point de l'édifice.

Prison de la Santé. — Les appareils qui assurent, encore
aujourd'hui, le chauffage et la ventilation de cette prison ont
été installés dès sa fondation, de 1864 à 1867, par M. Jules
Grouvelle. C'est un chauffage mixte. Deux tuyaux principaux (fig. 135), placés dans le sous-sol, envoient un courant
de vapeur dans les serpentins des récipients A placés à
chaque étage. Ces récipients sont pleins d'eau, qui s'échauffe
au contact des serpentins et circule dans les tuyaux B, placés le long des cellules, dans les galeries. Ces tuyaux servent à chauffer l'air frais puisé par les ouvertures C ; l'air
chaud se répand ensuite par les conduits D dans les cellules,

où les bouches E le déversent à une hauteur d'environ
2 mètres. L'air vicié s'échappe par le siège d'aisances F et

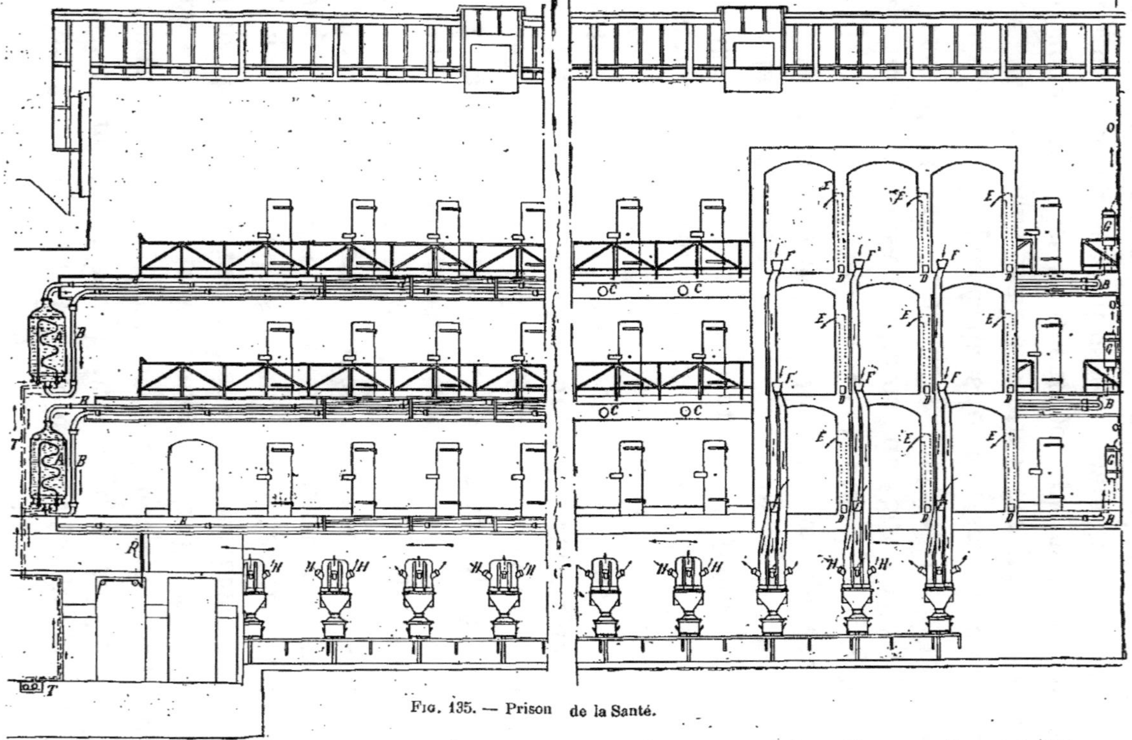

36 mètres de hauteur et 5 mètres carrés de section. Ce sys-

Fɪɢ. 135. — Prison de la Santé.

se dégage par H dans un vaste collecteur situé en sous-sol
et communiquant avec des cheminées d'appel, au nombre de
deux, ayant chacune un foyer à leur base. Ces cheminées ont

tème assure parfaitement le renouvellement de l'air.

Nouvelle Sorbonne. — La nouvelle Sorbonne, à Paris,
est ventilée mécaniquement par insufflation. Les ventilateurs

13***

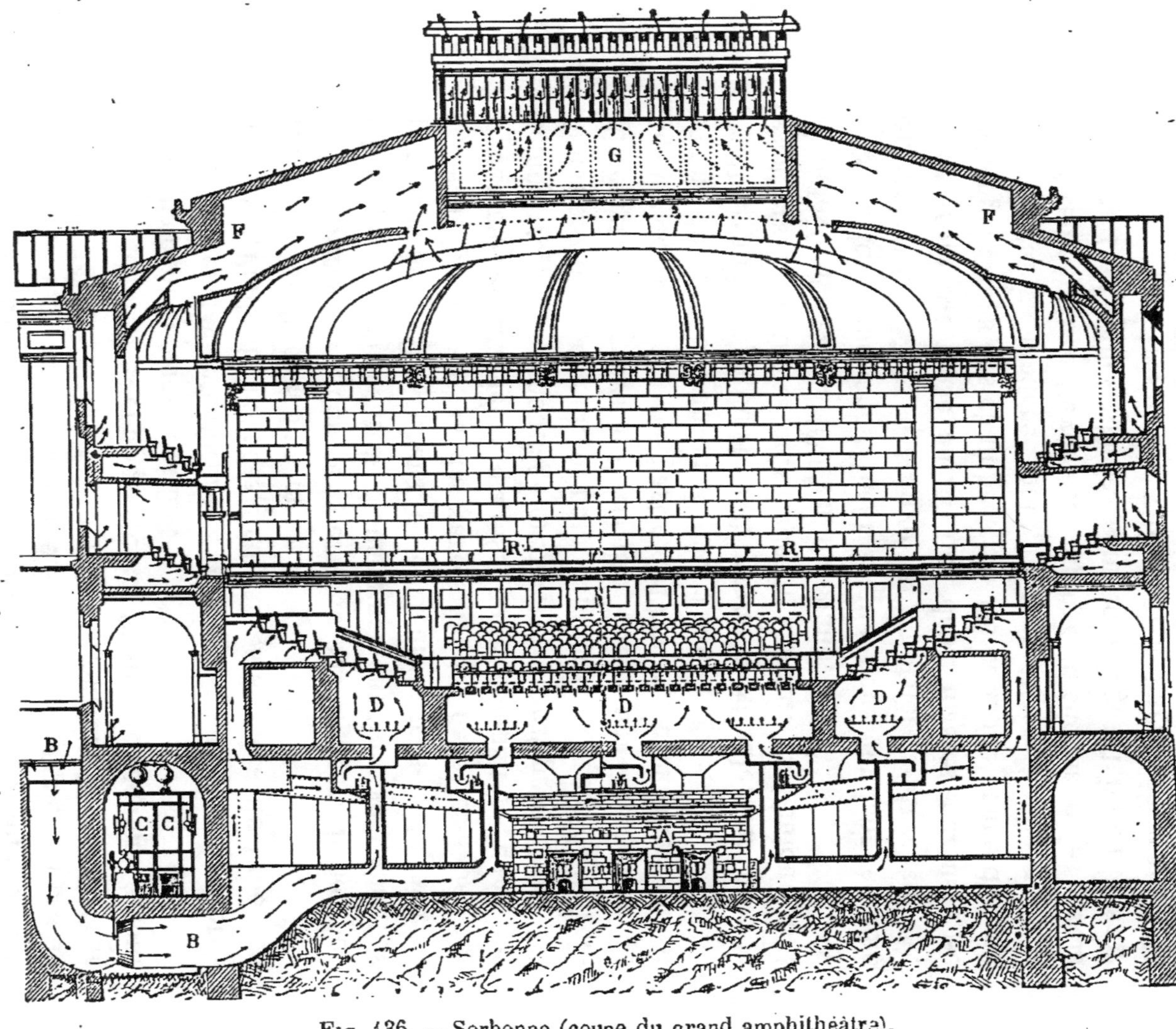

Fig. 136. — Sorbonne (coupe du grand amphithéâtre).

sont actionnés les uns directement, les autres à distance, par l'intermédiaire de moteurs électriques. La mise en train et l'arrêt des appareils électriques peuvent se faire de la salle même des machines. Une disposition automatique arrête instantanément toute machine-électrique réceptrice en cas de chute accidentelle de la courroie actionnant le ventilateur correspondant. Des coupe-circuits fusibles remédient à tout échauffement anormal des fils.

Les appartements du recteur sont chauffés par microsiphon, à l'aide de surfaces chauffantes formées de tubes en fer à ailettes de même nature.

Les bureaux, salles de cours, de conférences, de compositions, les amphithéâtres d'enseignement libre sont chauffés par la vapeur. Des rubans de chaleur formés de tuyaux en fer sont placés au bas des parois froides dans les salles des deuxième et troisième étages, pour compléter, dans les temps froids, le chauffage ordinaire qui est produit par des émissions d'air chaud, et pour compenser l'excès de refroidissement des murs qui résulte de la non-occupation de ces locaux pendant une partie de l'hiver. La canalisation est munie de purgeurs automatiques d'eau et d'air.

Le grand amphithéâtre, le grand vestibule, les grands escaliers, les couloirs et la salle du Conseil académique sont chauffés par des calorifères à air chaud.

Sous le grand amphithéâtre, que nous donnons comme exemple (fig. 136), se trouve un calorifère à air chaud A. L'air froid est puisé en B. Les deux masses gazeuses se mélangent dans des chambres D. Ce mélange donne de l'air à température modérée pour la respiration, tandis que du gaz à température élevée est employé au chauffage des parois froides. Des grilles placées sous les sièges laissent passer l'air avec une très faible vitesse. Un ruban de chaleur R entoure l'amphithéâtre à une hauteur plus élevée. Des bouches latérales laissent échapper l'air destiné au chauffage des couloirs qui entourent l'amphithéâtre. Enfin l'air vicié s'échappe par le plafond, au moyen de gaines FF et d'une cheminée d'évacuation G.

En un grand nombre de points, des dispositions particulières permettent de faire varier la température de l'air sans modifier la ventilation. Dans les bureaux particuliers, l'occupant peut modifier à son gré la température de l'air neuf avant son introduction.

CHAPITRE XV

CHAUFFAGE DES CUISINES

Fourneaux de cuisine ordinaires. — Grands fourneaux pour le coke et la houille. — Installation des grandes cuisines : hôtel Terminus. — Tables chaudes. — Rôtissoires. — Cuisines à vapeur : système Egrot. — Cuisines au gaz.

Fourneaux de cuisine ordinaires. — Pour la cuisson des aliments, on se contente souvent de fourneaux extrêmement simples, composés d'une cavité de forme carrée, limitée par des parois en fonte légèrement évasées vers le haut et fermés à la partie inférieure par une grille. Au-dessous de cette grille se trouve un cendrier, muni d'une porte à coulisse, qui sert à régler le tirage.

Ces fourneaux doivent être surmontés d'une hotte. Malgré cette précaution, le tirage est assez faible et l'on est obligé de ne brûler que des combustibles ne donnant pas de fumée, comme le charbon de bois et le charbon de Paris. Ces combustibles sont coûteux, mais ce n'est pas un grand inconvénient, parce qu'on n'en consomme qu'une petite quantité.

D'autre part, l'insuffisance du tirage déverse dans l'atmosphère une certaine quantité d'acide carbonique et d'oxyde

de carbone, ce qui est plus grave, ainsi que les odeurs de
cuisine. On peut éviter tout inconvénient en entourant complètement le fourneau d'une hotte fermée, que surmonte le
conduit de fumée. La hotte est seulement percée d'une porte
à coulisse pour régler le tirage.

Grands fourneaux pour le coke et la houille. — Pour

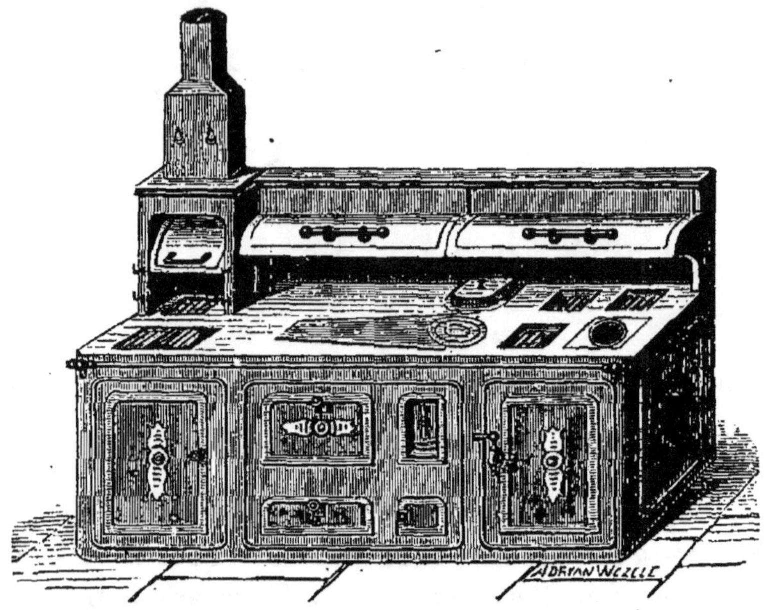

FIG. 137. — Fourneau pour la houille.

brûler le coke ou la houille, on emploie d'ordinaire des fourneaux plus perfectionnés, dans lesquels on cherche à utiliser
plus complètement la chaleur due à la combustion. Ces fourneaux se composent d'un récipient rectangulaire en fonte,
dont la paroi supérieure, ou table d'ébullition, est percée
d'un certain nombre de trous fermés par des plaques circulaires.

Le foyer et le cendrier se trouvent vers le côté droit
(fig. 137). A côté est un réservoir d'eau avec un robinet; au milieu se trouve un four et au-dessous une étuve.
La flamme passe d'abord sous la table d'ébullition, descend
entre le four et le réservoir d'eau, puis circule autour de

l'étuve et se rend au tuyau. Près de la cheminée se trouve une grillade.

Sur la table d'ébullition, on peut avoir des températures différentes ; on active le chauffage en enlevant le couvercle de l'orifice sur lequel on place l'ustensile de cuisine, qui doit boucher cet orifice, pour ne pas arrêter le tirage. Chaque ouverture peut aussi être fermée par une série d'anneaux plats à feuillure et un disque central ; en enlevant, avec le disque, un nombre croissant d'anneaux, on agrandit cette ouverture, et l'on obtient plus de chaleur.

Installation des grandes cuisines : hôtel Terminus. — Dans les grandes installations, on peut augmenter le nombre des fours et des différents organes. On peut y joindre une rôtissoire ; on peut même avoir, dans une seule enveloppe de fonte, plusieurs fourneaux juxtaposés. Dans certains modèles, la grille peut être soulevée pour rapprocher ou éloigner le feu des marmites.

Comme exemple de grande installation, nous citerons les cuisines de l'hôtel Terminus (fig. 138). Cette installation a pour partie essentielle un fourneau F en double T avec dix foyers et deux grilloirs G, placés sous une hotte en fonte, pour éviter les mauvaises odeurs. Chaque foyer possède un charbonnier et un service complet de four, tables chaudes, service d'eau chaude, etc. Des tuyaux L et M, aboutissant aux robinets R et R', amènent l'eau chaude et l'eau froide au-dessus des fourneaux.

Les réservoirs ordinaires sont remplacés par des bouilleurs BB, communiquant par les tubes T avec les tables chaudes A. puis avec un réservoir suspendu au mur de droite. Des grilles J, placées au-dessus des fourneaux, servent de chauffe-plats.

Tables chaudes. — La figure 139 montre la disposition des tables chaudes, qu'on ne voit qu'incomplètement sur la figure précédente. Ces tables sont employées dans les grands établissements pour conserver chauds les mets pendant le service, pour chauffer les assiettes, etc.

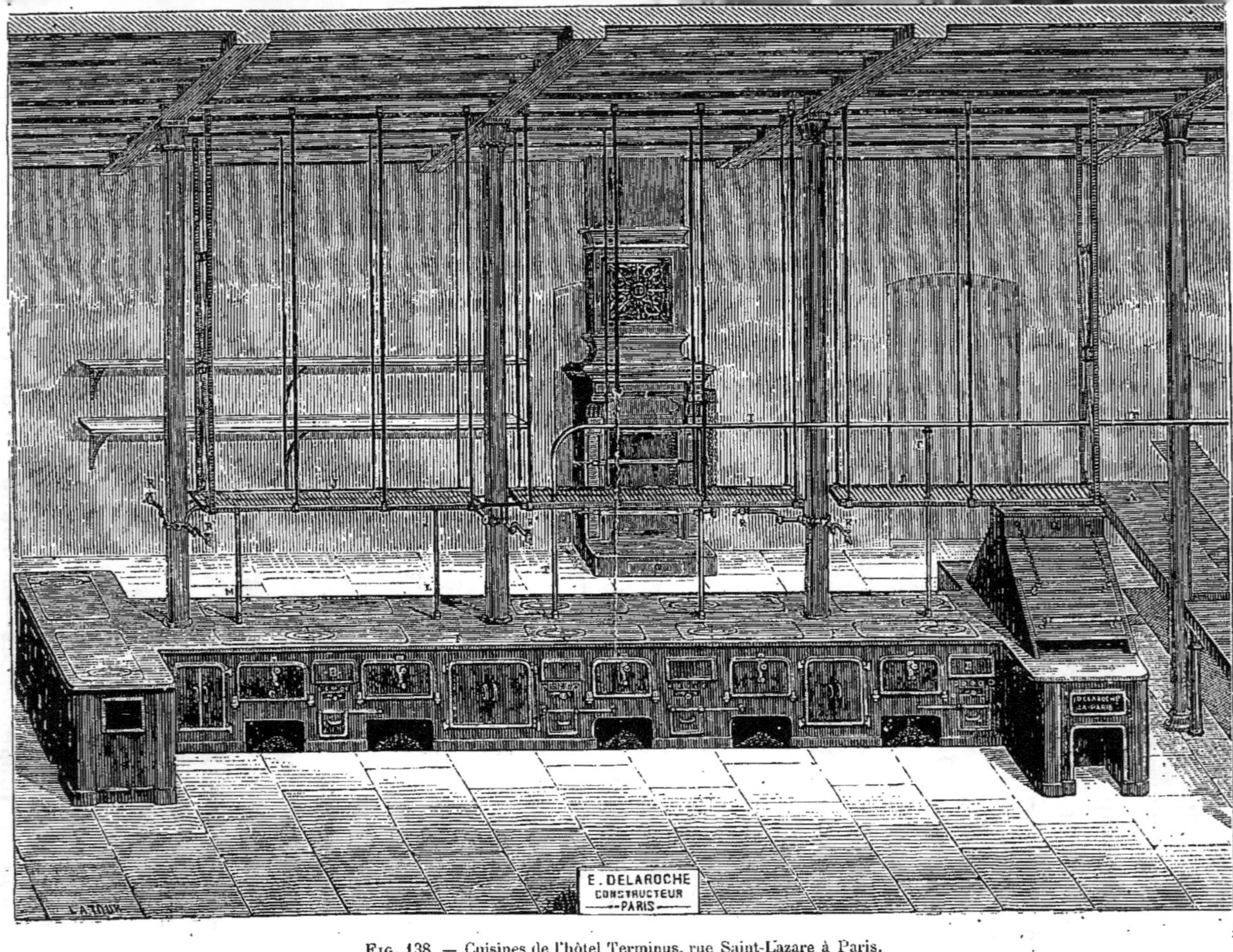

Fig. 138. — Cuisines de l'hôtel Terminus, rue Saint-Lazare à Paris.

Rôtissoires. — Au fond de la figure 138 se voit la rôtissoire, qui est indispensable dans les cuisines bien installées. On peut la chauffer au bois, au charbon et même au gaz.

La figure 140 montre le détail de la rôtissoire précédente, modèle qui a été également adopté à l'hôtel Continental, au

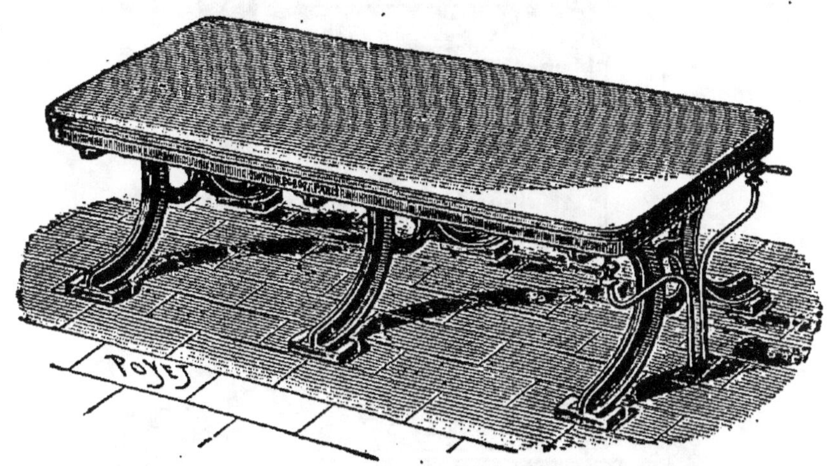

FIG. 139. — Table chaude de l'hôtel Terminus.

Cercle du Jockey-Club, etc. Le combustible est placé au fond, dans une sorte de cheminée, dont le courant d'air chaud fait tourner un mécanisme qui communique le mouvement à quatre paires de broches. Dans certaines rôtissoires, on se sert de l'eau comme force motrice, mais l'emploi de l'air est certainement plus simple. Un rideau cylindrique empêche la fumée de revenir en avant pendant l'allumage.

Cuisines à vapeur. — Dans les grands établissements, les méthodes ordinaires offrent bien des inconvénients, qui rendent le service très pénible, notamment la température élevée et les mauvaises odeurs. L'emploi de la vapeur supprime ces conditions défectueuses et rend le service moins fatigant ; il empêche les aliments de brûler et permet de les maintenir chauds après la cuisson, Le générateur peut être placé dans une pièce séparée, ce qui évite, outre l'élévation de température, la présence du charbon, des cendres et de la

fumée. Enfin il y a une économie de combustible considérable
par la centralisation de tous les foyers en un seul.

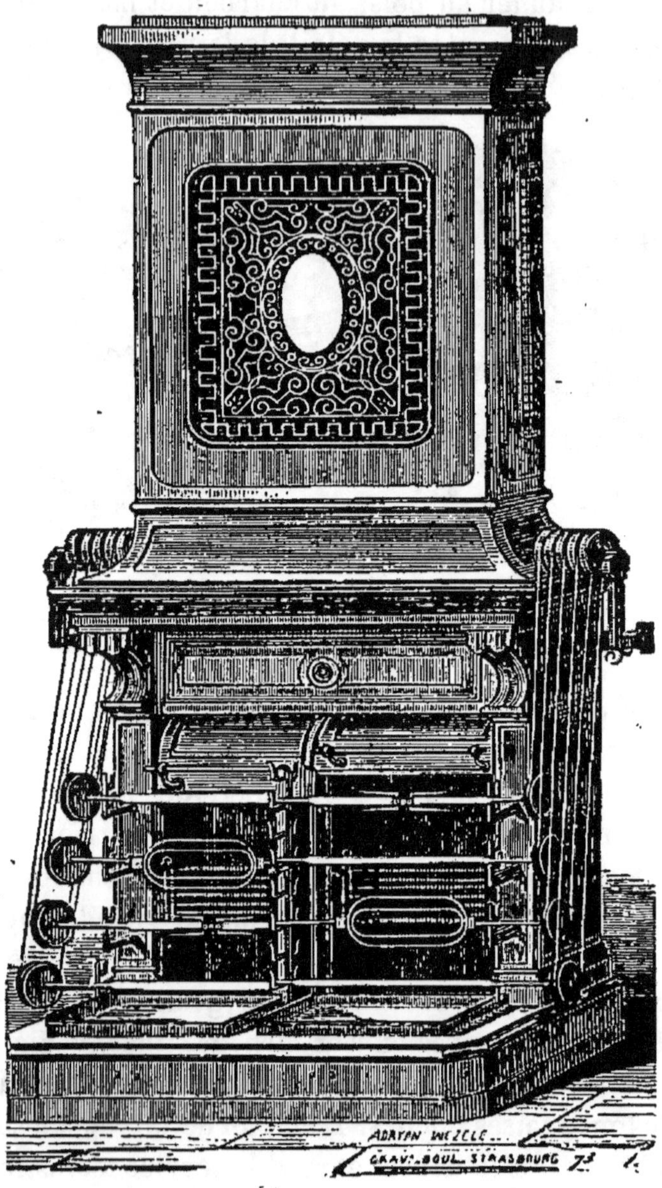

FIG. 140. — Rôtissoire monumentale.

Les cuisines à vapeur, inaugurées en 1829 par la Compagnie hollandaise, ont été perfectionnées surtout par la maison

Egrot. Une cuisine à vapeur comprend comme organes essentiels un générateur de vapeur, alimentant des marmites à double fond. Le générateur, qui peut être placé, comme nous l'avons dit, dans une pièce séparée, doit tenir peu de place et être d'un système simple, facile à conduire et peu sujet aux réparations.

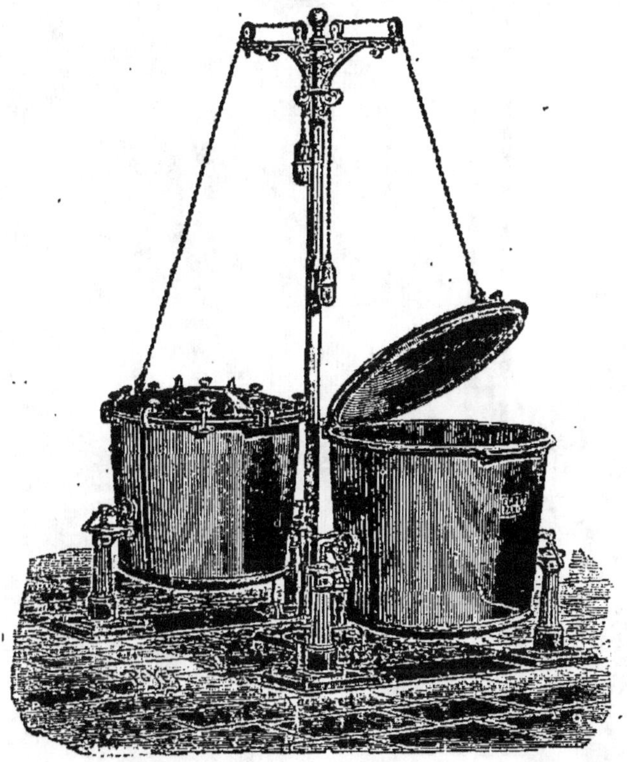

Fig. 141. — Marmite à vapeur Egrot.

Les marmites à vapeur doivent être à fond plat, afin que l'eau condensée puisse se répartir sur une surface assez large pour ne pas toucher le fond de la marmite proprement dite, ce qui produirait un chauffage au bain-marie. La forme intérieure de chacune d'elles dépend du reste de l'usage auquel on la destine. La préparation du bouillon se contente de marmites à fond bombé, tandis que la cuisson des rôtis ou des fritures exige une forme plate. Les marmites Egrot (fig. 141)

sont fondues d'une seule pièce ; le fond intérieur est absolument plat et réuni au fond extérieur par une série de cloisons, venues de fonte avec eux et étudiées en vue d'augmen-

Fig. 142. — Chaudière fixe pour les conserves de viandes.

ter le rendement et l'intensité du chauffage. L'appareil est
supporté par deux paliers en fonte, au moyen de tourillons,
dont l'un sert à l'arrivée de la vapeur et l'autre au départ de
l'eau condensée ; il est fermé par un couvercle à charnière

et équilibré par un contre-poids ; une enveloppe extérieure en tôle, remplie de matières peu conductrices, diminue les pertes de chaleur.

La marmite est maintenue dans la position verticale par un verrou, qu'on ouvre lorsqu'on veut l'incliner. Les marmites dont la capacité dépasse 100 litres sont munies d'un appareil basculeur de sûreté, fixé sur le support, et qui transmet le mouvement à l'appareil au moyen d'une bielle. Les derniers perfectionnements apportés à ces marmites les rendent inexplosibles et assurent un chauffage intense, grâce auquel elles sont propres même à la cuisson des rôtis et à la confection des fritures, mets que l'on ne pouvait pas obtenir avec les anciens systèmes.

La figure 142 montre une chaudière fixe pour la cuisson en grand des conserves de viande, de certains légumes, la fabrication du bouillon, etc. Ces chaudières sont entièrement construites en tôle très forte ; elles portent des robinets d'arrivée et de retour de vapeur, un robinet d'air et un robinet de vidange du bouillon. La substance à cuire est placée dans un panier très fort en fer, qu'on introduit lui-même dans la chaudière, et qu'on manœuvre facilement à l'aide d'un appareil de levage. Ces marmites sont employées à la grande usine de conserves de viandes de Gomen (Nouvelle-Calédonie).

On voit encore (fig. 143) l'installation d'une petite cuisine à vapeur à bord d'un yacht. Dans ce cas, la cuisine à vapeur a le double avantage d'occuper seulement une place assez restreinte et de pouvoir être alimentée facilement par les générateurs qui fournissent la force motrice.

La figure 144 montre l'aspect général d'une cuisine à vapeur du système Egrot. Ce système a été adopté notamment par les grands magasins du Louvre, où l'on a pu installer ainsi les générateurs à vapeur dans les sous-sols et les cuisines et réfectoires sous les combles.

Des appareils analogues peuvent être employés dans les

fermes pour divers usages, notamment pour la concentration
du lait.

Cuisines au gaz. — Le gaz s'applique très bien à la cuisson des aliments ; il donne un chauffage très régulier, qu'on
peut mettre en train, activer ou arrêter très facilement ; il

Fig. 143. — Cuisine à vapeur à bord d'un yacht (Egrot).

évite la manipulation du combustible et les ennuis qui en
résultent ; enfin il n'a qu'un défaut, son prix élevé. Les
fourneaux à gaz les plus simples sont formés d'un bec unique, appelé chandelle, ou d'une couronne percée d'un
certain nombre de trous, formant un ou plusieurs cercles.
Mais les vases placés sur l'appareil refroidissent la flamme
et provoquent un dépôt de charbon qui les encrasse rapidement ; de plus, la combustion du gaz n'étant pas complète, on perd une certaine quantité de chaleur. Il
est préférable d'employer des becs avec courant d'air : le

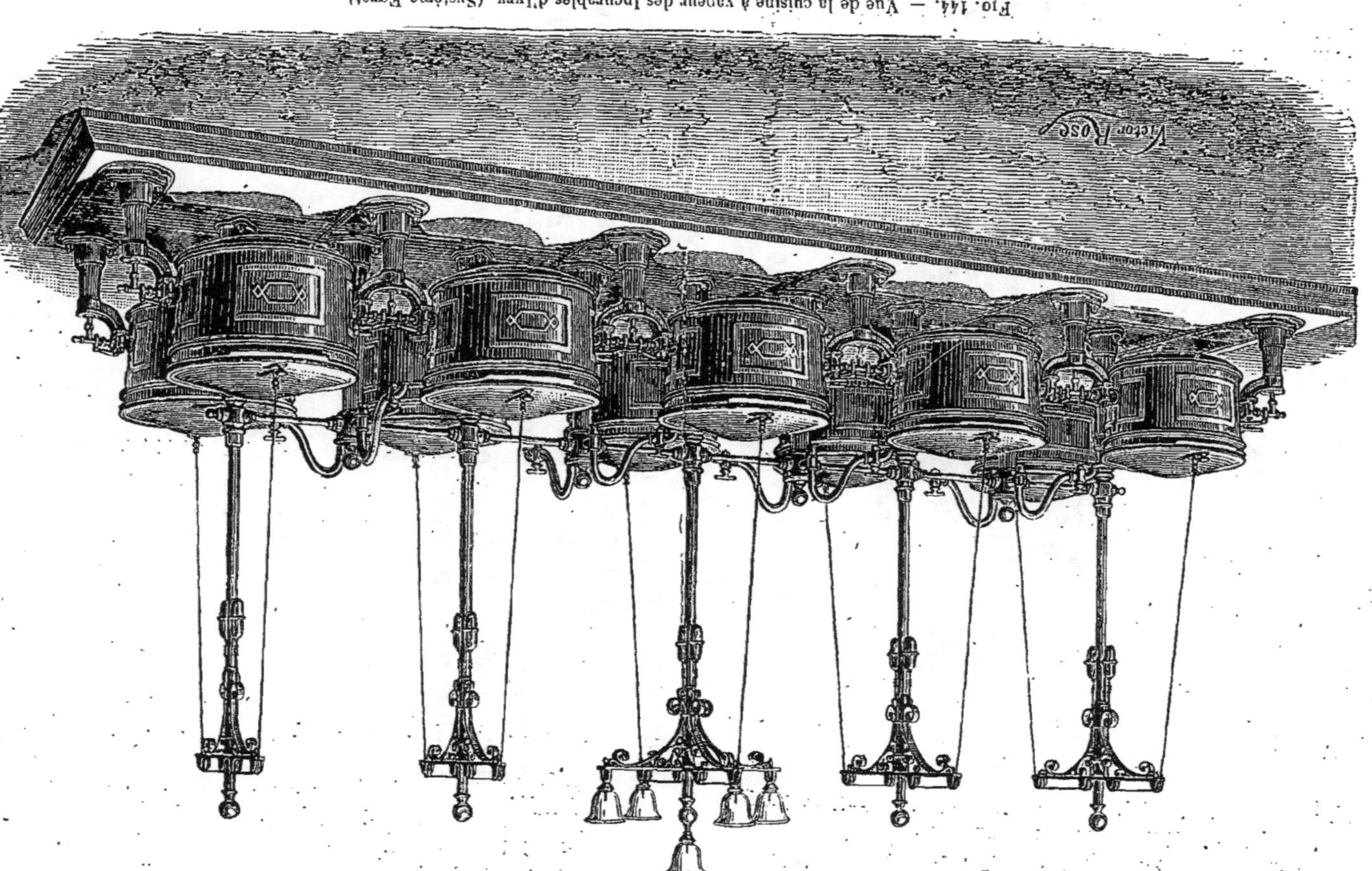

Fig. 144. — Vue de la cuisine à vapeur des Incurables d'Ivry. (Système Egrot).

gaz est amené par un ajutage étroit placé suivant l'axe d'un tube plus large, percé d'un trou latéral pour l'entrée de l'air ; celui-ci est attiré par le vide que produit le courant de gaz et se mélange avec lui. On obtient ainsi une flamme bleuâtre, pâle, mais très chaude, et qui ne donne aucun dépôt de charbon.

Toutes les opérations culinaires peuvent se faire au gaz,

FIG. 145. — Fourneau à gaz avec grillade.

et les divers types de fourneaux peuvent être réunis en un même appareil. Le modèle (fig. 145) porte deux fourneaux ordinaires et une grillade. Chacun des fourneaux comprend plusieurs rangées de becs commandées par deux robinets distincts; en ouvrant seulement l'un des robinets, on a un feu très doux, tandis qu'en ouvrant les deux on obtient un chauffage bien plus intense.

CHAPITRE XVI

APPAREILS DE CHAUFFAGE POUR L'ÉCONOMIE DOMESTIQUE ET L'INDUSTRIE

Chauffage des bains : par thermosiphon, par les fourneaux de cuisine, par chaudière distincte, par le gaz. — Chauffage des établissements de bains. — Chauffage des serres. — Chauffage des wagons. — Chauffage des voitures. — Fours de boulanger. — Fours locomobiles. — Appareils industriels divers.

Chauffage des bains par thermosiphon. — L'un des procédés les plus simples pour le chauffage des bains est l'emploi d'un thermosiphon. La figure 146 montre un des modèles les plus commodes. La baignoire communique par deux tubes horizontaux avec une petite chaudière à foyer intérieur. La partie centrale est un réservoir conique qui peut contenir assez de combustible pour le chauffage d'un bain, ce qui supprime toute surveillance. La combustion se fait dans un panier muni d'une grille articulée et mobile, qui permet d'activer le feu et de vider rapidement le foyer. Un chauffe-linge, en forme de couvercle hermétique, surmonte l'appareil. Le chauffage peut se faire au coke, à la houille ou au charbon de bois. La fumée se dégage par un tuyau latéral. L'eau placée dans l'enveloppe extérieure s'échauffe et passe dans la baignoire par le tube supérieur, tandis que l'eau froide vient la remplacer par le tube inférieur. Le baigneur peut, sans se déranger, réchauffer le bain en se servant du bouchon mobile, attaché à l'extrémité d'une chaînette. Le thermosiphon peut être séparé facilement de la baignoire.

Les appareils thermosiphons sont les plus simples à installer ; ils sont en outre très robustes et peu sujets aux réparations ; mais le chauffage est lent et exige au moins une heure

ou une heure et demie ; de plus il est à peu près impossible
de nettoyer l'intérieur du thermosiphon, qui, au bout de
quelque temps, salira nécessairement l'eau du bain.

Chauffage par les fourneaux de cuisine. — Dans tous
les fourneaux de cuisine, on peut généralement disposer un

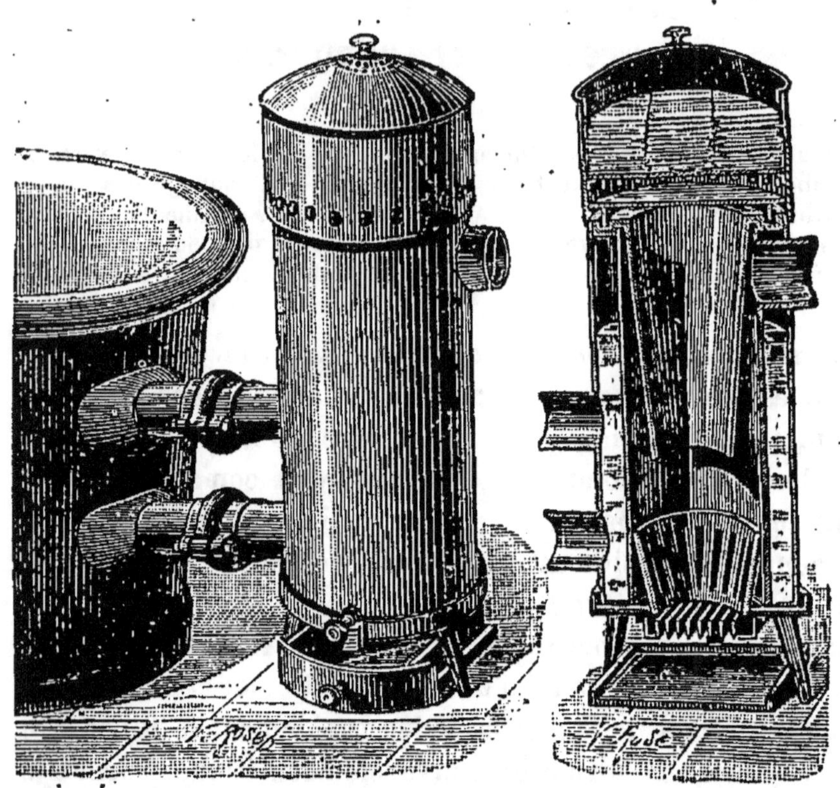

Fig. 146. — Chauffage d'un bain par thermosiphon (Piet).

bouilleur communiquant avec un réservoir d'une contenance
suffisante pour un bain. Des tuyaux, qu'on voit sur la droite
(fig. 147) amènent l'eau froide à la cuisine, à la baignoire, et
à un petit bac, muni d'un robinet flotteur, pour maintenir
automatiquement l'eau au même niveau, dans le grand réservoir en tôle placé à gauche ; ce réservoir communique par
deux tubes verticaux en cuivre avec le bouilleur de même

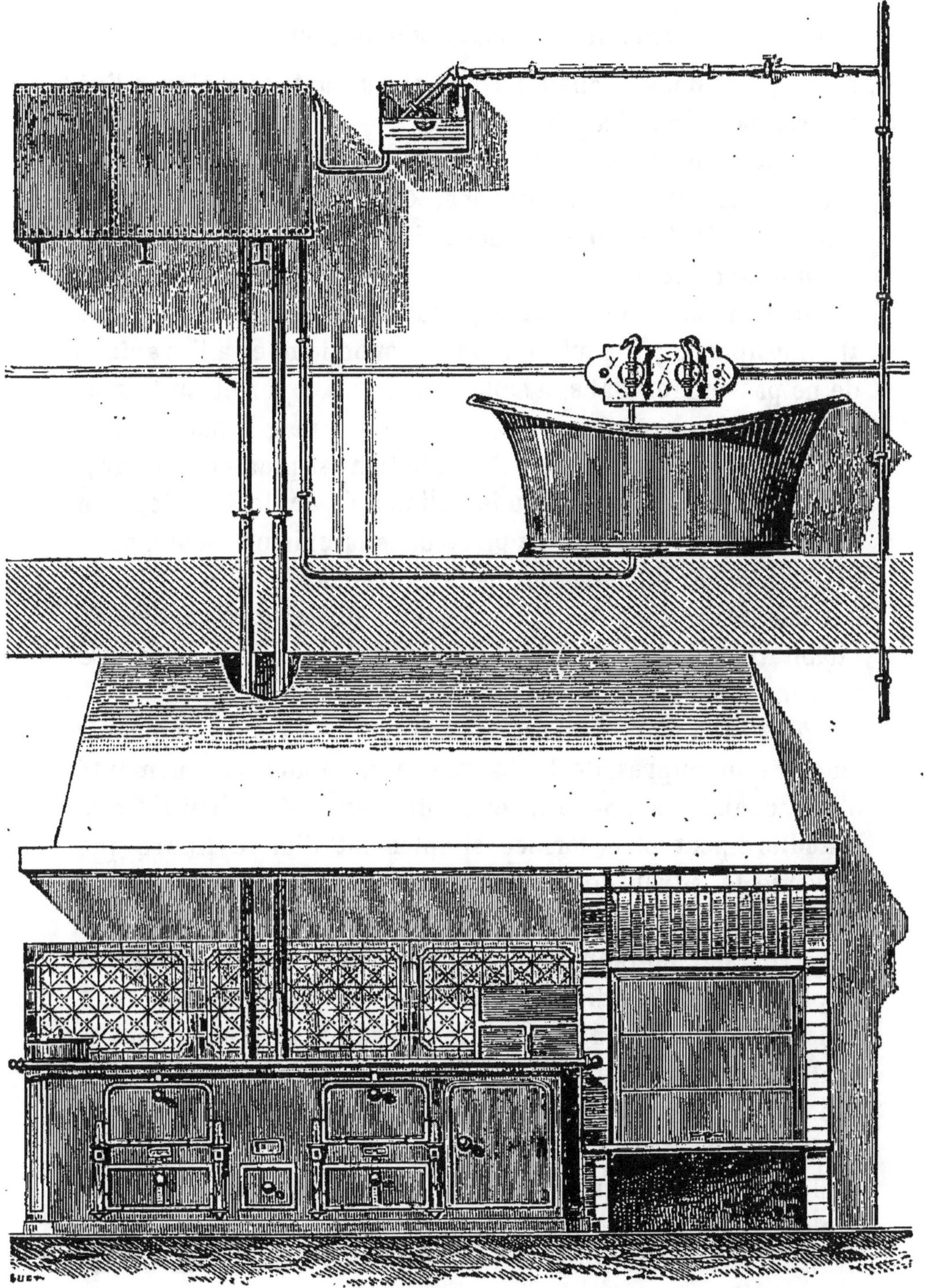

Fig. 147. — Chauffage d'un bain par un fourneau de cuisine (Delaroche).

métal placé dans la chaudière, et par un autre tube avec l'un des robinets de la baignoire.

L'eau de ce réservoir s'échauffe par une circulation analogue à celle des thermosiphons. On peut aussi adapter au réservoir d'autres robinets destinés à fournir de l'eau chaude en différents points.

Ce système nous semble partager les inconvénients des thermosiphons ; il peut être plus économique et a l'avantage de ne pas exiger dans la salle de bain un foyer et un tuyau, qui sont laids, gênants et peuvent endommager les murs ou les tentures. D'autre part, l'installation est plus compliquée.

Le récipient d'eau chaude, alimenté par le bouilleur du fourneau, peut encore être placé dans la cuisine même, pour éviter son refroidissement ; de là l'eau chaude est distribuée, par des tuyaux et des robinets, aux différentes parties de l'habitation, bain, chauffe-linge, douche, toilette, etc. Ce système a été inauguré en Amérique.

Chauffage par chaudière distincte. — Le plus souvent, on installe auprès de la baignoire un fourneau surmonté d'une chaudière pouvant contenir l'eau d'un bain. Cette chaudière peut être formée simplement d'un cylindre que traverse le tuyau de fumée (fig. 148). Un niveau d'eau et un flotteur font connaître le niveau du liquide. Un bac avec robinet flotteur alimente l'appareil. On peut encore employer des chaudières tubulaires, ou faire passer l'eau dans une série de tubes où elle s'échauffe graduellement et coule ensuite chaude, goutte à goutte, dans la baignoire. Ces appareils donnent un chauffage plus rapide.

Chauffage au gaz. — Les appareils de chauffage sont analogues à ceux qu'on emploie avec le charbon ; mais la chaleur est produite par des becs de gaz à courant d'air.

Établissements de bains. — Dans les établissements de bains publics, où l'on doit avoir constamment une grande quantité d'eau chaude, on emploie des chaudières plus grandes.

On se sert souvent d'une chaudière à foyer intérieur, dont
le tuyau de fumée s'enroule en un serpentin qui traverse le
réservoir d'eau chaude, pour empêcher le refroidissement..
Des robinets flotteurs règlent l'alimentation.

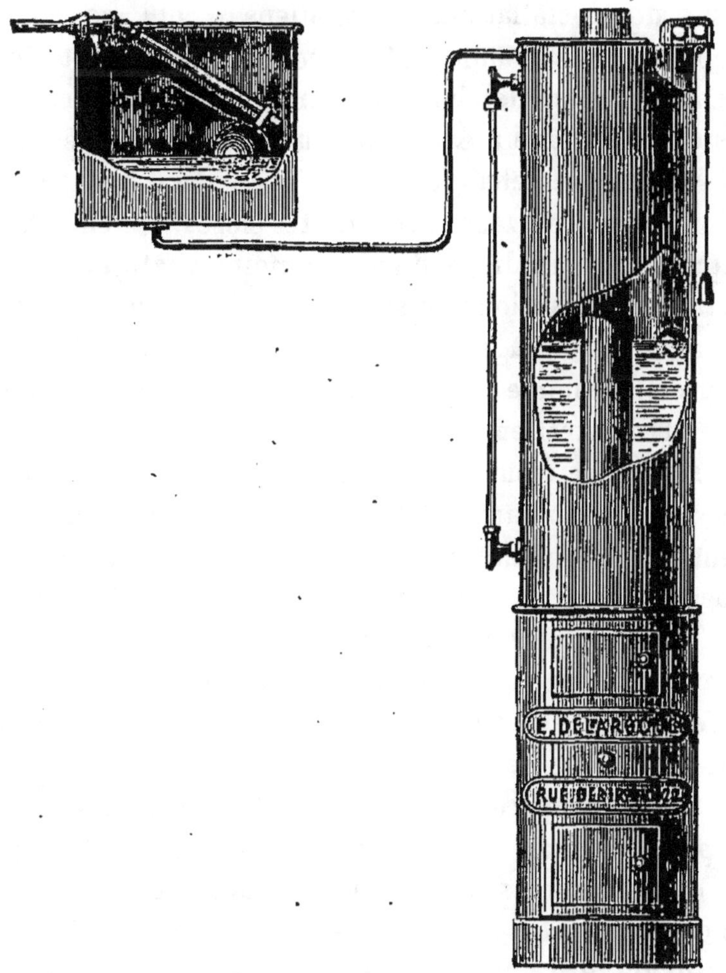

FIG. 148. — Chaudière pour bains (Delaroche).

Chauffage des serres. — Le chauffage des serres et
jardins d'hiver peut s'effectuer soit par l'air chaud, soit par
l'eau chaude, soit par la vapeur.

Le chauffage à l'air chaud peut s'employer pour les jardins
d'hiver à la condition que l'air soit légèrement chargé d'hu-

midité, mais il n'est pas propice pour les serres chaudes ou tempérées qui ont besoin d'une grande somme d'humidité et d'une plus grande régularité de température.

Le chauffage à la vapeur, évidemment très convenable, nécessite des installations dispendieuses, qui ne conviennent qu'à de très grands établissements, mais sont inabordables à la plupart des horticulteurs et des amateurs.

Reste le chauffage à eau, qui peut se subdiviser en chauffage à pression et chauffage sans pression. Le chauffage à pression opérant en vases et conduites closes, système Perkins ou autres, est plus dispendieux et moins pratique en raison de certaines précautions de service et d'entretien. Le chauffage sans pression, agissant par circulation à air libre, est le mode préféré comme le plus pratique et le plus simple de service et d'entretien.

Les serres peuvent se diviser en trois catégories. Les serres froides ou jardins d'hiver, qui se trouvent le plus souvent auprès de l'habitation et communiquent souvent avec elle, ne réclament pas un chauffage à haute température. Elles ne renferment guère que des arbustes verts (camélias, rhododendrons, azalées et conifères) pour lesquels il suffit d'éviter la gelée, et qui se contentent d'une température de 2 à 3 degrés au-dessus de zéro.

Les serres tempérées exigent 10 à 15 degrés au-dessus de zéro, pour recevoir les cactus, les mimosées et fougères. Enfin, dans les serres chaudes, la température doit être maintenue constante et ne doit pas être inférieure à 20 degrés au-dessus de zéro, pour y faire vivre les plantes des climats chauds, et il est nécessaire de leur donner ce climat artificiel même en hiver.

Les serres chaudes doivent être basses et même autant que possible enfoncées dans le sol de la moitié de leur élévation, qui ne doit pas dépasser 2,50 à 3 mètres. Celle des serres tempérées peut être portée à 4 ou 5 mètres, celle des jardins d'hiver peut être élevée à 10 ou 12 mètres pour recevoir les hautes tiges, mais ceci regarde le constructeur de serres plutôt que le constructeur d'appareils de chauffage.

Chauffage des wagons. — Les wagons sont chauffés le plus souvent au moyen de bouillottes d'eau chaude. Divers procédés servent à donner à ces appareils la température voulue. On peut les vider lorsqu'elles sont froides et les remplir directement d'eau chaude; mais cette manœuvre est assez longue; on préfère généralement réchauffer l'eau sans la changer, ce qui peut se faire par immersion dans l'eau chaude ou par injection de vapeur.

Le premier système a été installé par M. Regray à la Compagnie de l'Est. Deux treuils égaux, portant une double chaîne sans fin, sont placés horizontalement l'un au fond d'une citerne, l'autre au-dessus. L'eau de la citerne est chauffée par un courant de vapeur, qui est injecté près du fond. Les maillons correspondants des deux chaînes portent des châssis qui reçoivent les bouillottes. L'appareil est animé d'une rotation uniforme, de sorte que chaque bouillotte reste immergée environ cinq minutes; on en retire une toutes les douze ou treize secondes. Si la double chaîne porte vingt-quatre bouillottes, on peut en chauffer environ trois cents par heure.

Les Compagnies du Nord, de l'Ouest, d'Orléans, de P.-L.-M., emploient le chauffage par injection de vapeur. Les bouillottes sont disposées en séries horizontales superposées dans des caisses basculantes portées par un chariot. On amène le chariot devant une tuyauterie de vapeur ayant autant d'ajutages qu'il y a de chaufferettes, et, après avoir enlevé les bouchons de celles-ci, on établit la communication et l'on fait arriver la vapeur. Le groupement des bouillottes sur un chariot diminue les pertes de chaleur, sauf pour le rang supérieur, que l'on recouvre de substances peu conductrices. L'eau est portée à 90 degrés en deux ou trois minutes.

Les Compagnies d'Orléans, de l'Ouest, du Nord, de

P.-L.-M. et les chemins de fer hollandais se servent aussi de bouillottes remplies d'acétate de soude qui, en cristallisant, se maintient pendant plusieurs heures à une température voisine de 55 degrés. Pour réchauffer ces appareils dans l'eau bouillante, il faut environ cinquante minutes. La Compagnie du Nord emploie des chaufferettes traversées par un serpentin en cuivre, dans lequel on fait passer un courant de vapeur pour produire le réchauffement; il suffit de quinze à vingt minutes, si les bouillottes sont froides, et de cinq à six minutes lorsqu'elles sont encore tièdes. On a essayé aussi de réchauffer le sel à l'aide d'un courant électrique.

On a employé encore d'autres systèmes de chaufferettes, et l'on a essayé aussi l'emploi de l'air chaud et d'une circulation d'eau chaude. Il semble que les diverses solutions offrent chacune des avantages qui doivent les faire préférer suivant les cas [1].

Chauffage des voitures. — On emploie souvent une bouillotte d'eau chaude. Depuis quelques années, on se sert aussi de briquettes en charbon de Paris, pesant environ 300 grammes et pouvant brûler quatorze heures, en dégageant une quantité de chaleur considérable. Ce charbon est placé dans un tiroir entouré d'une enveloppe métallique, ayant aux deux extrémités des ouvertures pour l'accès de l'air, dont une partie sert à brûler le charbon, tandis que l'autre s'échauffe et se répand dans la voiture avec les produits de la combustion. Ce mode de chauffage présente de graves dangers, qui ont été signalés pour la première fois par M. Galippe et mis en évidence par M. A. Gautier [2], puis par M. Gréhant. M. A. Gautier a montré que ces briquettes brûlent lentement en donnant surtout de l'oxyde de carbone. Il est donc «très dangereux dans certains cas, et pour le

---

[1] Voy. *Les Chemins de fer et les tramways*, par A. Schœller.
[2] Gautier, Dangers du chauffage des voitures publiques par la combustion lente de charbons agglomérés *(Annales d'hygiène*, 3e série, t. VII, p. 335).

moins très imprudent dans tous, de respirer même quinze ou vingt minutes dans un espace clos, tel que celui d'une voiture fermée, où se produisent lentement, mais continuellement, de telles quantités d'oxyde de carbone. »

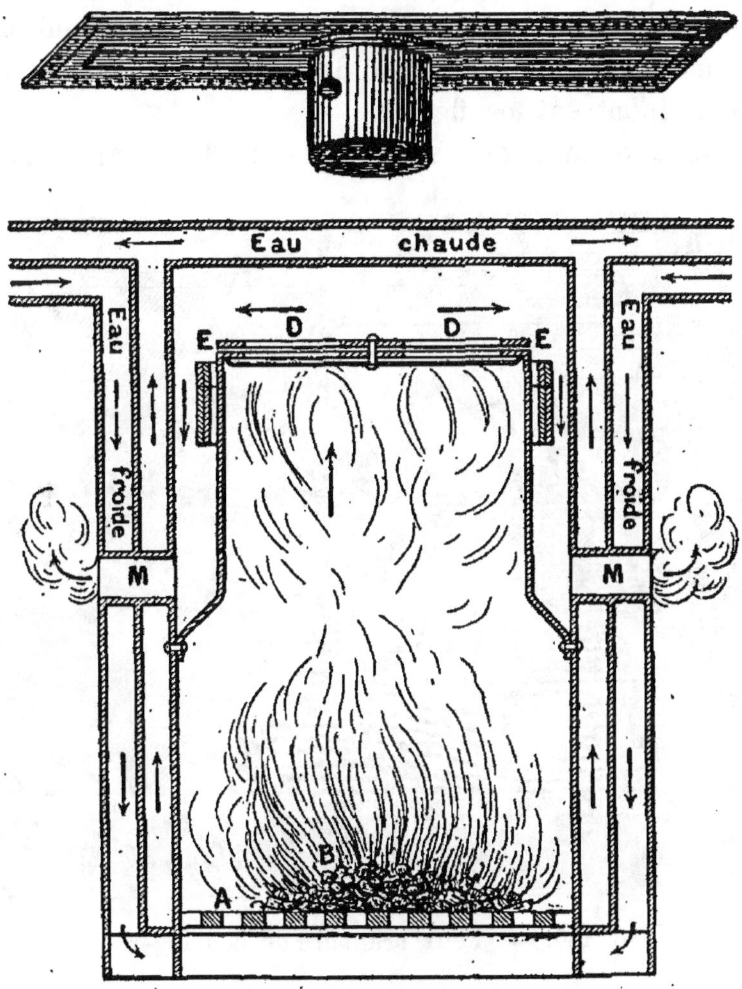

Fig. 149. — Appareil pour le chauffage des voitures.

La figure 149 montre un appareil qui a l'avantage de maintenir l'eau chaude sans exposer le voyageur aux émanations du foyer. Celui-ci est placé dans un petit cylindre, installé au-dessous et en dehors de la voiture. Le combustible B repose sur une grille A et la fumée suit le chemin DEM pour s'échapper par les deux orifices latéraux. L'eau est placée dans une double enveloppe, qui s'étend horizontalement sur le plancher de la voiture, pour former une bouillotte. L'eau chaude s'élève à la partie supérieure de cette bouillotte, tandis que l'eau froide redescend dans l'enveloppe extérieure, comme le montrent les flèches.

On emploie aussi des sels cristallisables, par exemplé

FIG. 150. — Four ordinaire de boulanger.

l'acétate de soude, comme nous l'avons indiqué pour les wagons.

Fours de boulanger. — On emploie encore le plus souvent pour la cuisson du pain des fours tout à fait rudimentaires (fig. 150), à sole plate et à voûte très surbaissée. On introduit d'abord le combustible, qui doit être un bois léger, bien sec (bouleau, peuplier, sapin), brûlant rapidement et avec flamme, afin d'échauffer la voûte plus que la sole. Après avoir allumé, on ferme la porte, qui laisse un tirage suffisant.. La fumée se dégage d'ordinaire par une cheminée placée à la partie antérieure. On ajoute quelquefois plusieurs carneaux appelés *ouras*, munis de registres, qui partent de l'autre extrémité et passent au-dessus de la voûte pour aboutir à la cheminée. La voûte doit être portée à 300 degrés environ et la sole doit être moins chaude, pour éviter que les pains soient rapidement brûlés à son contact. Quand le four est assez chaud, on enlève la braise, on balaye la sole et l'on introduit les *pâtons* à l'aide d'une longue pelle de bois. On défourne lorsque la croûte est suffisamment formée, durcie et colorée. Les pains les plus petits se placent à l'entrée et s'enlèvent les premiers.

Ces fours perdent une grande quantité de chaleur, surtout lorsqu'on ne fait qu'une ou deux fournées par jour.

Pour éviter cette perte, les grandes boulangeries emploient des fours perfectionnés, à cuisson continue ; le combustible est séparé du four, ce qui permet de brûler du coke ou de la houille. Le chauffage continuant pendant la cuisson, on obtient une température plus régulière.

Fours locomobiles. — Le pain est un aliment délicat, qui s'altère vite et ne peut pas être transporté à une grande distance. Aussi a-t-on construit, pour le service militaire, des fours portatifs qui peuvent aussi être employés utilement dans quelques autres cas.

Le four locomobile de MM. Geneste, Herscher et Somasco, est formé d'une voiture dont le coffre, en métal, contient deux fours identiques superposés ; cette voiture est suspendue sur ressorts et montée sur deux essieux et quatre roues, du modèle adopté pour l'armée. Chaque four (fig. 151) se compose d'une sole en carrelage fait de briques spéciales, et d'une voûte en tôle, garnie par dessus d'une matière incombustible. Les deux cheminées, distinctes, sont placées à l'avant, les deux bouches d'enfournement à l'arrière. Ces ouvertures sont protégées par un auvent et deux volets latéraux qui se replient pour le transport, ainsi que deux tablettes ou autels placés en avant des bouches.

Le chauffage se fait à la manière ordinaire, avec du bois

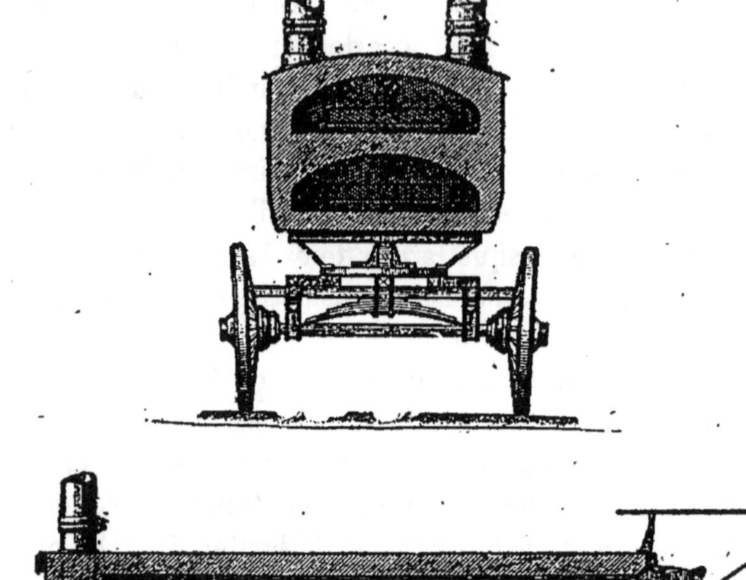

FIG. 151. — Four locomobile de Geneste, Herscher et Somasco.

placé sur la sole, et l'on retire la braise pour enfourner. Le service du four exige quatre hommes, un servant, deux pétrisseurs et un brigadier, chargé du chauffage, de l'enfournement et du défournement.

Fours démontables. — On se sert aussi, dans les opérations militaires, de fours démontables. Le four Espinasse fut employé en France depuis 1844. Il a été utilisé en Algérie, au Mexique et pendant la guerre de 1870, mais n'a pas donné absolument les résultats qu'on en attendait.

Le four démontable Geneste, Herscher et Somasco (fig. 152), est formé de plusieurs anneaux identiques, cinq le

Fig. 152. — Four démontable de campagne.

plus souvent, et de deux plaques de fond. Le tout peut être facilement transporté par une voiture spéciale ou à dos d'homme ou de mulet. Pour se servir de l'appareil, on le place par terre, on emboîte les pièces les unes dans les autres et on les assujettit au moyen de chaînes de serrage.

L'une des plaques extrêmes porte la cheminée, l'autre la bouche d'enfournement. On creuse devant cette bouche un trou de 1^m,10 de profondeur, appelé *trou du brigadier*, dans lequel se place le brigadier chargé de la direction du four, et l'on rejette la terre sur le four, qu'on recouvre ainsi d'un enduit de 25 à 30 centimètres d'épaisseur. Il faut d'abord cuire l'appareil, c'est-à-dire sécher l'enveloppe de terre en entretenant le feu pendant environ quatre à cinq heures, puis on peut procéder à la cuisson du pain. Si l'on est très pressé, on peut éviter de recouvrir le four de terre et cuire immédiatement; mais le refroidissement de l'appareil se fait plus vite.

Le montage et le démontage sont très rapides. Un four pesant 320 kilogrammes peut cuire par fournée quarante pains de 1^kg,5 Cet appareil est très commode dans les montagnes, les colonies, les voyages d'exploration.

Appareils industriels divers. — Les procédés de chauffage employés dans l'industrie sont très nombreux, et la disposition des appareils varie suivant le but qu'on se propose et la température qu'on veut obtenir. Nous ne pouvons entrer ici dans l'énumération de ces procédés, que l'on trouvera dans les ouvrages plus détaillés [1].

---

[1] Voy. *Dictionnaire de chimie* de E. Bouant.

CHAPITRE XVII

DISTILLATION

Objet de la distillation. — Distillation de l'eau : alambic. — Divers modes de chauffage. — Distillation continue et automatique. — Exemple de grandes installations. — Distillation à des pressions inférieures à la pression atmosphérique. — Appareils à effets multiples. — Distillation de l'eau de mer : appareil Perroy. — Distillation des liquides mélangés : alcool, goudron de houille.

Objet de la distillation. — Distiller un liquide, c'est le faire bouillir pour recueillir ses vapeurs. Le liquide est porté à une température convenable dans une chaudière communiquant avec un récipient refroidi, dans lequel vont se condenser, d'après le principe de la paroi froide, les vapeurs formées dans la chaudière. Si le liquide chauffé contient des substances plus fixes, il les abandonne dans la chaudière et sort purifié de l'appareil ; c'est la *distillation simple.*

Si l'on distille au contraire un mélange de plusieurs liquides ayant des points d'ébullition différents, on peut les séparer en recueillant dans des récipients successifs les vapeurs qui passent à des températures plus ou moins élevées *(distillation fractionnée).* Dans ce cas, une seule opération ne suffit pas pour assurer la purification, car les différents liquides peuvent émettre des vapeurs simultanément, surtout si leurs points d'ébullition sont assez rapprochés : on est obligé de faire plusieurs distillations successives ou de recourir à des appareils très compliqués, qui assurent une séparation à peu près complète. C'est ce qui a lieu lorsqu'on distille le vin pour en extraire l'alcool.

Distillation de l'eau. — L'eau offre un exemple de distillation simple, car il suffit, pour la purifier, de la débarrasser

des matières salines qu'elle tient en dissolution et qui proviennent, en général, dés terrains qu'elle a traversés. On se
sert pour cela d'un appareil nommé *alambic* (fig. 153). Un
alambic se compose d'une chaudière A, ordinairement en
cuivre, appelée *cucurbite*, surmontée d'un *chapiteau* C,
duquel part un tube de dégagement qui aboutit à un long
tube nommé *serpentin*, enroulé en spirale et entouré d'eau
froide. La chaudière n'a besoin d'aucun des appareils de

Fig. 153. — Alambic.

sûreté employés d'ordinaire, puisqu'elle communique librement avec l'atmosphère par l'extrémité ouverte du serpentin.
Celui-ci doit être assez long pour assurer la condensation
complète et pour ne pas laisser échapper de vapeur. Afin de
rendre le refroidissement méthodique, on fait passer dans le
vase S un courant continu d'eau froide, qui arrive par E à
la partie inférieure, s'échauffe et sort par le tube D, qui part
du sommet. Le liquide condensé coule dans le flacon F.

Si l'on préfère chauffer au bain-marie, on place le bain dans la cucurbite, et le liquide à distiller dans un cylindre B, qu'on introduit entre cette pièce et le chapiteau. Ce cylindre est représenté à part en B'.

Le tuyau qui se rend au serpentin doit être assez large pour laisser passer la vapeur sans produire aucun excès de pression. Le serpentin doit au contraire être assez étroit pour que la vapeur puisse facilement chasser l'air, dont la présence entrave la condensation. Si l'on veut augmenter la surface du condenseur, on peut disposer dans le même vase plusieurs serpentins concentriques, installés en batterie.

Si l'on veut avoir de l'eau distillée bien pure, il convient de rejeter les premières parties du liquide condensé, qui peuvent contenir de l'ammoniaque ou d'autres corps volatils, qui se trouvaient dans l'eau soumise à la distillation, et d'arrêter l'opération quand il a passé environ la moitié du liquide, pour ne pas trop concentrer les matières salines et ne pas risquer de les décomposer. On ajoute alors une nouvelle quantité d'eau et l'on recommence en observant les mêmes précautions; au bout de cinq ou six opérations, on rejette l'eau mère, pour les mêmes raisons.

L'alambic se fait le plus souvent en cuivre, ce métal étant très bon conducteur. Pour certains liquides, il faut avoir soin d'employer un métal qui ne soit pas attaqué par la substance à distiller.

Divers modes de chauffage. — Au lieu de chauffer la cucurbite à feu nu, on peut employer tout autre mode de chauffage, notamment le chauffage au bain-marie et le chauffage par la vapeur. Nous avons indiqué plus haut comment on peut transformer un alambic ordinaire en un appareil chauffé au bain-marie; la figure qui suit va nous fournir un exemple de chauffage par la vapeur.

Cet appareil (fig. 154) représente un petit modèle de laboratoire à vapeur pour distilleries, fabriques de liqueurs, de parfums, etc. La vapeur est produite par un petit générateur vertical, à tubes Field, muni d'une bouteille alimentaire, qui permet de faire revenir sans cesse dans la chaudière l'eau qui a traversé, à l'état de vapeur, les doubles fonds ou autres appareils de chauffage. On diminue ainsi les pertes de chaleur et on évite les incrustations. La vapeur circule dans le double fond de l'alambic, qui est porté par une table en

Fig. 154. — Petit laboratoire de distillateur.

forte tôle, solide, légère et facile à rallonger au besoin. Les tuyaux de vapeur sont fixés sous la table par des colliers et les robinets sont placés à la portée de la main. Toutes les pièces sont réunies par des joints métalliques absolument étanches.

Distillation continue et automatique. — L'appareil (fig. 155) est destiné à produire de l'eau distillée parfaitement pure. Il a été d'abord établi pour la Compagnie de Saint-

Gobain, qui l'emploie à Paris et à sa manufacture de glaces de

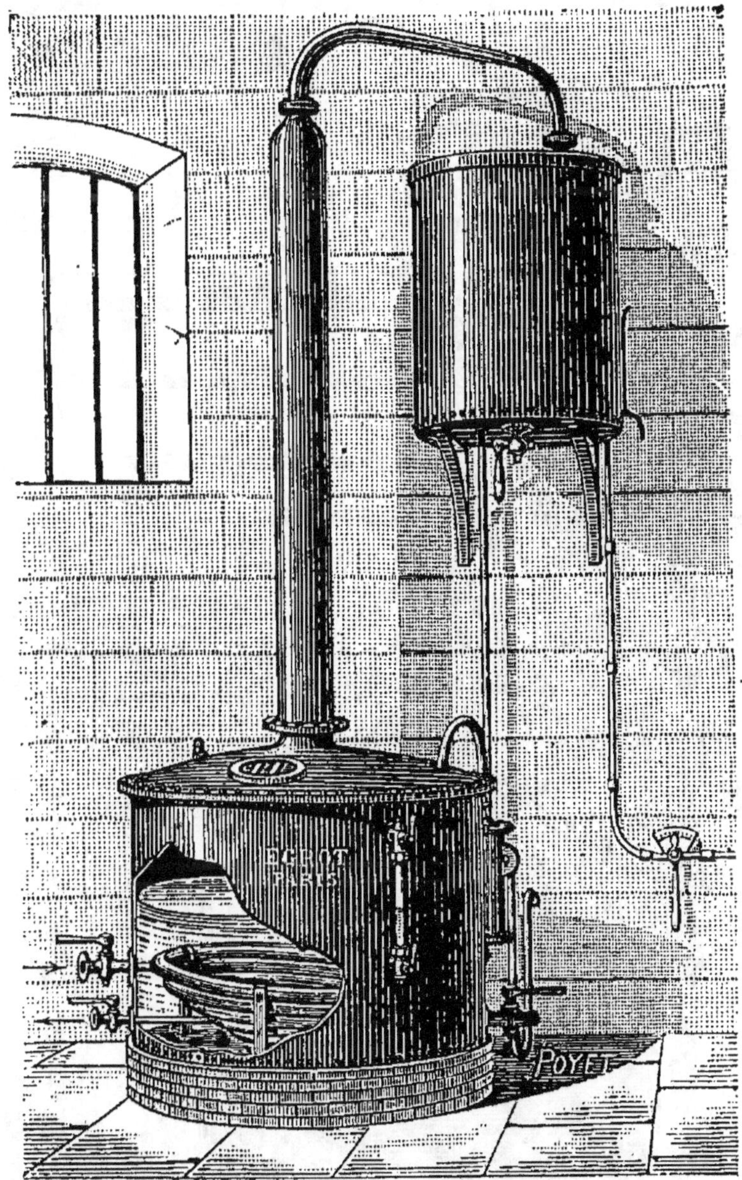

FIG. 155. — Appareil pour la distillation continue et automatique de l'eau

Montluçon. Il existe divers modèles pouvant donner de 25 à 1000 litres d'eau distillée par heure. L'eau est placée daus

Fig. 156. — Pharmacie-tisanerie de l'hôpital militaire de Saïgon.

une chaudière en cuivre, étamée intérieurement à l'étain fin : les vapeurs s'élèvent dans un tube vertical, disposé de telle façon qu'elles s'y purifient en laissant retomber les gouttes d'eau liquide qu'elles avaient entraînées mécaniquement, puis elles vont se liquéfier dans un condenseur refroidi par l'eau. Cette eau de réfrigération, qui sort chaude de la bâche en tôle du condenseur, est conduite par un tuyau vertical dans un appareil disposé à côté de la chaudière et servant à l'alimenter : une partie de l'eau passe automatiquement, lorsqu'il en est besoin, dans cette chaudière, dont le niveau reste ainsi constant pendant toute l'opération ; le reste est rejeté. Par cette disposition, le fonctionnement du condenseur est rendu aussi économique que possible.

La chaudière peut être chauffée indifféremment à feu nu ou par la vapeur ; pour les installations importantes, le chauffage à la vapeur est préférable ; dans ce cas, la vapeur circule dans un serpentin placé au fond de la chaudière, qui repose sur un socle formé de matériaux peu conducteurs.

Exemple de grandes installations. — Comme exemple d'appareils distillatoires, nous citerons encore (fig. 156) un dispositif employé dans un grand nombre d'hôpitaux militaires et civils. On voit à droite un générateur vertical de vapeur, muni d'appareils pour l'alimentation automatique, puis un alambic pour la distillation des alcoolats, des eaux parfumées, avec dispositif spécial pour l'eau distillée, enfin des bassines pour décoctions et infusions, pour cataplasmes, des bassines basculantes soit en cuivre, soit argentées, pour les évaporations, dissolutions, cuites de sirop, etc.

Distillation à des pressions inférieures à la pression atmosphérique. — Il est parfois utile d'opérer la distillation à une température peu élevée, par exemple lorsque le liquide est facilement décomposable ; il faut alors abaisser le point d'ébullition en faisant le vide dans l'appareil, qui doit être complètement clos. On fait communiquer l'extrémité p du serpentin (fig. 157) avec une pompe P, qui permet de faire le vide, au commencement de l'opération, dans tout l'ap-

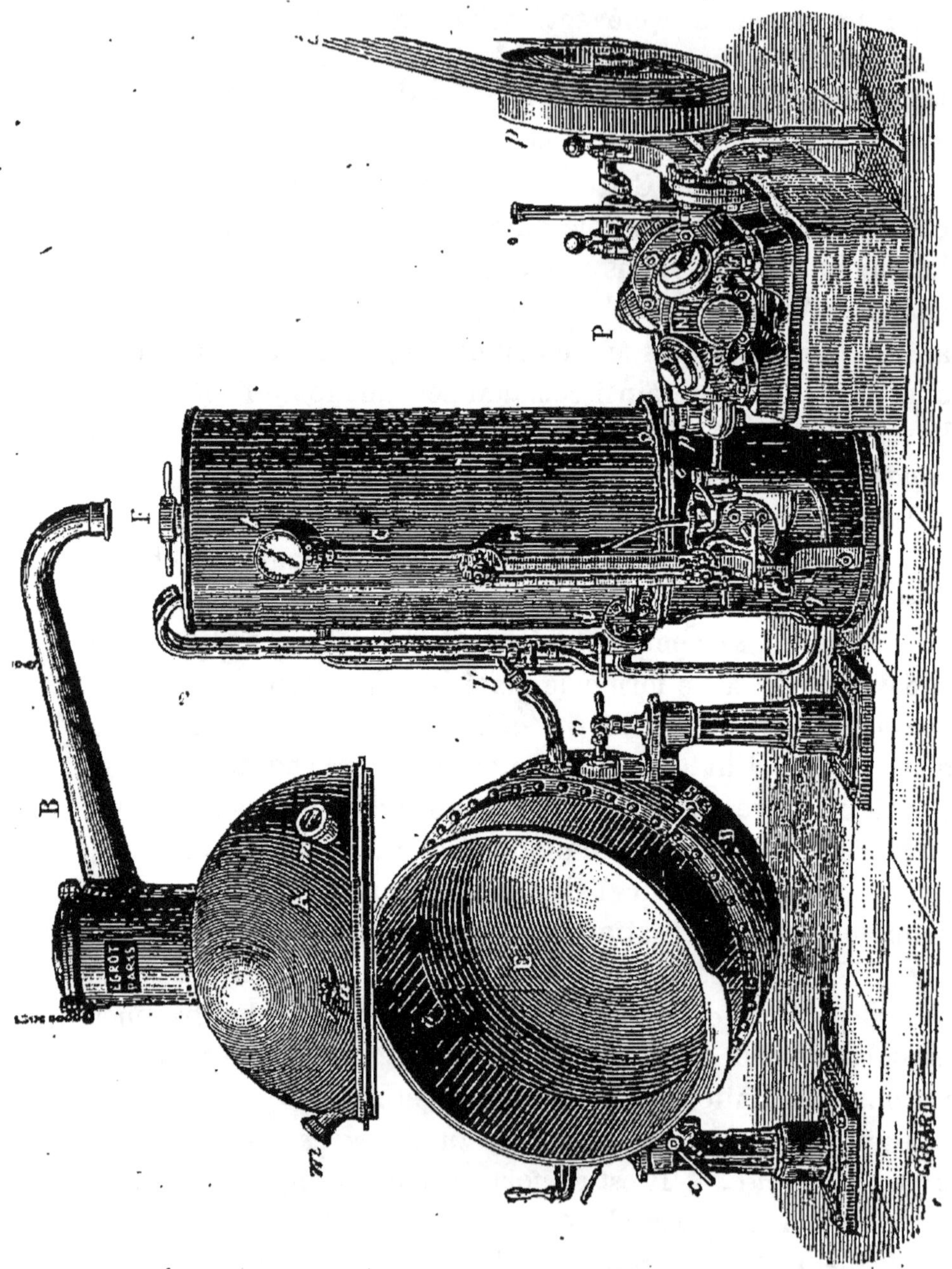

Fig. 157. — Appareil à distiller dans le vide, avec pompe.

pareil. On ferme ensuite le robinet p, on aspire le liquide
à distiller, placé dans un vase extérieur, par un robinet

spécial et l'on chauffe, soit à feu nu, soit autrement. L'appareil représenté est chauffé au bain-marie.

On peut éviter l'emploi d'une pompe, en produisant le vide par condensation de vapeur, ce qui diminue le prix de l'appa-

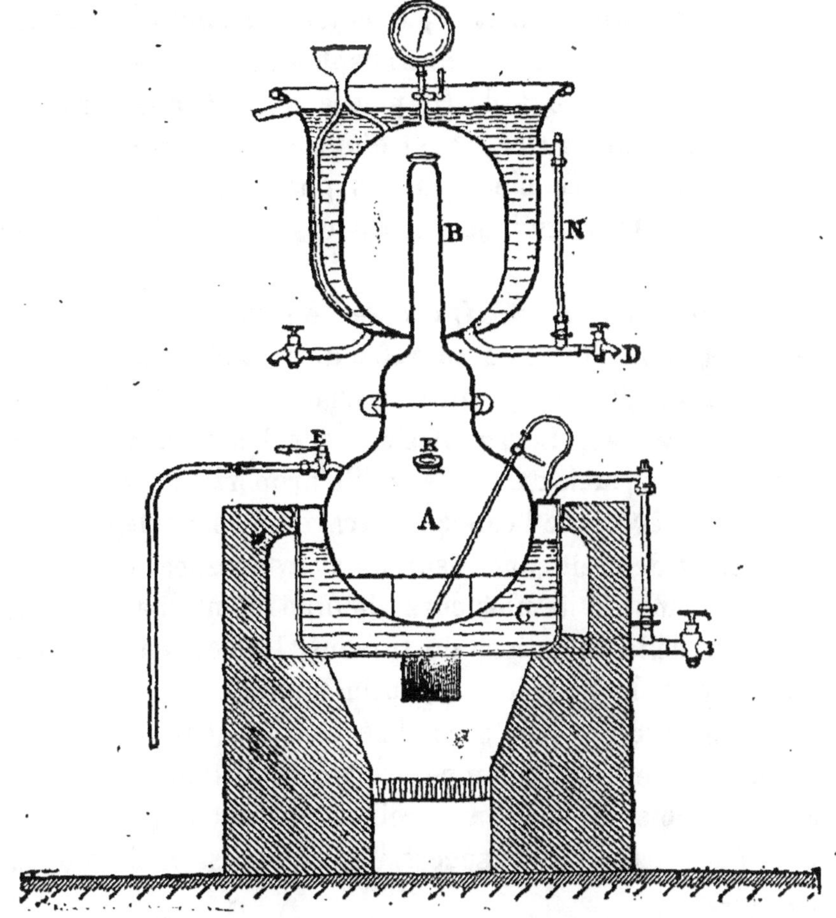

Fig. 158. — Appareil à distiller dans le vide, fonctionnant sans pompe.

reil et évite l'emploi d'une force motrice. Le chauffage peut encore être quelconque : sur l'appareil (fig. 158), il est produit par un bain-marie. On commence par chasser l'air en introduisant, par le tube recourbé qu'on voit à droite, de la vapeur du bain-marie, qui remplit les vases A et B et sort bientôt par le robinet D, en entraînant l'air avec elle

Au bout de quelques minutes, on ferme simultanément l'entrée et la sortie de la vapeur, et l'on verse de l'eau froide dans l'enveloppe qui entoure la capacité B. La vapeur, ainsi refroidie, se condense, et un vide partiel règne dans l'appareil.

Le liquide à évaporer est alors introduit en A par aspiration, au moyen du robinet E ; il entre en ébullition et ses vapeurs vont se condenser dans la sphère B. On peut suivre l'opération par des regards R, placés sur l'évaporateur A, et par le tube niveau N, muni d'une échelle graduée. Cet appareil convient très bien pour les pharmaciens et les chimistes ; il est tout indiqué par les essais de traitement par le vide.

Appareils à effets multiples. — Le liquide recueilli dans un serpentin abandonne en se refroidissant et surtout en se condensant une grande quantité de chaleur, qui n'est pas généralement utilisée. Lorsqu'il s'agit de l'eau, on peut atténuer cette perte, mais dans une faible proportion, en alimentant la chaudière avec l'eau qui a traversé le condenseur.

On obtient de meilleurs résultats avec un appareil à effets multiples, composé de plusieurs alambics dont chacun a son serpentin dans la chaudière du suivant. La condensation qui se produit dans le premier serpentin échauffe le liquide de la deuxième chaudière ; le second serpentin échauffe la troisième chaudière, etc. La température d'ébullition va évidemment en décroissant d'un appareil au suivant ; il faut donc établir, dans les appareils successifs, une pression de plus en plus faible.

Distillation de l'eau de mer. — On a pensé depuis longtemps à extraire de l'eau de mer l'eau potable nécessaire à la consommation des navires. Néanmoins, pendant longtemps, ce procédé n'a pas pu être employé, parce que l'eau distillée n'était pas aérée, ce qui la rendait lourde et indigeste, et qu'elle avait en outre un goût et une odeur désagréables, dus à des matières empyreumatiques, produites par l'action de la chaleur sur les substances organiques. On a pu aujour-

d'hui éviter ces inconvénients, en aérant l'eau distillée et en
brûlant les matières empyreumatiques, et les navires munis

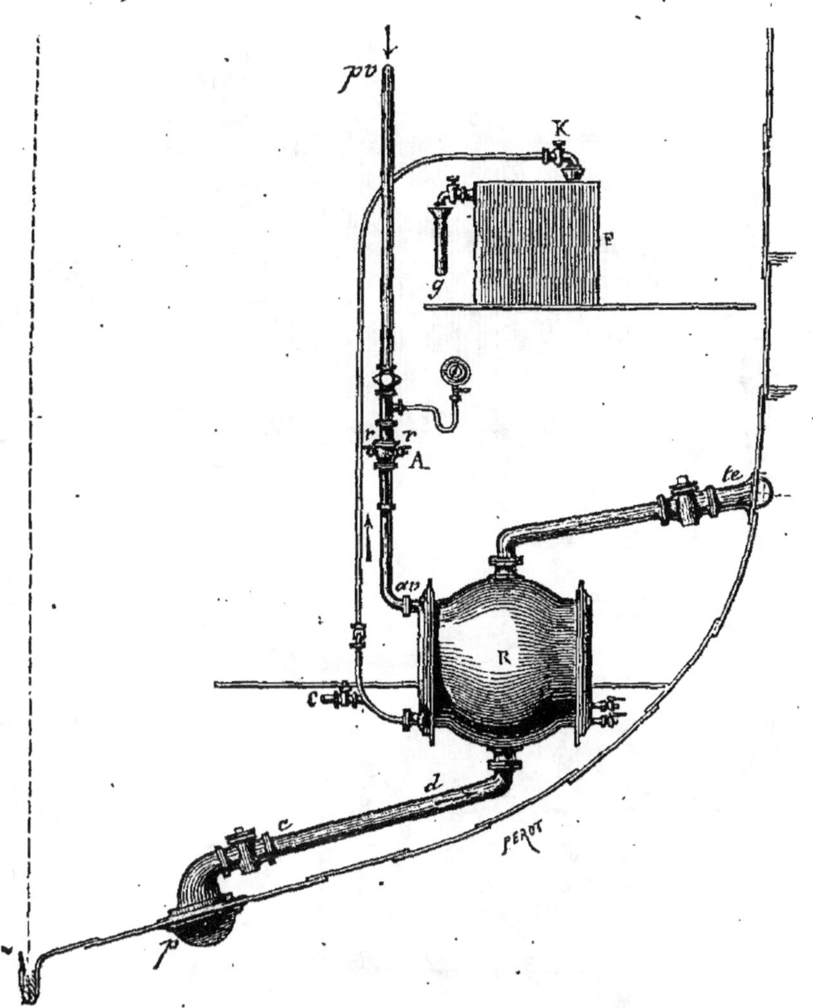

Fig. 159. — Appareil distillatoire de Perroy.

d'appareils distillatoires sont assurés d'avoir toujours en
abondance une eau saine et agréable.

Dans l'appareil Perroy, la vapeur arrive au réfrigérant
par un ajutage conique $p\,v$ à double enveloppe (fig. 159)
dont l'espace annulaire est en communication avec l'atmosphère par deux robinets. L'air qui se trouve ainsi appelé en

même temps que la vapeur, brûle les matières empyreumatiques et donne à l'eau, en se mélangeant avec elle, une

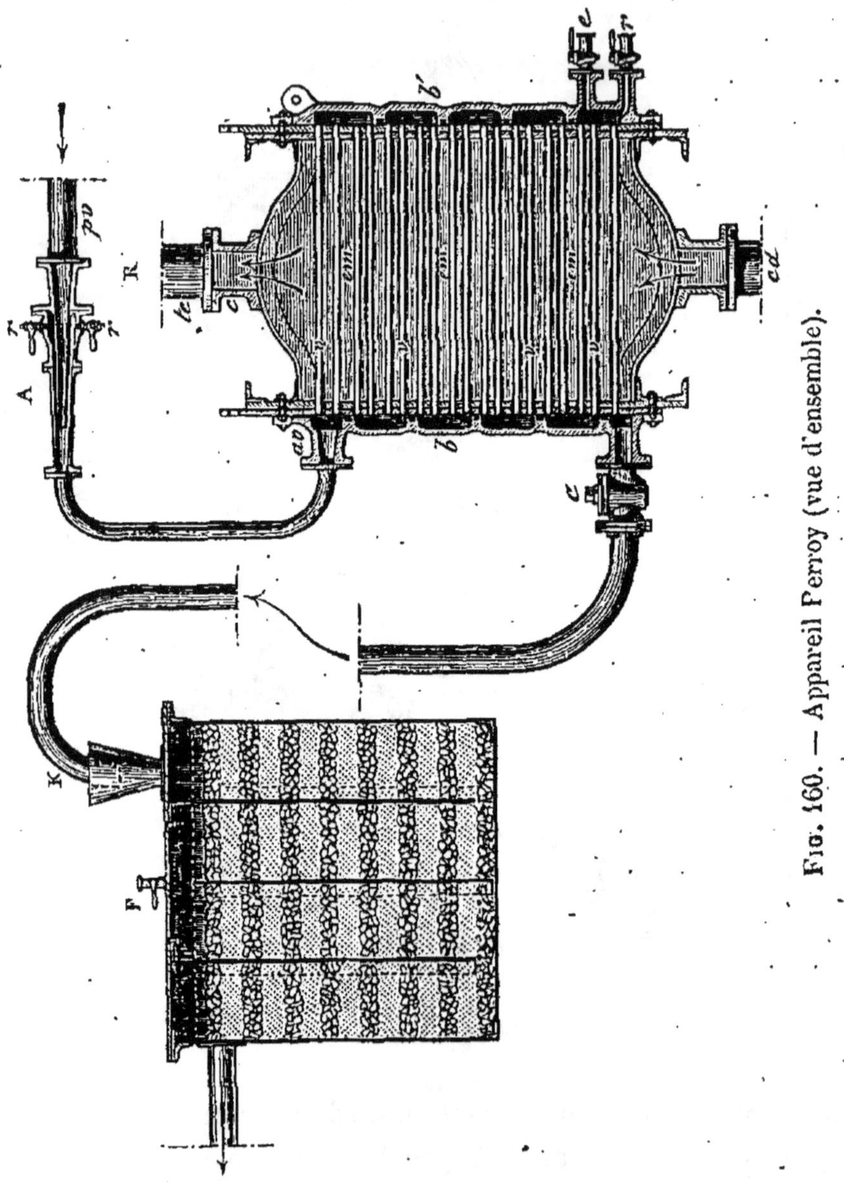

Fig. 160. — Appareil Perroy (vue d'ensemble).

légèreté qui la rend plus facile à digérer et plus agréable au
goût. La vapeur, mélangée d'air, arrive par *a v* au réfrigérant R, qui est divisé en plusieurs compartiments superposés, et passe de l'un à l'autre en traversant des faisceaux de

16.

tubes de laiton étamé *v*. La disposition de ces tubes est représentée à part. L'eau de mer, qui produit le refroidissement, circule en sens inverse, de sorte que l'opération est méthodique ; elle entre à la partie inférieure par *c d*, s'échauffe au contact des tubes de laiton, et sort par le tube supérieur *te*. L'eau distillée sort par *c* et se déverse par K dans un filtre F, rempli de couches alternatives de noir animal et de calcaire, au contact desquelles l'eau est purifiée et se charge de sels. Elle sort enfin à gauche avec une température qui ne dépasse pas 35 degrés, de sorte qu'elle n'est pas assez chaude pour se désaérer, ni pour remplir de vapeur la cale où on la conserve.

La figure 160 montre l'aspect extérieur de l'appareil mis en place. L'appareil Perroy peut fournir, suivant ses dimensions, de 3500 à 10.000 litres par vingt-quatre heures[1].

Distillation des liquides mélangés. — La distillation peut avoir aussi pour but, comme nous l'avons dit plus haut, de séparer deux ou plusieurs liquides inégalement volatils ; le problème est alors plus compliqué.

La distillation simple ne donnerait qu'une séparation très incomplète et il faudrait recommencer un certain nombre de fois : mais on a imaginé des appareils spéciaux qui permettent d'effectuer l'opération complète en une seule fois.

C'est ainsi qu'on extrait l'alcool du vin et des autres boissons fermentées. Nous n'insisterons pas sur les appareils qui servent à cette opération, ni sur ceux qu'on emploie pour la distillation du goudron de houille. Le lecteur les trouvera décrits très complètement dans d'autres ouvrages de cette collection [2].

---

[1] Fonssagrives, *Hygiène navale.*

[2] Voy. *L'Alcool*, par Larbaleterie, et *Le Gaz*, par Montserrat et Brisac.

CHAPITRE XVIII

ÉVAPORATION

But de l'évaporation. — Évaporation à l'air libre : marais salants. — Evaporation par ventilateur. — Evaporation par la chaleur. — Evaporation dans le vide : appareil de Roth. — Appareils à effets multiples. — Aéro-saturateur.

But de l'évaporation. — Evaporer un liquide, c'est le transformer en vapeur. C'est donc une opération analogue à la distillation, mais elle se propose généralement un autre but. Dans la distillation, on recueille soigneusement les vapeurs et on laisse souvent perdre le résidu. Dans l'évaporation, au contraire, on laisse presque toujours perdre les vapeurs et l'on conserve toujours le résidu : son but est donc de concentrer une dissolution, ou même d'en extraire le corps dissous en chassant complètement le dissolvant.

Évaporation à l'air libre. — Pour évaporer un liquide, il suffit de l'exposer à l'air ; au bout d'un temps plus ou moins long, il a complètement disparu. Ce procédé primitif donne des résultats très variables, suivant les conditions atmosphériques.

Aussi n'est-il plus employé que pour l'extraction du sel marin, malgré les avantages qu'il présente au point de vue économique.

Le sel marin s'obtient en évaporant l'eau de mer dans des *marais salants,* composés d'un grand nombre de petits bassins peu profonds, où elle dépose d'abord diverses impuretés, puis le sel ; cette dernière opération se fait dans les bassins les plus petits, nommés *tables salantes*, dont le fond est garni d'argile et bien plan [1].

[1] Voy. *Dictionnaire de chimie* de Bouant, article SODIUM.

Pour les sources salées, qui sont généralement situées en pays de montagnes, on remplace les marais salants par des surfaces verticales, sur lesquelles on fait couler l'eau, et qui sont constituées soit par des cordes, soit par des amas de fagots, appelés bâtiments de graduation.

L'évaporation à l'air libre est favorisée par l'élévation de la température, l'agitation de l'air, et, s'il s'agit de dissolutions aqueuses, la sécheresse. Lorsqu'on ne se trouve pas dans des conditions favorables, elle demande un temps extrêmement long ; c'est pourquoi on cherche ordinairement à obtenir des résultats plus rapides et plus réguliers par des procédés artificiels.

Évaporation par ventilateur. — L'un de ces procédés consiste à produire un courant d'air rapide. Les couches gazeuses se trouvent alors entrainées, dès qu'elles se sont chargées d'humidité, et sont remplacées par d'autres plus sèches, ce qui active l'évaporation. On produit le courant d'air à l'aide d'un ventilateur, qui le lance dans une chambre où l'on fait couler en pluie fine le liquide à évaporer.

Ce procédé est peu employé parce qu'il exige un matériel compliqué et donne des résultats qui dépendent encore de l'état hygrométrique ; de plus, le courant d'air peut entraîner des gouttelettes de liquide.

On peut cependant éviter l'influence de l'état hygrométrique de l'air en se servant d'un appareil clos, comme cela peut se faire avec le modèle suivant (fig. 161). Le ventilateur D aspire l'air atmosphérique à travers l'épurateur A, où il se débarrasse complètement des impuretés et peut même se déssécher, et l'injecte ensuite dans la colonne E, où il est chauffé à une température variable suivant le but qu'on se propose. Ce courant d'air arrive ensuite à l'évaporateur F, qu'il traverse en sens contraire du liquide. Celui-ci est lancé en un jet qui se divise en une poussière très fine, de façon à établir, sur une surface extrêmement considérable, le contact avec l'air, qui sort complètement saturé. Si le produit éva-

poré doit être recueilli, le courant d'air traverse les condenseurs R S, et revient au ventilateur par le tuyau Z, figuré

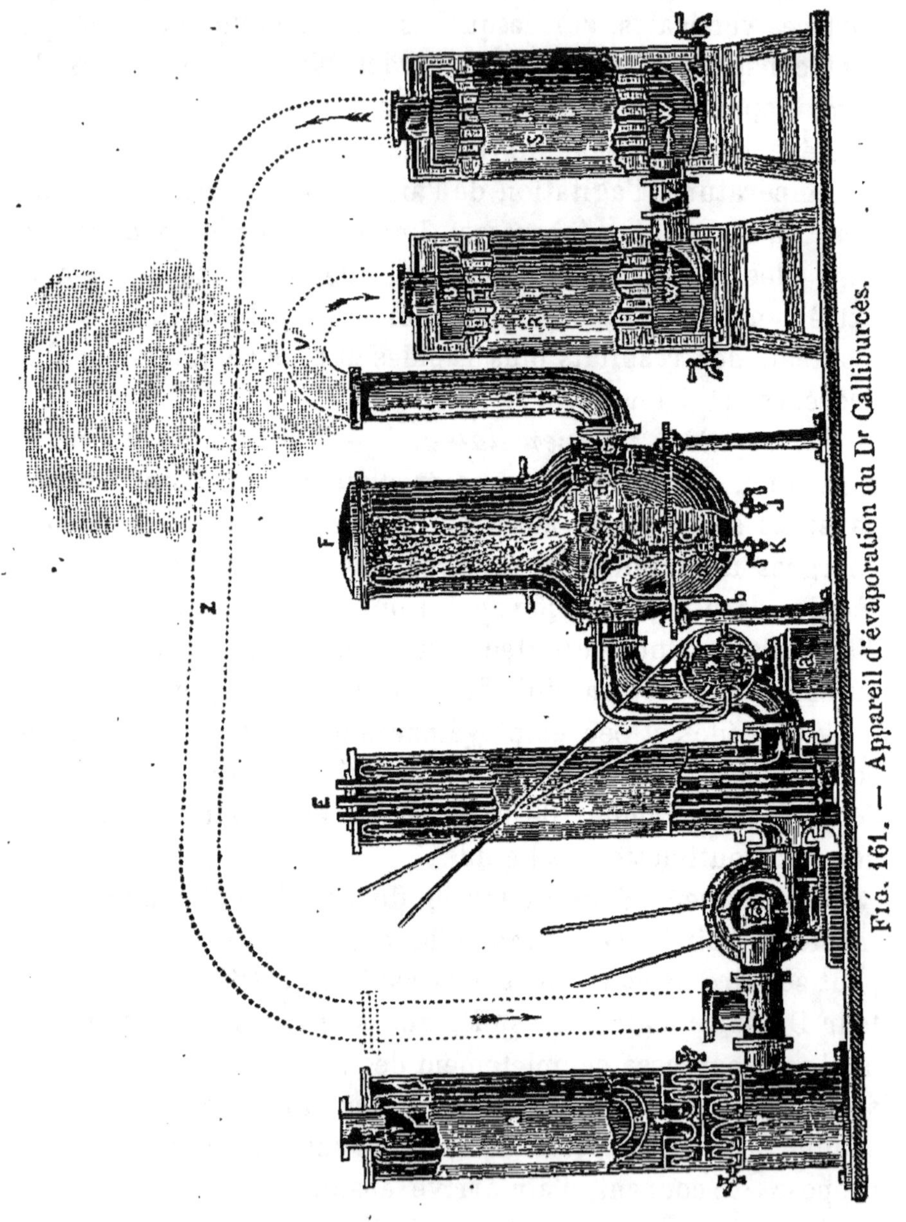

Fig. 161. — Appareil d'évaporation du Dr Calliburcès.

en pointillé. Dans le cas contraire, on laisse échapper le gaz
saturé dans l'atmosphère.

Cet appareil peut donc servir soit à l'évaporation, soit à la distillation. Il a l'avantage d'opérer à basse température, car la chaleur apportée par l'air est employée à peu près uniquement à la vaporisation, et les vapeurs ne s'échauffent pas. Il peut servir à concentrer les liquides contenant du sucre, de l'albumine, des matières tinctoriales, sans altérer ces substances, à bonifier le vin, la bière, le cidre et le poiré en éliminant une partie de l'eau sans altérer les autres principes, à concentrer le jus de raisin, le moût de bière, le jus de betteraves et de cannes à sucre, et tous les sucs végétaux, à extraire le chlorure de sodium, à distiller les liquides alcooliques, à charger d'air l'eau distillée, enfin à refroidir rapidement de grandes quantités de liquide en injectant, au lieu d'air chaud, un courant d'air froid.

Évaporation par la chaleur. — On obtient des effets plus réguliers en portant le liquide à une température suffisamment élevée. Si l'on se sert pour l'évaporation d'un foyer spécial, il est avantageux de chauffer le liquide jusqu'à la température d'ébullition. Mais, le plus souvent, on emploie à cet usage de la chaleur perdue ; la dépense est alors insignifiante et on peut opérer à une température quelconque.

Ainsi, dans la fabrication du carbonate de potasse au moyen des vinasses de betteraves, on se sert souvent de fours à réverbère sur le haut desquels sont installés des bacs. Les vinasses sont d'abord concentrées dans les bacs, puis calcinées dans les fours, pour détruire les matières organiques. Aux colonies, avant l'adoption des appareils perfectionnés qu'on emploie aujourd'hui pour la concentration des jus sucrés, on utilisait pour cette opération la vapeur perdue provenant des machines qui mettaient en mouvement les broyeurs de cannes à sucre. Ces machines, généralement sans condensation, laissaient échapper de la vapeur à 100 degrés, qu'on dirigeait dans le double fond des bassines contenant le jus, ainsi que dans un faisceau tubulaire creux tournant d'un mouvement uniforme au milieu du liquide. On obtenait ainsi une température de 60 à 70 degrés, tandis que le point d'ébullition du jus est compris entre 100 et 103 degrés.

Quand on n'a pas de chaleur perdue à utiliser, nous avons dit qu'il est plus avantageux de porter le liquide à l'ébullition. On se sert pour cela de chaudières chauffées à feu nu, au bain-marie, ou par la vapeur. Tous les modèles de chaudières peuvent être employés ; cependant, lorsque le liquide peut

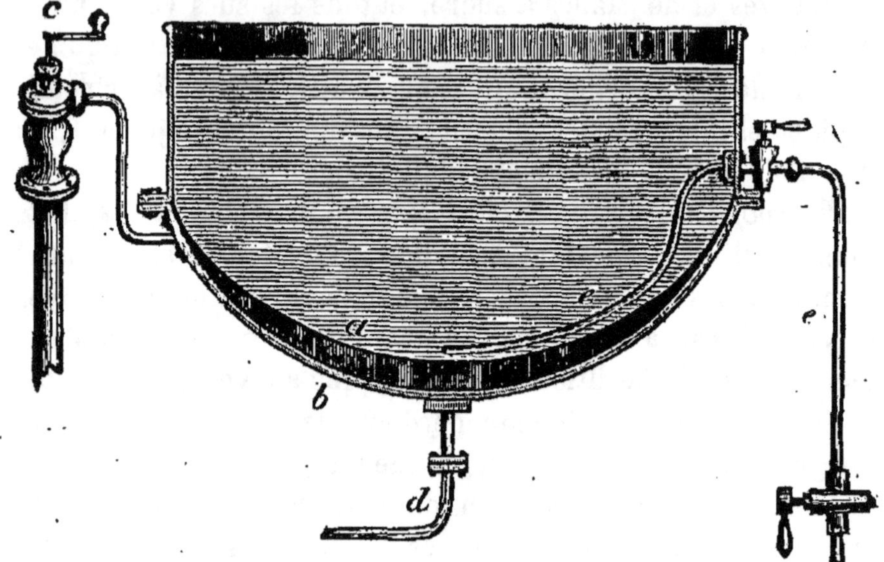

Fig. 162. — Chaudière à double fond.

s'altérer à l'air, il convient de mener l'opération très rapidement : le chauffage à la vapeur donne alors de très bons résultats : en disposant dans le bassin un serpentin de volume suffisant, on peut obtenir l'ébullition en huit ou dix minutes. On peut se servir aussi de chaudières à double fond (fig. 162) : la vapeur arrive par *c* dans le double fond *b*, et l'eau condensée s'écoule par *d*. Le siphon *a e e* sert à vider l'appareil.

Enfin, on peut encore extraire le liquide concentré pendant l'opération même, en utilisant sa plus grande densité, qui le fait tomber au fond.

Évaporation dans le vide. — Dans beaucoup d'opérations

industrielles, on produit l'évaporation dans des appareils clos où règne un vide partiel ; on abaisse ainsi le point d'ébullition, ce qui est surtout avantageux pour les liquides facilement altérables par la chaleur, comme les jus sucrés. Les appareils décrits plus haut pour la distillation dans le vide peuvent encore être employés ici.

L'appareil de Roth (fig. 163), qui a été employé un des premiers pour l'évaporation des jus sucrés, produit le vide par une condensation de vapeur. Un premier jet est introduit dans le récipient A par le tuyau a. Cette vapeur se répand en B par le tuyau supérieur et s'échappe par le robinet b, qui est ouvert. Lorsque l'air est suffisamment chassé, on ferme a et b, et l'on ouvre c ; la vapeur se condense par refroidissement et le jus est aspiré par C. Après avoir fermé c, on ouvre le robinet f ; l'eau placée en D est aspirée et pénètre sous forme de pluie dans le récipient B, ce qui augmente la condensation. On ferme f, et l'on chauffe le jus en faisant arriver la vapeur à la fois dans le double fond de A et dans le serpentin intérieur ; grâce au vide produit dans l'appareil, le liquide est bientôt porté à l'ébullition.

Appareils à effets multiples. — Lorsqu'on laisse dégager les vapeurs émises par le liquide évaporé, elles entraînent avec elles une grande quantité de chaleur, qu'elles ont absorbée pour passer à l'état gazeux, et qui se trouve perdue : on peut retrouver une partie de cette chaleur, en employant les vapeurs dégagées à chauffer une autre chaudière. Nous citerons comme exemple l'appareil à triple effet de Cail, qui est fréquemment employé aujourd'hui en France pour l'évaporation des jus sucrés. Cet appareil (fig. 164) se compose de trois chaudières contenant le jus. Chacune d'elles est munie dans la partie inférieure d'un système de tubes en cuivre verticaux, dans lesquels circule la vapeur. Le premier reçoit la vapeur d'un générateur, qui entre par K et sort par K'. Le second système est parcouru par la vapeur dégagée dans le premier appareil, qui s'y rend par le tube a

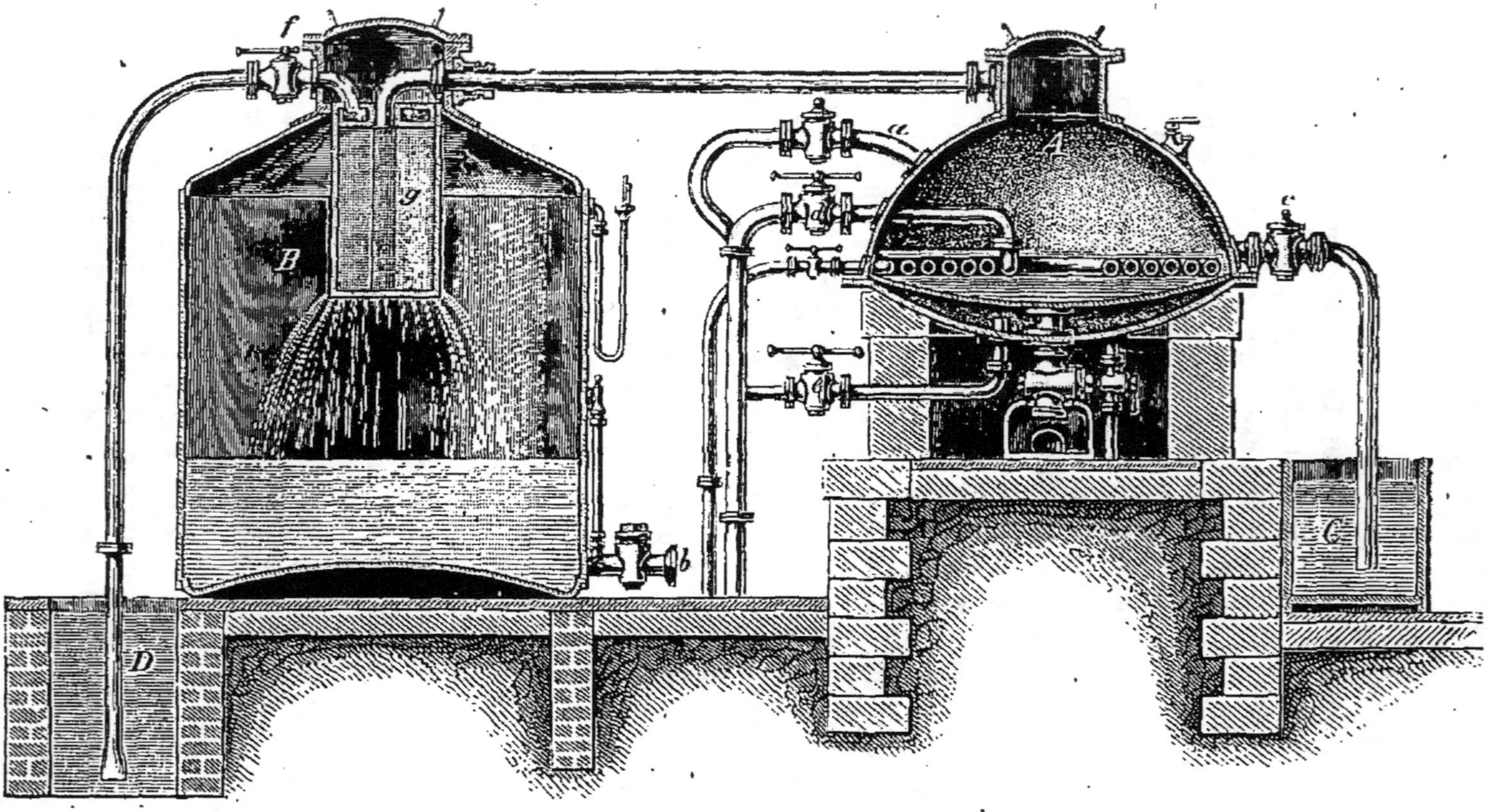

Fig. 163. — Appareil de Roth.

Fıɢ. 164. — Appareil Cail à triple effet.

et sort par *l*. L'espace annulaire β recueille le liquide entraîné mécaniquement pendant l'ébullition dans le premier cylindre. De même les vapeurs dégagées dans le second appareil passent dans les tubes du troisième. La température va évidemment en décroissant ; pour que l'ébullition puisse se produire dans les trois chaudières, une pompe établit des pressions également décroissantes. Le jus passe successivement dans les trois cylindres et sort avec une densité de 1,2.

Aéro-saturateur. — Nous citerons, pour terminer ce chapitre, une application toute différente et assez nouvelle de l'évaporation. Il y a des cas où la sécheresse de l'air est un inconvénient et où il importe de maintenir dans l'atmosphère un certain état hygrométrique. C'est ce qui arrive en particulier dans les tissages et les filatures, où la sécheresse développe des phénomènes électriques qui entravent la marche des métiers et exigent une force motrice beaucoup plus considérable. Le système de M. Fouché peut alors être employé avantageusement avec une légère modification.

L'aéro-saturateur se compose d'un ventilateur qui envoie l'air dans une chambre, où tombe sans cesse une pluie d'eau à une température convenable. Cette eau est reprise au bas de la chambre par une petite pompe qui la ramène au réservoir situé à la partie supérieure. Là elle est chauffée par un barboteur ou tuyau de vapeur muni d'un robinet et percé de petits trous. En élevant plus ou moins la température de cette eau, on rend l'air plus ou moins humide.

En été, la même disposition peut servir à refroidir l'air ; il suffit de remplacer la pluie d'eau chaude par une pluie d'eau froide. On peut même, si cela ne suffit pas, faire d'abord passer l'eau sur de la glace.

CHAPITRE XIX

SÉCHAGE

Séchage ou dessiccation. — Procédés mécaniques; essorage. — Séchage à l'air libre. — Séchage par courant d'air. — Séchage par courant d'air chaud. — Séchage méthodique : tissus, matières pulvérulentes, bois de chauffage, tourbe, bois pour la construction des wagons. — Séchage par l'aéro-condenseur. — Conditionnement des tissus. — Séchage par chauffage direct.

Séchage ou dessiccation. — Le séchage a pour but d'enlever aux corps solides l'eau hygrométrique ou l'eau de mouillage qu'ils contiennent. Cette eau peut être chassée à l'état de vapeur, soit par exposition à l'air libre, soit par un courant d'air froid ou chaud. On peut réduire beaucoup la durée du séchage en commençant par extraire une partie de l'eau à l'état liquide au moyen des procédés mécaniques.

Procédés mécaniques; essorage. — Le plus simple de ces procédés est le tordage à la main, employé surtout pour les tissus; c'est un procédé long, fatigant, qui enlève peu d'eau et peut déchirer ou endommager les étoffes.

On se sert aussi de la compression soit pour les étoffes, soit pour dessécher et comprimer les résidus végétaux, provenant de la fabrication du sucre, de l'alcool, de la bière, etc., qui sont ensuite utilisés pour la nourriture du bétail. On peut employer pour cette opération différents genres de presses, presses à vis, hydrauliques, continues. Pour le linge en particulier, on peut le faire passer entre des cylindres de caoutchouc (fig. 165) qui expriment l'eau énergiquement sans altérer le tissu. Ces essoreuses, en outre de la souplesse des rouleaux de caoutchouc, possèdent des ressorts, ce qui permet d'y faire passer les pièces de linge de toute espèce, grosses ou petites, même celles qui sont garnies de boutons. Ces appareils peuvent servir aussi pour l'apprêt du linge; ils répartissent et font pénétrer uniformément l'amidon dans toutes les parties du linge et rejettent ce qui est en excès. Ils peuvent être manœuvrés directement par une manivelle,

Fig. 165. — Essoreuse à cylindres souples.

comme le montre la figure, ou recevoir le mouvement d'un moteur.

On donne plus généralement le nom d'essorage à un procédé qui utilise la force centrifuge pour enlever aux tissus une partie de l'eau qu'ils contiennent.

Le linge est placé dans un tambour cylindrique, monté sur un axe vertical, auquel on imprime un mouvement rapide de rotation ; la paroi latérale est constituée par une tôle percée

de trous (fig. 166). Sous l'influence de la rotation, les objets
à sécher viennent s'appliquer contre cette paroi, et une par-

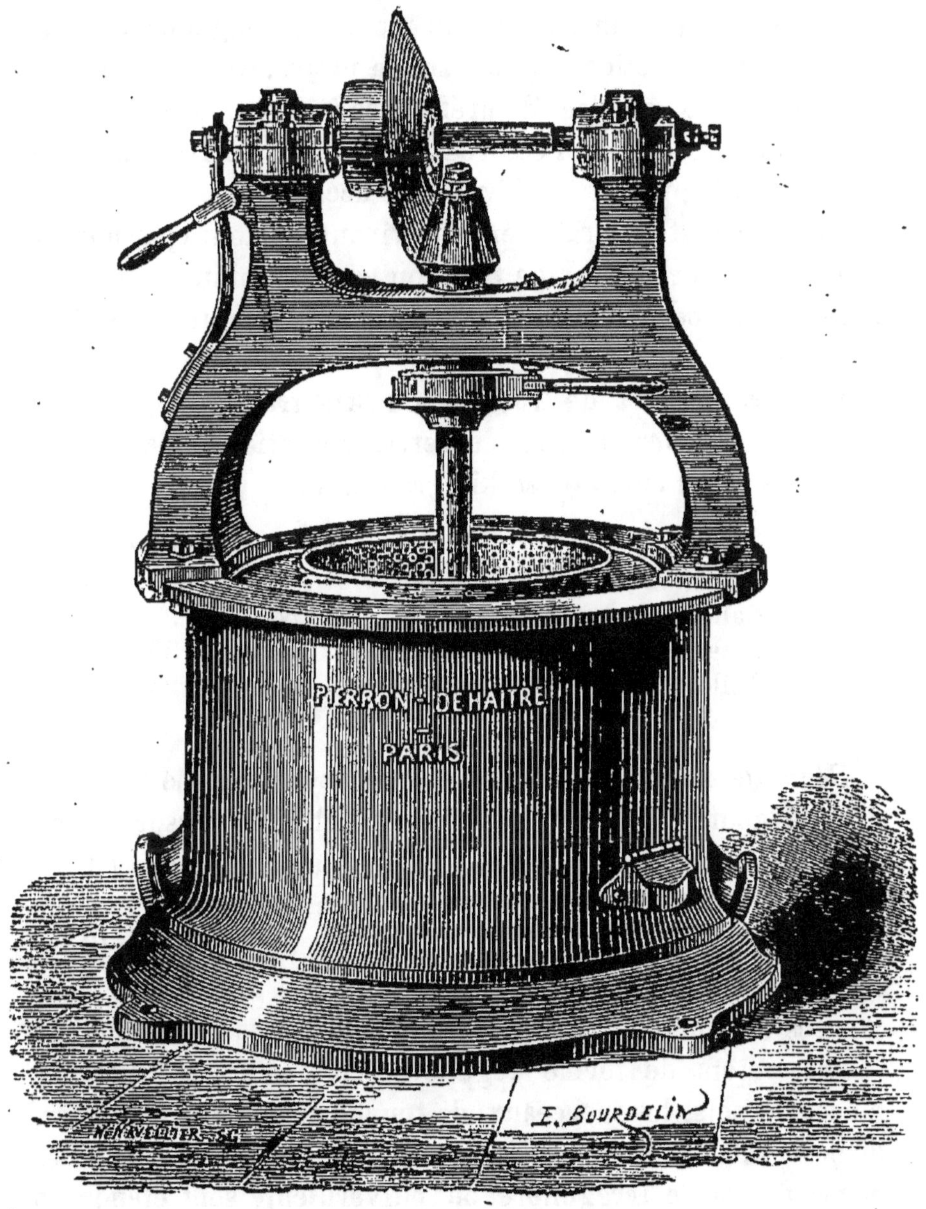

Fig. 166. — Essoreuse centrifuge.

tie de l'eau, projetée à travers les trous, est recueillie dans
une enveloppe cylindrique, qui entoure l'appareil mobile. La

rotation peut être produite à bras d'homme, au moyen d'engrenages multiplicateurs de vitesse; l'axe vertical peut aussi être entraîné par un moteur, au moyen de pignons d'angle ou par simple friction, comme sur la figure. Dans les appareils nouveaux, on place de préférence le mécanisme de commande au-dessous de l'essoreuse, afin de rendre plus libre l'entrée de l'appareil et d'éviter les accidents.

La vitesse est généralement d'environ 1000 tours par minute et chaque opération exige trois ou quatre minutes. L'essorage abrège beaucoup le séchage ; c'est donc une opération économique.

D'après Rouget de Lisle, 100 kilogrammes de tissus retiennent encore, après les diverses opérations mécaniques, les poids d'eau suivants en kilogrammes :

	Tordage	Pressage	Essorage
Flanelle.	200	100	60
Calicot.	120	60	35
Soie.	95	50	30
Toile de lin. . . .	75	40	25

Séchage à l'air libre. — Le séchage est destiné à enlever par l'évaporation l'eau que n'a pas chassée l'essorage, ou même la totalité du liquide, si l'on n'a pas d'abord eu recours aux procédés mécaniques. Le procédé le plus simple et le plus économique consiste à exposer les objets à l'air libre. Le linge est étendu sur des cordes ou des fils de fer galvanisés distants au moins de $0^m,50$, pour laisser passer l'air.

Les objets de forme régulière, comme les briques, les pièces de bois, les morceaux de tourbe sont réunis en piles, disposées de façon que l'air puisse circuler entre eux. Les corps de forme irrégulière ou pulvérulente sont étendus à terre ou mieux sur des claies ou des toiles métalliques ; les dernières sont brassées de temps en temps pour renouveler les surfaces.

Quand on veut soustraire les objets à l'action de la pluie,

on les place sous un hangar couvert, appelé *séchoir*. On peut aussi clore les parois latérales par des sortes de grandes jalousies qu'on ferme lorsque l'air est trop humide. Mais l'installation devient alors assez coûteuse et elle conserve cependant les inconvénients du séchage à l'air libre, qui est très irrégulier. La durée de ce mode de séchage, assez courte lorsqu'il y a du soleil, du vent ou que l'air est bien sec, devient extrêmement longue lorsque l'atmosphère est froide, humide et peu agitée.

Séchage par courant d'air. — On peut activer l'évaporation en faisant passer un courant d'air rapide à la surface des corps : l'air humide est ainsi chassé et remplacé par des couches plus sèches.

Le courant d'air peut être obtenu par les méthodes indiquées à propos de la ventilation, en particulier par l'emploi d'une cheminée d'appel ou d'un ventilateur mécanique : les ventilateurs hélicoïdaux, qui produisent un grand volume d'air avec une faible pression, conviennent bien au séchage.

Comme l'évaporation tend à refroidir l'air, il est bon de faire les parois extérieures minces et conductrices, afin que l'équilibre de température se rétablisse facilement entre l'intérieur et l'extérieur.

On divise ordinairement le séchoir en deux parties qu'on remplit alternativement, de sorte qu'il y en a toujours une qui renferme des objets presque secs et l'autre des objets très humides.

Le courant d'air traverse d'abord la première salle, puis la seconde, de façon qu'il sort toujours saturé. Quand on enlève les objets secs d'une salle pour les remplacer par des objets humides, on change le sens du courant. Par cette disposition, l'air sort toujours à peu près saturé d'humidité.

On pourrait aussi dessécher l'air avant de l'injecter dans le séchoir ; mais cette précaution augmente beaucoup la dépense. Le séchage par courant d'air participe aux inconvénients du séchage à l'air libre.

Séchage par courant d'air chaud. — On obtient des résultats beaucoup plus réguliers en employant un courant d'air chaud, qui peut dissoudre un poids d'humidité plus considérable. Les objets sont enfermés dans un séchoir, à parois épaisses et peu conductrices, dans lequel circule ce courant d'air. Les orifices pour l'arrivée de l'air chaud sont parfois situés au bas du séchoir, mais il est préférable de les placer vers le haut ; les orifices de sortie doivent être toujours à la partie inférieure. L'air chaud est fourni par un calorifère analogue à ceux que nous avons décrits plus haut, mais généralement plus simple. Ce calorifère est installé le plus souvent dans une cave placée immédiatement au-dessous du séchoir ; l'air chaud monte par des tuyaux ou traverse parfois une grille formant le plancher du séchoir. Lorsque cette disposition n'offre pas d'inconvénients, on peut chauffer les objets avec les gaz de la combustion ; mais c'est assez rare.

La figure 167 montre un séchoir assez simple. La cave A renferme un calorifère dont le foyer est une cloche en fonte à nervures. La fumée circule dans une série de conduits horizontaux et s'échappe par le tuyau F. L'air saturé d'humidité sort par la gaine V. Les tringles qui supportent les objets à sécher sont fixées à des portes en tôle C que l'on tire en avant pour introduire ou enlever ces objets.

Séchage méthodique. — Au commencement du séchage, les objets sont à la température ambiante ; à leur contact, l'air chaud se refroidit rapidement jusqu'à cette température, en même temps qu'il se sature d'humidité. Mais, vers la fin de l'opération, les objets se sont échauffés et contiennent moins de vapeur d'eau ; aussi le courant d'air s'échappe-t-il encore chaud et non saturé. Il y a là une perte qu'on peut éviter en faisant passer l'air chaud d'abord sur des objets échauffés et presque secs, puis sur d'autres, venant seulement d'être introduits dans le séchoir. Il suffit pour cela de diviser le séchoir en deux parties que le courant d'air parcourt successivement ; les communications peuvent être renversées, comme nous l'avons expliqué plus haut, chaque fois qu'on charge un des compartiments.

Séchage des tissus. — Les dispositions varient avec la

Fig. 167. — Séchoir à air chaud (Delaroche).

nature des objets à sécher. Pour les tissus, on se sert d'une chambre contenant un certain nombre de rouleaux : l'étoffe pénètre par une fente pratiquée à l'une des extrémités, à gauche par exemple, passe sur les rouleaux, qui l'obligent à décrire un grand nombre de spirales très rapprochées, et sort par une seconde fente placée à l'autre bout du séchoir.

Un ventilateur insuffle un courant d'air chaud, qui traverse l'appareil en sens contraire de l'étoffe. Cet air chaud est produit soit par un calorifère ordinaire, soit au moyen d'un appareil tubulaire chauffé par la vapeur.

Séchage des matières pulvérulentes. — Pour les matières pulvérulentes, on peut employer une disposition analogue. Une toile sans fin, horizontale, est disposée sur deux rouleaux et animée d'un mouvement continu; elle est placée dans une longue caisse où l'air chaud circule en sens contraire de la partie supérieure de la toile. Les matières pulvérulentes sont placées dans une trémie, d'où elles coulent peu à peu sur la face supérieure de la toile, à une de ses extrémités; l'appareil les entraîne dans son mouvement, et quand elles arrivent à l'autre bout, elles tombent de la toile dans une autre trémie où on les recueille.

Séchage du bois. — On sèche le bois de chauffage soit par l'action combinée de l'air chaud et des gaz de la combustion, soit seulement par l'action de ces derniers.

Dans le premier cas, le séchoir a la forme d'une longue chambre chauffée par un foyer en contre-bas. La fumée circule d'abord dans un tuyau placé sous le plancher, qui se compose de plaques métalliques percées de trous, puis se répand dans la chambre, lorsqu'elle est suffisamment refroidie; la chambre reçoit aussi l'air qui s'est échauffé au contact du tuyau. Le bois humide est placé sur des wagonnets qui entrent par l'extrémité opposée au foyer et sortent par l'autre bout. Deux chambres à doubles portes, placées aux deux extrémités, servent de sas, afin de réduire les pertes de chaleur. Si un incendie vient à se produire, on retire les wagonnets jusqu'à celui qui contient le bois incandescent, et on l'isole; grâce au fractionnement du bois, la perte est toujours faible.

A Baccarat, on utilise seulement la fumée, ce qui est plus économique. La disposition est analogue; mais le tuyau qui reçoit les gaz de la combustion est fermé à son extrémité et percé, sur toute sa longueur, de trous qui laissent échapper ces gaz dans le séchoir. La cheminée d'appel est située à l'extrémité opposée du bâtiment.

Séchage de la tourbe. — Pour la tourbe, on la divise ordinairement en menus fragments que l'on déssèche et qu'on agglomère ensuite. Les séchoirs sont analogues à ceux qui servent pour le bois, mais on doit éviter de mettre la tourbe en contact avec les gaz chauds, tant qu'ils ont une température supérieure à 120 ou 130 degrés.

Séchage des bois employés à la construction des wagons. — Les bois employés à la construction des wagons de chemins de fer doivent être parfaitement secs ; s'ils étaient humides, ils entraîneraient, en séchant après la fabrication, des réparations continuelles. Pour ce séchage, la Compagnie du Nord emploie, aux ateliers d'Hellemmes, un procédé imaginé par M. Bricogne, ingénieur inspecteur principal du matériel, et qui comprend deux parties, le *fumage* et le *flambage*.

Dans la première opération, les bois sont placés dans une étuve à deux foyers et maintenus pendant plusieurs jours à 50 ou 60 degrés. Cette température est obtenue très vite, deux ou trois heures après la fermeture de l'étuve, et maintenue jour et nuit pendant six jours pour les fortes pièces de bois, telles que les pièces de châssis, pendant quatre jours pour les bois de 6 à 12 centimètres d'équarrissage et trois jours seulement pour ceux dont l'épaisseur est inférieure à 55 millimètres.

Les bois d'équarrissages différents sont disposés dans l'étuve en plaçant les plus forts à la partie inférieure et les plus faibles au-dessus ; on ne leur fait occuper qu'un volume sensiblement égal à la moitié de la capacité de l'étuve, afin de ménager des conduits pour la circulation de la fumée, qui est obtenue en brûlant dans les deux foyers la sciure de bois et les copeaux provenant des ateliers.

Les pièces de bois sont placées sur des poutres en fer,

qui comprennent des tôles striées, percées de trous de 5 millimètres, pour laisser passer la fumée de tous côtés. La buée produite sous l'action de la chaleur passe dans des cheminées d'écoulement où elle se condense, pour se rendre ensuite dans les égouts. Chaque étuve porte, à sa partie supérieure, une prise d'eau, qui sert à inonder les bois en cas d'incendie. Les parois sont en fer et en ciment.

On peut faire soixante-dix à quatre-vingt-cinq opérations par an, et le prix de revient s'élève, tous frais payés, à 2,86 fr. par stère.

Après le fumage, les bois sont soumis au flambage, qui se fait au moyen d'un fourneau au coke, dont le foyer, placé a u centre, a ses quatre faces composées de barreaux en fer rond. Les pièces de bois, préalablement enduites d'une légère couche de goudron et d'huile lourde de gaz, sont placées sur des rouleaux et poussées à la main au-dessus du foyer. Le mélange de goudron et d'huile s'enflamme et carbonise le bois sur une épaisseur presque inappréciable. Les bois sont ensuite brossés et rangés dans un magasin. Le flambage revient à 0,088 fr. le mètre carré, y compris le brossage.

Séchage par l'aéro-condenseur. — M. Fouché applique au séchage l'aéro-condenseur décrit plus haut. A gauche, près d'une fenêtre, se trouve le condenseur (fig. 161), formé d'un faisceau de tubes qui reçoivent la vapeur ; c'est d'ordinaire la vapeur provenant de la condensation d'une machine. Un ventilateur à hélice, placé derrière le condenseur, aspire l'air que fournit cette fenêtre, et le fait passer à travers le faisceau de tubes, où il s'échauffe, puis le dirige sur les objets à sécher. Ceux-ci sont placés sur une série de chariots, qui peuvent rouler sur des rails, au moyen d'un truc non figuré. Pour rendre le séchage méthodique, les chariots remplis d'objets mouillés arrivent par la droite et occupent successivement toutes les positions. Quand on fait sortir le chariot voisin du ventilateur, sa charge étant complètement sèche, on fait avancer tous les autres d'un rang.

Ce procédé convient en particulier à l'industrie du papier et du carton, pour laquelle il offre des avantages d'une importance capitale. L'aéro-condenseur fournit une très grande quantité d'air, à une température modérée ; le séchage se fait dans les mêmes conditions qu'à l'air libre par les belles journées d'été, ce qui donne les meilleurs résultats. L'opération se règle à volonté ; on n'a pas à craindre de coups

FIG. 168. — Séchage par l'aéro-condenseur (Fouché).

de feu et les produits ont une souplesse qu'on n'obtient pas par d'autres procédés.

L'aéro-condenseur s'applique aussi bien à l'industrie des conserves, notamment pour les sardines. Enfin, dans toutes les industries, il supprime la dépense de combustible et les risques d'incendie ; il fournit de l'eau distillée qui peut servir à l'entretien du générateur.

Conditionnement des tissus. — Le conditionnement des tissus a pour but de déterminer le poids d'humidité qu'ils contiennent en dehors de leur composition normale. Pour cela, on les soumet à un courant d'air chaud, qui enlève cette humidité, et on détermine la perte de poids. La soie peut seule supporter sans avarie une température de 150 à 170 degrés. Pour toutes les autres matières, la température ne doit pas atteindre 120 degrés et doit être maintenue soigneusement entre des limites assez étroites.

L'étuve de M. Storhay (fig. 169) se prête bien à ces conditions. La substance à essayer est suspendue, par une tige
métallique qui traverse le couvercle de l'appareil, au fléau
d'une balance de précision, qui donne avec exactitude le

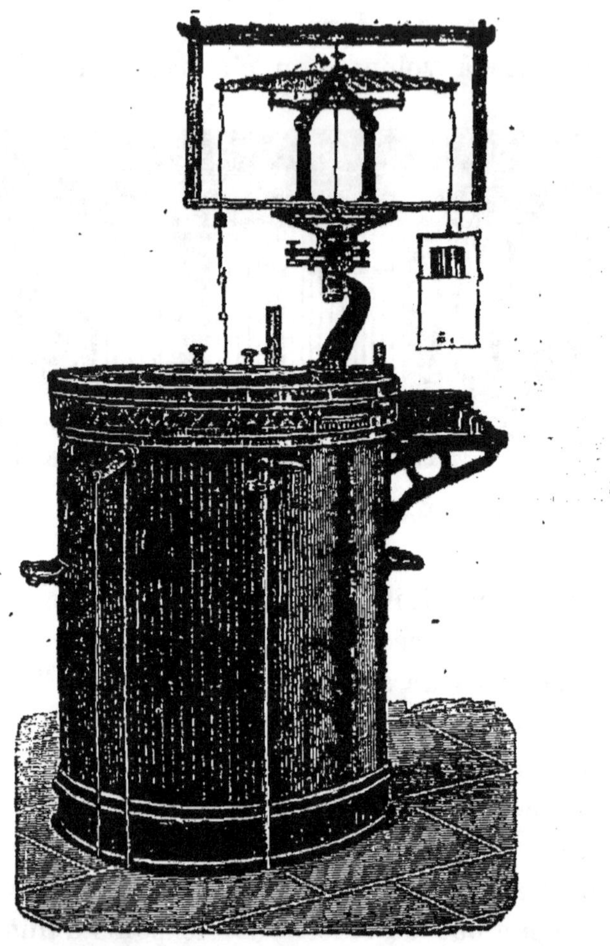

FIG. 169. — Appareil de conditionnement (Fernand Dehaître).

poids d'eau évaporé. Cette substance est placée dans une
caisse fermée, entourée de plusieurs enveloppes concentriques. L'air chaud parcourt ces enveloppes avant d'arrive
à la capacité centrale, qu'il traverse de haut en bas ; il sort
par un appel d'air relié à une cheminée de tirage. Les enve-

loppes concentriques diminuent les pertes par rayonnement et par contact de l'air.

Un registre, placé sur l'arrivée d'air chaud, et un papillon disposé sur l'appel d'air permettent de régler à volonté la température de l'appareil. Si, malgré ces précautions, la température devenait trop élevée, un registre spécial permet de l'abaisser en faisant arriver l'air extérieur dans les enveloppes concentriques.

L'appareil Storhay peut être alimenté par un calorifère quelconque; lorsqu'il doit servir d'une façon continue, on peut employer avantageusement les foyers à étages, décrits plus haut.

Séchage par chauffage direct. — Un dernier procédé consiste à chauffer les objets mêmes que l'on veut sécher : on augmente ainsi la force élastique de la vapeur et l'on active l'évaporation. On peut employer soit le rayonnement direct, soit le contact d'une surface chaude. Dans ce dernier cas, les surfaces chauffantes sont généralement portées à la température convenable par un courant d'eau ou de vapeur ; dans le premier cas, on se sert d'un foyer, si l'on veut un séchage assez rapide, ou d'une surface chauffée par l'eau, si l'on veut éviter de porter les objets à une température trop élevée. Un procédé très simple consiste à suspendre les objets, ordinairement des tissus, près du plafond d'une salle longue et étroite. Un chariot, qui occupe presque toute la largeur et porte un foyer allumé, avance lentement dans cette salle, et la chaleur sèche les tissus. Dans les teintureries et les fabriques de toiles peintes, on obtient ainsi un séchage rapide, en évitant les frottements qui nuiraient à la netteté des réserves.

On peut sécher les tissus en les faisant passer autour d'un certain nombre de cylindres creux dans lesquels circule de la vapeur. On peut employer un ou plusieurs cylindres. Dans le premier cas, le tissu passe en outre sur deux rouleaux qui l'obligent à suivre presque toute la surface du cylindre

chauffé. S'il y a plusieurs cylindres [1], on les dispose en quinconce; la vapeur entre par l'un des tourillons et l'eau
condensée sort par l'autre. Les cylindres ont même diamètre et portent tous, du côté de l'arrivée de vapeur, des
cercles dentés au moyen desquels le mouvement se transmet du premier au dernier. Le tissu circule entre les cylindres et s'enroule à la sortie sur un rouleau ou se trouve
plié par un mécanisme spécial. Pour tendre l'étoffe à mesure
qu'elle sèche, chaque cylindre porte, à partir du quatrième,
une dent de moins que celui qui le précède, de sorte que la
vitesse va en croissant peu à peu.

———

CHAPITRE XX

STÉRILISATION ET DÉSINFECTION

Stérilisation par la chaleur. — Étuves à air chaud. — Conditions
d'établissement. — Étuves à air et à vapeur. — Étuves à vapeur
sans pression. — Étuves à vapeur sous pression : étuve Geneste et
Herscher. — Stations de désinfection. — Stations militaires. —
Étuves locomobiles. — Laveuse-désinfecteuse. — Étuve spéciale
pour navires. — Chalands de désinfection. — Incinération des
objets sans valeur.

Stérilisation par la chaleur. — La chaleur est un des
agents qui peuvent servir à la désinfection, car les microbes
pathogènes succombent tous lorsqu'ils sont soumis pendant
un temps suffisant à une température assez élevée. C'est là
une application intéressante de la chaleur, qui a pris depuis
quelques années un grand développement.

Mais l'expérience a montré que les divers modes de chauf-

----

[1] Voy. Bouant, *Dictionnaire de chimie*, article TEINTURE.

fage ne donnent pas des résultats également satisfaisants. L'air chaud et sec est un mauvais agent de désinfection, car il pénètre difficilement jusqu'au centre des corps épais, tels qu'un matelas ; de plus, il faut remarquer que certains animalcules, tels que les rotifères, supportent très bien sans périr une température de 100 degrés dans l'air sec.

L'air chaud et humide donne déjà de meilleurs résultats, mais il faut encore au moins quatre heures pour désinfecter complètement et sécher un matelas. La vapeur d'eau surchauffée et sèche se comporte comme un véritable gaz et présente à peu près les mêmes inconvénients que l'air sec. La vapeur saturante, soit à 100 degrés, soit à une température supérieure, paraît constituer le meilleur mode d'emploi de la chaleur.

Malgré leur inégale efficacité, les divers systèmes que nous venons d'énumérer sont encore tous en usage. Nous allons en indiquer quelques exemples.

Étuves à air chaud. — Pour désinfecter ou stériliser les objets par l'air sec, il faut souvent les porter à une température de 120 ou 130 degrés. Les étuves à air chaud sont les plus faciles à installer et les moins encombrantes ; c'est pourquoi elles sont encore souvent employées. Dans les laboratoires et pour les installations portatives, elles sont d'un usage presque exclusif.

Elles sont souvent chauffées par une ou plusieurs rampes de gaz, mais elles peuvent recevoir aussi d'autres modes de chauffage.

La figure 170 montre une petite étuve portative, destinée à stériliser les instruments de chirurgie ; elle est en cuivre rouge, à double paroi, munie d'une porte et d'une poignée, montée sur pied mobile ; elle a 12 centimètres de hauteur, 34 de largeur et 20 de profondeur. Elle peut aussi se faire toute nickelée. Enfin, elle peut être chauffée par une lampe à alcool ou par une rampe de gaz.

En 1881, M. Lelaurier a fait établir à l'hôpital Saint-Louis,

à Paris, une étuve à désinfection par l'air chaud, qui a donné
de bons résultats. C'est une enceinte circulaire, de 2^m,20
de diamètre sur 2^m,90 de hauteur, construite en briques
avec deux enveloppes séparées par un intervalle d'air. Cette
capacité est divisée en deux parties superposées par une
plaque de tôle perforée horizontale. La partie inférieure

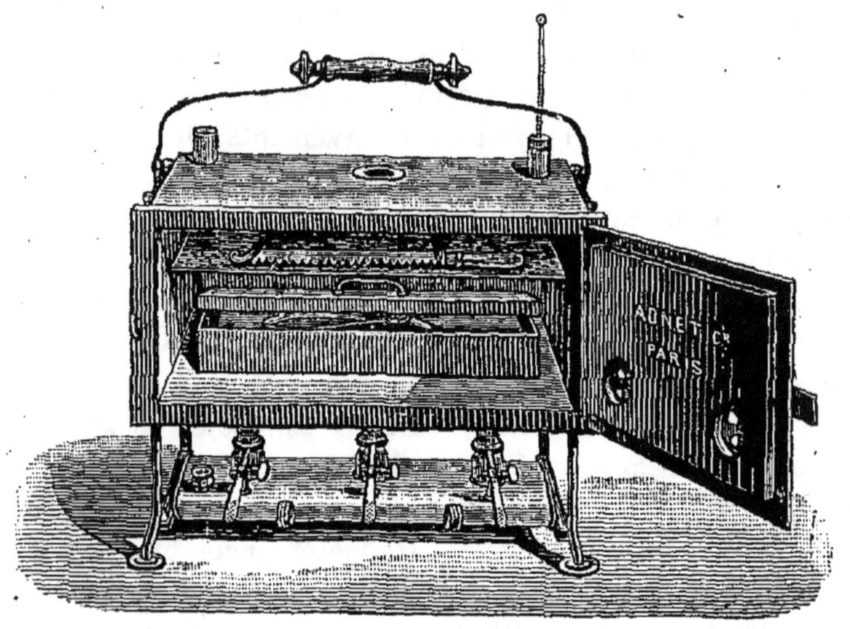

FIG. 170. — Étuve portative pour stérilisation.

reçoit le brûleur à gaz qui échauffe l'air; le compartiment
supérieur renferme les objets à désinfecter, qui sont suspendus
à un cercle mobile autour d'un axe vertical. Deux portes en
tôle à double paroi donnent accès dans les deux parties.

Avant d'arriver aux brûleurs, le gaz traverse d'abord
un régulateur de pression, qui réduit cette pression et la
maintient constante, puis un régulateur de température, du système d'Arsonval, qui maintient l'étuve exactement au degré voulu, ordinairement 120 degrés; mais, en
changeant le réglage, on pourrait obtenir 130 et même
140 degrés.

L'appareil une fois réglé, on peut chauffer pendant plusieurs heures sans que les variations dépassent 2 degrés. Pour obvier à l'inconvénient résultant de l'extinction complète qui pourrait se produire, si la température s'élevait trop rapidement, les rampes de chauffage sont bordées de petits tuyaux donnant de faibles jets, et appelés allumeurs, qui sont insuffisants pour chauffer l'étuve et qui servent seulement à rallumer les becs principaux. On a même ajouté ensuite un régulateur à lame bimétallique, destiné à suppléer le précédent et à fermer progressivement le robinet d'arrivée du gaz, en cas d'élévation anormale de la température. La consommation de gaz ne dépasse pas 6 mètres cubes par heure.

L'air nécessaire à la combustion est amené dans la chambre de chauffage par trois gaines munies de grilles à valves mobiles, qui règlent l'admission de l'air. Les produits de la combustion s'échappent, à la partie supérieure, par une cheminée centrale, munie d'un registre qu'on peut ouvrir plus ou moins complètement de l'extérieur.

Conditions d'établissement des étuves à air chaud. — Dans un rapport adressé la même année à la Société de médecine publique et d'hygiène professionnelle, M. Herscher a indiqué les dispositions qu'il convient de recommander pour l'aménagement des étuves à air chaud.

Voici un résumé des instructions contenues dans cet intéressant document.

Les bâtiments doivent être construits de façon à établir une séparation complète entre l'entrée des objets à désinfecter et leur sortie après désinfection ; l'entrée et la sortie se faisant par deux portes différentes. Sans cette précaution, on risque de perdre le bénéfice de l'épuration et de contaminer les objets qui viennent de sortir de l'étuve. Il est même nécessaire d'avoir pour les deux opérations un personnel respectivement isolé et jusqu'à des écuries, des voitures et des chevaux différents lorsqu'il s'agit d'un service important. La station doit posséder en outre un pavillon spécial contenant un fourneau pour brûler les paillasses souillées et les autres objets qui ne valent pas la peine d'être désinfectés.

Les objets contaminés doivent être placés sur des cadres mobiles sur rails, comme ceux des séchoirs; on peut ainsi accrocher et décrocher les objets en dehors de l'étuve, ce qui évite la perte de chaleur résultant d'une ouverture prolongée de la porte, et n'expose pas les gens de service à l'obligation d'entrer périodiquement dans l'étuve, où règne une température excessive.

La chambre d'épuration peut avoir environ $1^m,50$ sur $2^m,25$ et 2 mètres de hauteur.

Il est bon que l'air chaud arrive à la partie supérieure de cette chambre, comme dans les séchoirs, et sorte à la partie inférieure, après s'être refroidi. Il suffit pour cela de placer l'appareil de chauffage dans un compartiment étroit ménagé sur toute la longueur de l'étuve et communiquant avec elle seulement par deux orifices, l'un à la partie supérieure et l'autre au bas. L'air chaud passe dans l'étuve par le conduit supérieur et revient à la chambre de chauffage par le bas, après s'être refroidi. Lorsque l'appareil de chauffage est placé en contre-bas de l'étuve, la température se distribue irrégulièrement; il se produit des courants gazeux verticaux, et certains objets sont détériorés par la chaleur, tandis que d'autres n'atteignent pas la température nécessaire pour la désinfection.

Les parois doivent être imperméables à la chaleur : on peut les construire en briques et les doubler intérieurement d'une couche de bois de 3 ou 4 centimètres d'épaisseur. Les portes doivent fermer hermétiquement et être doublées de la même manière.

Le système de chauffage peut être quelconque, mais il est bon de l'installer dans un compartiment distinct, afin d'obtenir une répartition uniforme de la température, au lieu de disposer des surfaces chauffantes le long des parois mêmes

de l'étuve. Le gaz d'éclairage offre le système le plus simple
et le plus facile à régler.

Etuves à air et à vapeur. — Dans d'autres appareils,
on ajoute à l'action de l'air chaud celle d'un courant de
vapeur, qui pénètre mieux les objets et agit plus efficace-
ment sur certains organismes. L'étuve peut être disposée
suivant les indications qui précèdent, avec une chambre de
chauffe distincte. On place dans cette chambre un calorifère
à air chaud, dont le foyer est entouré d'une chaudière annulaire pleine d'eau et pouvant communiquer, par deux tubes à
robinet, soit avec l'atmosphère, soit avec l'étuve. On laisse
d'abord ouvert le tube qui se rend dans l'atmosphère et l'on
porte l'étuve à 115 degrés environ, puis on la ramène à 100
degrés en injectant un peu d'air froid.

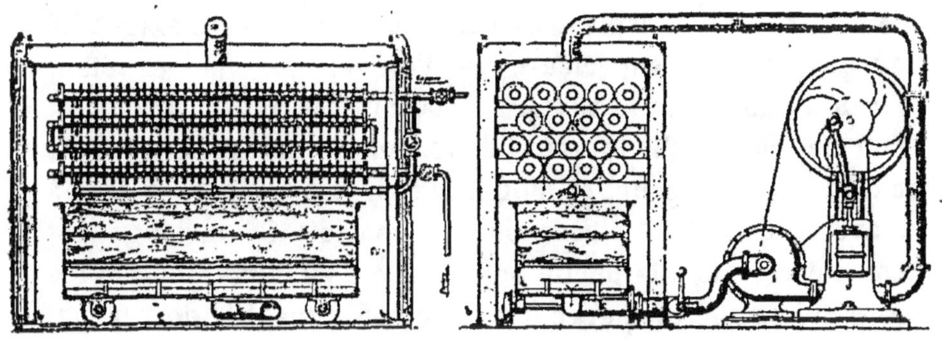

Fɪɢ. 171. — Étuve à filtration d'air chaud et de vapeur (F. Dehaitre).

On ferme alors le premier robinet de la chaudière et l'on
ouvre le second, qui envoie dans l'étuve un courant de
vapeur à 100 degrés. Enfin, on ferme l'admission de la vapeur
et l'on porte une seconde fois l'étuve à 115 degrés.

Lorsqu'il s'agit de matelas ou d'objets volumineux, on n'est
pas sûr que le mélange de gaz et de vapeur pénètre jusqu'au
centre ; pour être certain d'obtenir ce résultat, il est utile
d'avoir recours à un ventilateur. C'est ce qui a lieu dans
l'étuve à filtration d'air chaud et de vapeur (fig. 171), disposée
d'après les indications de M. le Dʳ S. Leduc, de Nantes.

L'étuve est entourée d'une double paroi en tôle, dont le vide est rempli de matières peu conductrices. Deux portes à deux vantaux, garnies de la même façon, laissent entrer et sortir un chariot monté sur rails, qui porte les objets à désinfecter. L'étuve est chauffée intérieurement par une batterie de tuyaux à ailettes qui reçoivent la vapeur. Ce mode de chauffage peut être remplacé, suivant les exigences locales, par tout autre procédé. Un tuyau spécial amène la vapeur destinée à la filtration.

L'étuve étant préalablement chauffée, on introduit le chariot, puis on relie sa partie inférieure avec un ventilateur placé auprès de l'appareil et actionné par un petit moteur à vapeur. Cette communication s'établit au moyen d'un joint d'accouplement instantané, analogue aux joints des freins Westinghouse. L'aspirateur est relié par son autre extrémité avec la partie supérieure de l'étuve. Les portes étant fermées, on ouvre le tuyau spécial qui fournit la vapeur, et l'on met en marche le ventilateur, qui aspire le mélange d'air chaud et de vapeur, et l'oblige pour ainsi dire à filtrer à travers les objets placés sur le chariot. Ce mélange est ensuite refoulé à la partie supérieure de l'étuve, où, après s'être réchauffé et chargé d'une nouvelle quantité de vapeur, il circule de nouveau à travers les objets autant de fois qu'on le juge nécessaire.

Dans cet appareil, tous les points des objets sont portés à une température au moins égale à 120 degrés, car du soufre placé dans des tubes de verre au centre d'un matelas est fondu en quelques minutes.

Cette méthode a aussi l'avantage de ne pas altérer les étoffes. Des expériences faites aux hôpitaux de Nantes, sur des bandes de flanelle identiques, ont donné les résultats suivants pour leur résistance à la rupture : 25 kilogrammes pour la flanelle intacte, 23 kilogrammes pour la flanelle chauffée pendant une heure dans l'étuve précédente, et 12 kilogrammes pour celle qui est restée pendant une heure exposée à la vapeur à 120 degrés et à une pression de 1 kilogramme.

Étuves à vapeur sans pression. — Un certain nombre d'appareils utilisent la vapeur d'eau sans pression.

L'étuve de van Overbeek, celle de Rietschel et Henneberg sont formées de cylindres en tôle dont la double paroi est remplie d'eau, que chauffe directement un foyer placé sous l'appareil.

La vapeur à 100 degrés émise par cette eau pénètre les objets. Ceux-ci, à la sortie de l'étuve, sont mouillés et doivent être placés dans un séchoir.

Dans l'étuve de Dobroslavine, l'eau est remplacée par une solution concentrée de sel marin, qui bout à 108 degrés. La vapeur, avant de se dégager dans l'enveloppe centrale, s'engage dans un long tube qui part du haut de la chaudière, traverse toute la solution et s'ouvre au bas de l'étuve. Dans ce trajet, elle se trouve surchauffée à une température de 105 à 107 degrés.

Étuves à vapeur sous pression. — La vapeur saturante à 108 degrés détruit sûrement tous les microbes pathogènes en moins d'un quart d'heure. Cette vapeur constitue donc un très bon désinfectant ; de plus elle n'altère pas les objets d'une façon appréciable, même après plusieurs traitements : aussi est-elle souvent employée.

L'étuve (fig. 172) sert à stériliser et à sécher l'ouate, le linge et les pansements. L'eau qui doit se vaporiser est chauffée par des vapeurs de xylène en ébullition, ce qui assure une température bien constante d'environ 125 à 130 degrés. On se sert ordinairement d'un brûleur à gaz circulaire M, ou, à défaut de gaz, d'une lampe à alcool ou à pétrole. La double paroi contient environ un cinquième de litre de xylène, qui sert indéfiniment. L'appareil étant chargé de ce liquide, on remplit à moitié d'eau la gouttière BB, puis on introduit la boîte mobile A, contenant les objets à stériliser, après avoir pris soin d'enlever le couvercle inférieur et de le déposer dans le fond du corps intérieur. Une rondelle de caoutchouc ferme hermétiquement l'appareil. Un petit. tube ramène au bas du stérilisa-

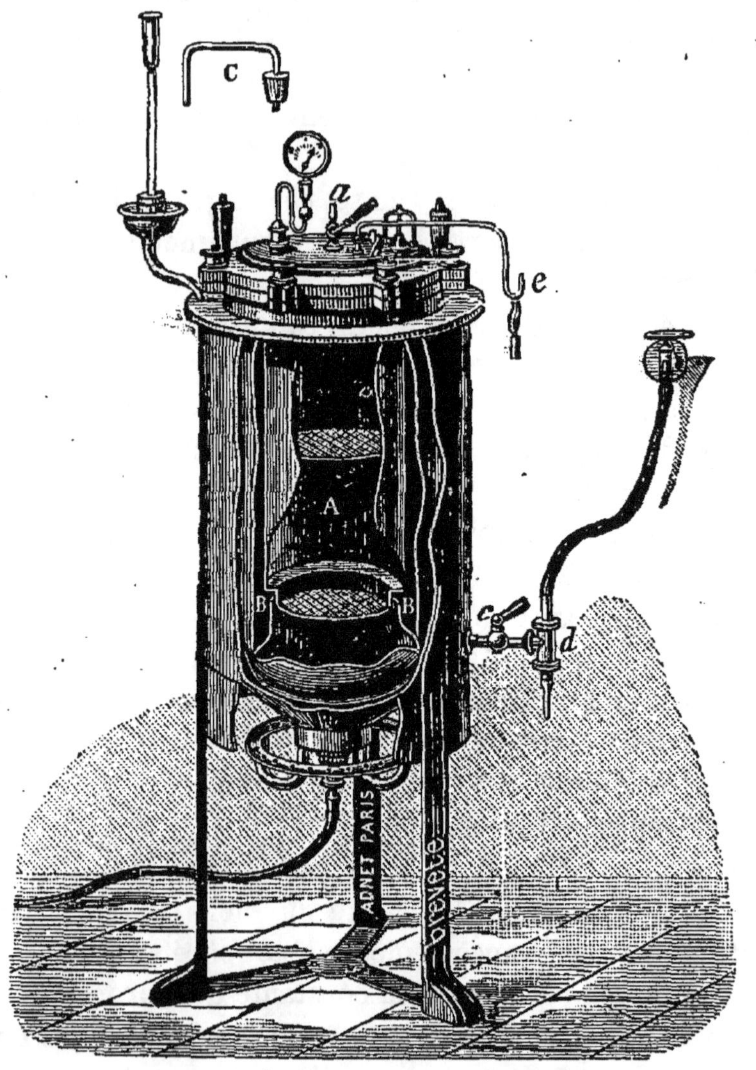

Fig. 172. — Stérilisateur de M. Sorel.

teur la vapeur condensée sur le couvercle supérieur de la boîte A.

On établit un courant continu d'eau froide, de K en L, à travers le réfrigérant G, puis on chauffe, les robinets b et c

étant fermés, mais en laissant a ouvert, pour chasser l'air, jusqu'à ce que la vapeur d'eau sorte en sifflant.

Les vapeurs de xylène se rendent par I dans le réfrigérant G, où elles se condensent, et le liquide retombe par J dans le double fond. On ferme alors a, on laisse monter la pression, qui s'établit rapidement, jusqu'à 1^{kg},75 et on la maintient pendant environ dix à quinze minutes. On éteint alors le gaz, on arrête le courant d'eau et l'on ouvre le robinet c qui laisse échapper la vapeur ; puis on fait fonctionner la trompe à eau d, qui fait le vide dans l'intérieur et en même temps fait distiller l'humidité fixée sur les objets. Avant d'ouvrir, il faut rétablir dans l'intérieur la pression atmosphérique ; pour cela, on allume le bec de Bunsen F, et on ouvre le robinet b ; l'air rentre à travers le tube de platine correspondant, qui est chauffé au rouge par le bec F. L'opération dure environ vingt minutes.

Étuve à vapeur sous pression de MM. Geneste et Herscher. — L'étuve de MM. Geneste et Herscher (fig. 173) est formée d'un cylindre en tôle à simple paroi, entouré d'une enveloppe peu conductrice contenant deux batteries de tuyaux, l'une à la partie inférieure, l'autre vers le haut. Les objets à désinfecter sont placés sur un petit chariot roulant sur rails. Les deux extrémités du cylindre sont munies de portes bombées, dont les bords s'appliquent exactement sur des cornières dressées placées aux deux bouts. En interposant une garniture et en serrant avec des boulons articulés, munis d'écrous à oreilles, et qui s'appliquent dans des échancrures extérieures des cornières, on obtient une fermeture hermétique.

On envoie d'abord la vapeur dans les deux batteries, pour sécher l'étuve. Lorsqu'elle est chaude, on introduit le chariot chargé des objets à épurer. On fait alors arriver la vapeur dans l'étuve même, pour la purger d'air, et l'on continue jusqu'à ce que la vapeur sorte par le tuyau d'évacuation. On ferme alors cette ouverture et on laisse monter la pression jusqu'à 1,5 atmosphère environ, ce qui donne une température de 108 à 110 degrés, suffisante pour détruire les microbes pathogènes. Lorsque c'est nécessaire, on peut atteindre une pression plus élevée. On peut placer des thermomètres à maxima en différents points au milieu des objets à désinfecter, pour s'assurer que toute la masse a bien été portée à la température voulue.

être fournie par une machine spéciale ou par un générateur appartenant à un autre service de l'établissement où est disposée l'étuve.

Il est important d'observer que l'albumine, placée dans une étuve à vapeur, se coagule. Il résulte de là, comme l'a fait remarquer le Dr Vinay, qui, si l'on soumet à la désinfection des tissus imprégnés de sang, de pus infectieux, etc.,

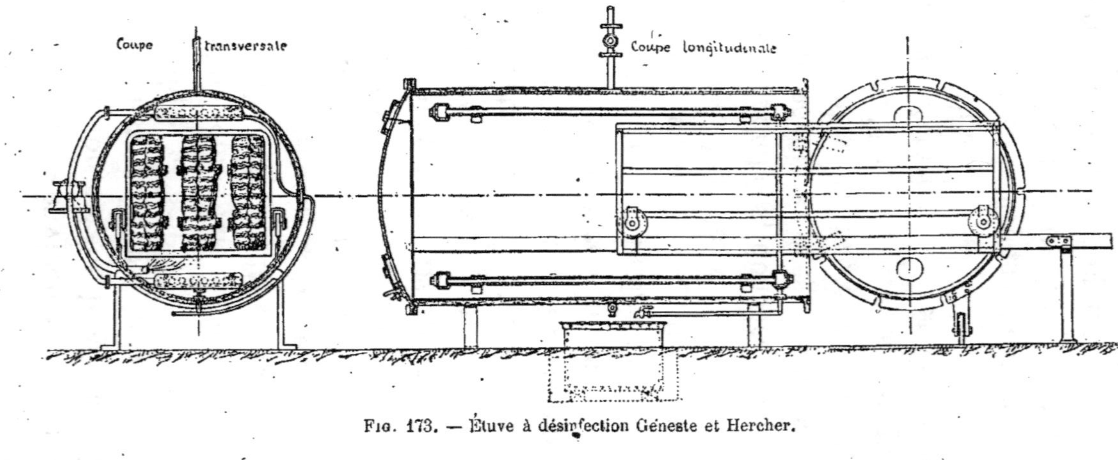

Fig. 173. — Étuve à désinfection Géneste et Hercher.

Avant d'enlever les objets, il est utile de les sécher, car 1 kilogramme de matelas par exemple absorbe environ 50 grammes d'eau. Pour cela, on ferme le robinet d'introduction de la vapeur, qu'on laisse arriver seulement dans les batteries de tuyaux, et on fait rentrer l'air. Ce gaz s'échauffe au contact des batteries et s'échappe saturé de vapeur. Le séchage exige à peu près un quart d'heure.

L'installation de l'étuve doit être faite avec les précautions déjà indiquées plus haut, les deux portes s'ouvrant dans deux locaux complètement distincts. La vapeur peut

ces matières albuminoïdes peuvent donner, en se coagulant, des taches difficiles à enlever.

On peut éviter cet inconvénient en trempant les objets, avant de les mettre à l'étuve, dans une solution très étendue de permanganate de potasse. Ce composé, qui est décolorant et désinfectant, laisse lui-même une légère teinte qu'on peut enlever par une dissolution très étendue d'acide sulfureux. On pourrait faire disparaître ces taches en les lavant à l'eau ordinaire, mais on a le double inconvénient de contaminer l'eau et d'exposer à la contagion les personnes chargées du lavage.

MM. Geneste et Herscher construisent aussi des appareils dits *trempeurs*, sorte de lessiveuse où le linge sale est porté constamment à un minimum de 100 degrés centigrades.

Stations de désinfection. — On donne ce nom aux établissements chargés de désinfecter les objets appartenant à des particuliers. Ces stations peuvent être jointes à un autre établissement hospitalier, tel qu'un asile de nuit (Paris) ou un hôpital (Grenoble, Marseille, Montpellier, Nice, etc.) ; elles peuvent aussi être complètement isolées (Berlin, Leipzig, Nottingham, etc.).

Ces stations sont établies presque partout sur un modèle adopté d'abord à Berlin. Elles sont toutes divisées en deux parties complètement distinctes, l'une pour l'entrée des objets contaminés, l'autre pour leur sortie après la désinfection. Les communications nécessaires au service se font par sonneries électriques. On doit observer de même toutes les précautions indiquées plus haut à propos des étuves à air chaud. En France, les stations de désinfection sont toutes munies d'étuves à vapeur sous pression.

L'emploi des étuves de désinfection est indispensable dans les Monts-de-Piété. A Paris, dans un certain nombre de ces établissements, on désinfecte, avant de les emmagasiner, les matelas et toute la literie.

Pour les objets les plus volumineux, la durée de l'opération ne dépasse pas une demi-heure, y compris le séchage, et l'on a pu ainsi faire disparaître la vermine qui pullulait dans les magasins de ces établissements.

A Berlin, la désinfection est obligatoire dans tous les cas de maladies contagieuses.

Stations militaires. — Les stations de désinfection sont également indispensables dans les opérations militaires. Pendant la guerre de 1870, les Allemands avaient multiplié les précautions prophylactiques, en organisant en différents points de la frontière un service de désinfection. La station installée à Stettin par le Dr Petruschky peut être regardée

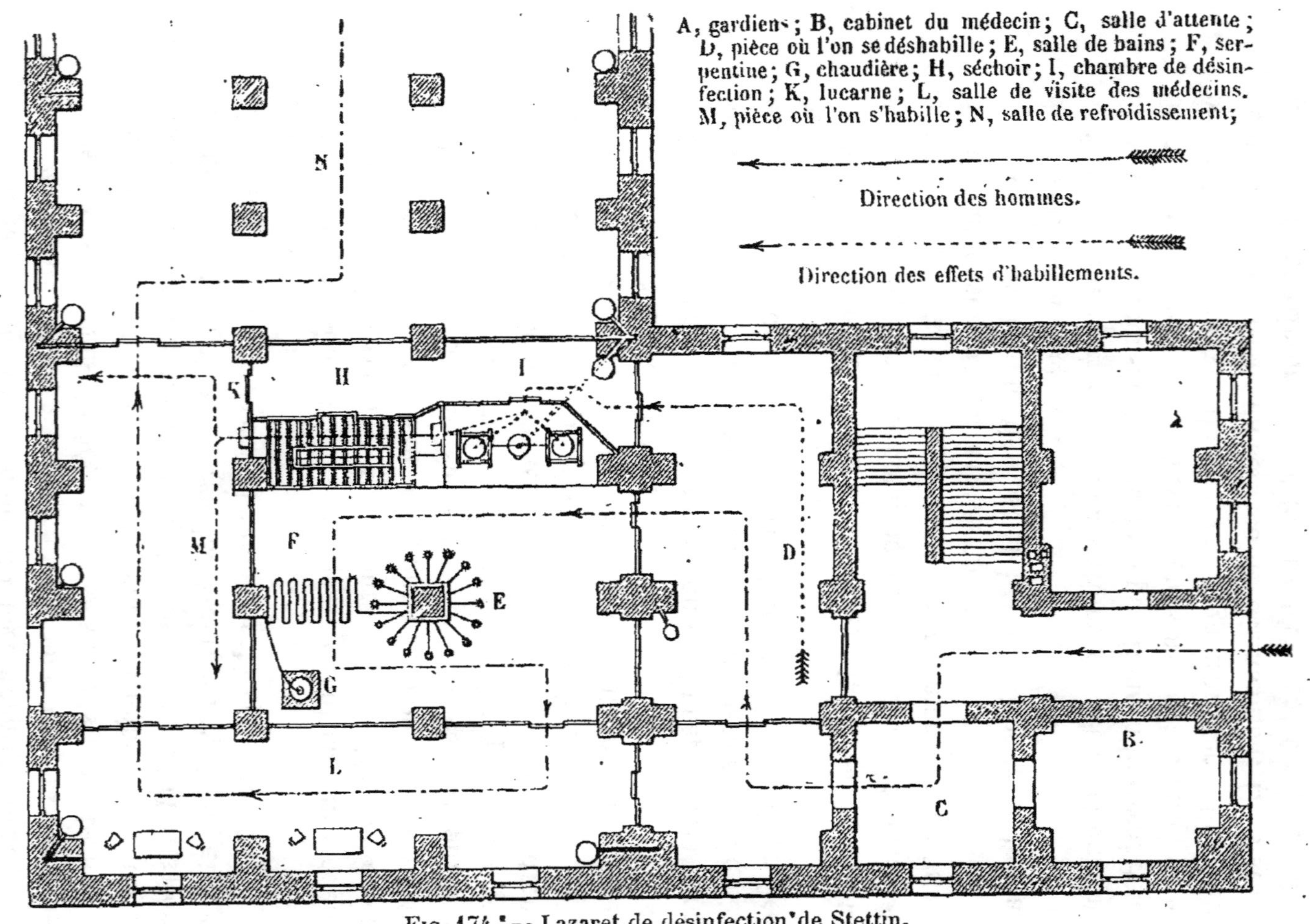

Fig. 174.* — Lazaret de désinfection de Stettin.

comme un modèle (fig. 174). La marche des hommes est indiquée par des tirets, celle des vêtements par des points. En A se trouve le poste des gardiens, en B le cabinet des médecins, en C la salle d'attente. Les hommes arrivent par la droite, entrent en C, se déshabillent complétement en D, passent en E où se trouvent disposés, autour d'une vaste cuve, un certain nombre d'appareils de douches ou arrosoirs ; l'eau, provenant d'une chaudière à gaz G, est amenée par le serpentin F. Après avoir subi une douche très vigoureuse, dont on peut augmenter l'action en la composant d'eau alcaline ou d'eau additionnée d'acide phénique, les hommes viennent en L, où ils sont soumis à la visite des médecins, puis ils reprennent en M leurs habits désinfectés et traversent, avant de sortir, la salle N, où ils s'habituent peu à peu au changement de température, ce qui ménage la transition avec l'air extérieur.

Les effets, abandonnés par les hommes en D, sont portés dans la chambre I, où ils subissent une désinfection radicale. A cet effet, on a installé dans cette pièce un générateur de vapeur communiquant avec deux cylindres métalliques à double enveloppe : l'eau est additionnée d'acide phénique. Les vêtements sont placés dans la partie inférieure du cylindre, où ils sont soumis à l'action directe de la vapeur : ainsi imbibés d'eau phéniquée, ils sont portés dans le séchoir H, où de nombreux becs de gaz maintiennent une température voisine de 100 degrés. Ils sont séchés en trois minutes et rendus à leurs propriétaires par la lucarne K.

Étuves locomobiles. — Les stations de désinfection ne peuvent évidemment se placer que dans les centres d'une certaine importance, où elles peuvent être d'un emploi assez fréquent. Mais, en temps d'épidémie, il est certainement avantageux de pouvoir pratiquer la désinfection dans les campagnes, le plus près possible des locaux contaminés, sans être obligé de faire apporter tous les objets à la ville, au risque de semer la contagion sur tout le parcours. C'est dans

ce but que, lors de l'épidémie de suette miliaire de
Montmorillon, en 1887, le gouvernement français, à l'insti-
gation de M. le professeur P. Brouardel, prescrivit l'emploi
d'étuves locomobiles pouvant être transportées. facilement
dans les villages, les hameaux et même les fermes-isolées
où sévissait la maladie. Cette étuve a reçu, depuis, quelques

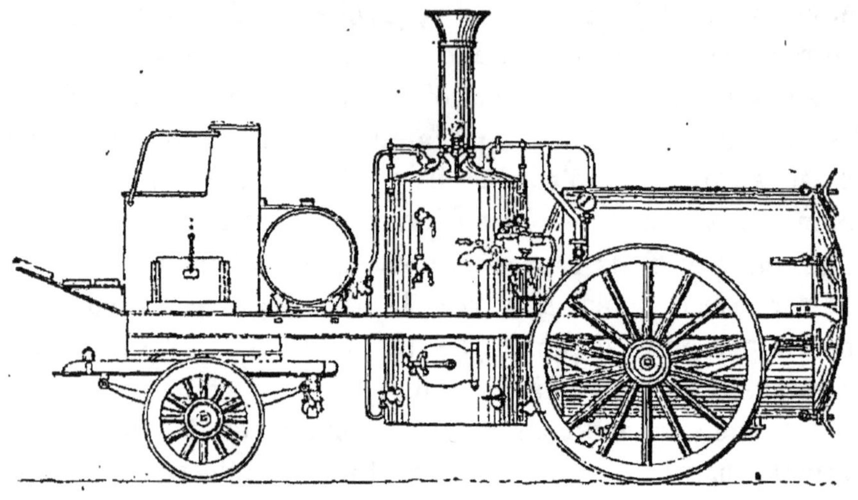

Fig. 175. — Étuve locomobile.

modifications et a été mise en service, en avril 1888, dans les
communes du département de la Seine.

L'étuve locomobile de MM. Geneste et Herscher (fig. 175)
se compose d'un corps cylindrique, en tôle rivée, de 1^m,10
de diamètre intérieur sur 1^m,50 de longueur, fermé à
l'avant par un fond embouti et à l'arrière par une porte à
fermeture hermétique. Les bords de la porte sont redressés
de façon à pénétrer dans une feuillure formée par un cercle
en tôle rivé sur le bord du cylindre, avec interposition d'un
fer carré, et dont le fond est garni d'un caoutchouc souple.
Sur cette porte sont rivées des fourchettes en fer forgé,
recevant les écrous de boulons à charnières fixés sur le
cylindre. On serre fortement les écrous, et les bords de la
porte, venant comprimer la garniture en caoutchouc, rendent la fermeture hermétique. Une charnière soutient la

porte, qui est en outre munie d'une poignée venant glisser, quand on ferme l'étuve, sur un plan incliné fixé au cylindre.

L'étuve est fixée à l'arrière d'un châssis rectangulaire fixé sur quatre roues et qui porte en outre la chaudière et les autres accessoires.

La chaudière est du type vertical ; elle porte comme accessoires un niveau d'eau à tube de verre, deux robinets indicateurs de niveau d'eau, un manomètre métallique, deux soupapes de sûreté à ressort, un robinet de prise de vapeur se raccordant par un tube en caoutchouc avec celui de l'étuve, un tampon autoclave pour le nettoyage, un cendrier et une cheminée. Les opérations devant se faire en plein air, elle est entourée, ainsi que l'étuve, d'une enveloppe isolante en bois.

En avant de la chaudière sont placés deux réservoirs cylindriques à eau, communiquant entre eux et destinés à l'alimenter au moyen d'un injecteur : au-dessous de ces réservoirs est une caisse à combustible. A l'avant se trouve un siège pour le cocher, dont le coffre sert à contenir des outils et des objets divers. La voiture peut être traînée par un cheval ou un mulet.

Les parois de l'étuve sont recouvertes intérieurement d'une garniture en bois qui empêche le contact des objets avec le métal. Ces objets sont disposés sur un chariot placé sur deux rails en fer plat, de même longueur que l'étuve. Pour sortir de l'étuve, ce chariot est muni d'une bielle qu'on accroche au moyen d'une clavette à un fer en double T roulant contre des galets portés par des chappes qui sont fixées sur le corps de l'étuve.

La vapeur arrive à l'étuve par un tuyau de caoutchouc, à raccord fileté, qui aboutit dans une boîte de séparation en fonte, munie d'un manomètre, d'une soupape de sûreté et d'un robinet de condensation.

Cette boîte communique directement avec l'intérieur de l'étuve, où l'arrivée de la vapeur est masquée par un vaste écran en cuivre étamé, qui préserve les objets des gouttelettes d'eau provenant de la condensation. Une batterie de chauffe additionnelle, formée de neuf tubes, est placée à la partie inférieure du cylindre et fixée dans le corps. L'opération se fait comme avec les étuves fixes.

Laveuse-désinfecteuse. — Cet appareil est destiné à éviter la fixation des taches sur les linges soumis à la désinfection, tout en donnant les mêmes garanties que les étuves pour la destruction des germes infectieux ; il est alimenté par la vapeur, avec ou sans pression, suivant les besoins.

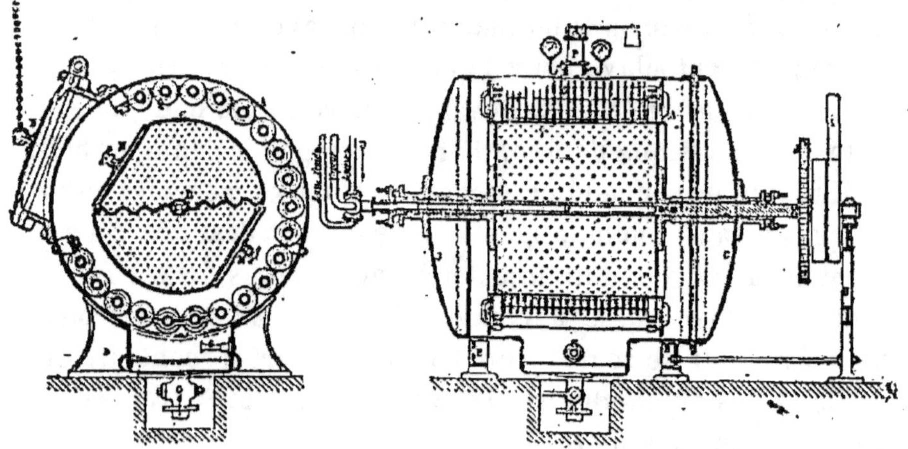

Fig. 176. — Laveuse désinfecteuse à vapeur (F. Dehaitre).

La laveuse-désinfecteuse (fig. 176) se compose d'une enveloppe cylindrique en tôle A, fixée sur un bâti B, et d'un cylindre mobile C, également en tôle galvanisée, qui peut tourner à l'intérieur. Ce cylindre est fixé sur un arbre D, creux en partie à l'intérieur et perforé sur le pourtour ; il est soutenu par des boîtes à étoupes, portant des coussinets fixés sur les fonds de l'enveloppe. L'extrémité pleine de l'arbre repose sur un bâti spécial relié avec le bâti principal B ; l'extrémité opposée, qui est creuse, communique avec une triple tubulure, munie de robinets, qui permettent de faire arriver l'eau froide, la vapeur, et la lessive ou tout autre liquide désinfectant ; on peut même se servir d'un des tubes pour introduire un gaz.

Le cylindre mobile peut être actionné soit par une courroie I, soit par un très petit moteur fixé directement sur la machine. Il est divisé, par un diaphragme ondulé I, en deux compartiments ayant chacun une porte M, à fermeture étanche. Le cylindre et son diaphragme sont tous deux percés de nombreux trous, pour établir la communication avec l'enveloppe extérieure.

Cette enveloppe est munie d'une porte à charnières N, à joint étanche, équilibrée par un contrepoids. A la partie inférieure est placée une large valve de vidange O. Autour du cylindre mobile se trouve une batterie de tuyaux à ailettes Q, destinée à éviter la condensation, lorsqu'on emploie l'appareil comme étuve.

Cette laveuse porte en outre un manomètre indicateur de pression, un thermomètre et une soupape de sûreté.

Pour employer l'appareil au lessivage, on remplit avec des paquets de linge les deux compartiments du cylindre mobile, et l'on fait arriver, par l'extrémité creuse de l'axe D, de l'eau froide, qu'on échauffe progressivement à 10, 15 et 20 degrés, au moyen de la vapeur. On produit ainsi un trempage et un essangeage qui désagrègent les matières étrangères, dissolvent le sang, et rendent les fibres textiles plus aptes à recevoir la lessive ou le désinfectant.

L'eau chargée d'impuretés, qui tombe au fond de l'enveloppe extérieure, est portée à l'ébullition au moyen d'un barboteur de vapeur S, pour détruire les germes qu'elle peut contenir, puis elle est évacuée par la valve O, qui communique avec un canal soigneusement recouvert et convenablement aménagé.

L'essangeage terminé, on fait arriver la lessive, qu'on porte progressivement à 110 ou 115 degrés.

Pour les linges de couleur, qui craignent l'action de la lessive, on peut employer l'eau de savon, au moyen d'une prise spéciale. On procède de même au rinçage, après avoir vidé la lessive. Après l'opération, on désinfecte l'appareil lui-même par la vapeur sous pression, et on le rince à l'eau froide.

Pour les matelas et les objets qui ne peuvent pas subir de lavage, on opère comme dans une étuve à vapeur sous pression.

Étuve spéciale pour navires. — Il serait bon de munir les navires d'une étuve qui permettrait d'effectuer à bord toutes les désinfections nécessaires, ce qui serait fort utile en cas de maladie épidémique ou contagieuse et permettrait aussi de diminuer beaucoup la durée des quarantaines. L'administration sanitaire française est entrée résolument dans cette voie et s'efforce d'y amener les Compagnies de navigation.

Dans ce but, le gouvernement français a fait étudier un type d'étuve spécial, qui diffère des précédents en ce qu'il

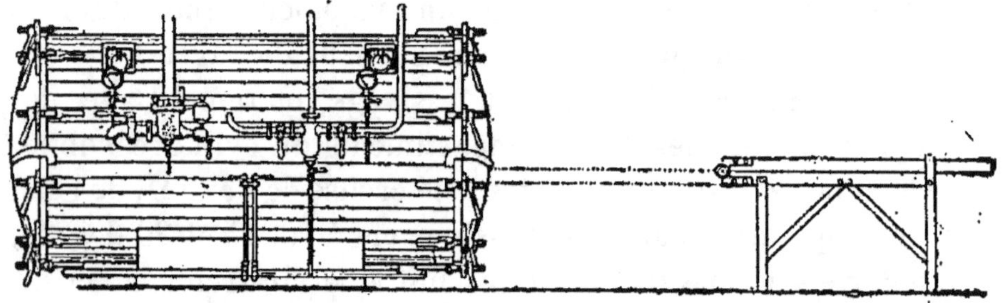

FIG. 177. — Étuve à vapeur pour navires (F. Dehaitre).

est plus petit et disposé pour permettre de l'aménager facilement sur un navire. Cette étuve se compose d'un corps cylindrique de 1^m,20 de diamètre intérieur sur 2^m,10 de longueur, fermé à une extrémité par un fond fixe en tôle emboutie et à l'autre par une porte à fermeture hermétique (fig. 177) ; elle est maintenue sur un socle en tôle, et munie de forts anneaux en fer forgé, rivés à la partie supérieure, pour faciliter son chargement. Le corps cylindrique, en tôle, est doublé d'une enveloppe isolante en bois ; il présente à son extrémité une feuillure, dont le fond est garni de caoutchouc, et dans laquelle pénètre le bord redressé de la porte en tôle. Cette porte est serrée contre l'étuve, et ses bords compriment la garniture de caoutchouc, au moyen de fourchettes en fer forgé, rivées sur la porte, et de boulons à charnières fixés au corps cylindrique. Cette porte est munie d'une charnière et maintenue par un galet qui roule sur un rail courbe.

Un chariot en fer entouré de bois, et dont le fond est garni d'un grillage en cuivre étamé, reçoit les objets à désinfecter ; il est monté sur galets et mobile sur des rails. La partie extérieure de la voie ferrée peut se démonter et se placer dans l'étuve, lorsque celle-ci n'est pas en service.

L'étuve contient, pour sécher les objets et empêcher la condensation, deux batteries de chauffe, formées d'une série de tubes reliés entre eux par des boîtes en fonte, munies au droit de chaque tube d'un regard à tampon autoclave. Ces batteries communiquent entre elles ; la batterie inférieure sert à sécher les objets, l'autre à empêcher la condensation. Un écran placé sous cette dernière protège les objets contre la chute des gouttelettes d'eau condensée.

La vapeur arrive dans une boîte de séparation en fonte, et se répartit dans deux tuyauteries aboutissant, l'une au corps cylindrique, l'autre aux batteries de chauffe. Des robinets permettent de régler les pressions, qui doivent être de 0,5 kilogramme dans l'étuve et de 2 à 3 kilogrammes dans les batteries. Les eaux de condensation sont recueillies à la partie inférieure et rejetées au dehors par des tuyaux de cuivre ; des robinets permettent de ne laisser échapper que l'eau condensée, sans perte de vapeur. Une seconde boîte en fonte, fixée sur le corps de l'étuve, porte un manomètre, un robinet pour l'évacuation de l'air, un tuyau pour conduire au dehors la vapeur d'échappement, et une soupape de sûreté, qui sert, en outre, à l'échappement de la vapeur à la fin de l'opération.

Chalands de désinfection. — Dans les ports qui n'ont pas de lazaret, on est obligé d'envoyer les navires con-taminés ou suspects au lazaret le plus voisin. Il est avan-tageux de pouvoir effectuer la désinfection le plus près possible du navire. On a construit pour cela des chalands destinés à être amarrés le long du bâtiment à désinfecter.

Ces chalands ont généralement 20 à 30 mètres de longueur sur 7 ou 8 mètres de largeur. Ils sont surmontés d'un roof contenant les appareils de désinfection, qui est éclairé par six fenêtres et divisé en deux compartiments distincts, l'un pour l'entrée, l'autre pour la sortie des objets. Une étuve à vapeur sous pression, type des hôpitaux, a ses deux portes dans les deux compartiments. Le roof contient encore une chaudière verticale avec un injecteur et une pompe à bras dont le tuyau d'aspiration plonge dans une pompe à eau, placée dans l'intérieur. Il renferme aussi un appareil de désinfection chimique pour le traitement des objets en cuir, en peau, ou des fourrures, qui ne peuvent subir la température élevée de l'étuve à vapeur.

La coque du chaland est en fer, garnie d'une ceinture de bois; sa partie arrière est en forme de voûte, pour protéger le gouvernail.

L'intérieur est divisé en trois compartiments par deux cloisons en tôle. Le premier, qui est le poste des gardiens, renferme deux couchettes et deux armoires. Le second constitue le magasin et occupe la moitié de la longueur du chaland; il renferme à l'arrière une caisse à eau douce de 3 à 4 mètres cubes. Enfin, le troisième, qui forme la soute à charbon, se trouve à proximité de la chaudière.

Incinération des objets sans valeur. — Il y a, dans les établissements hospitaliers, une foule de petits objets sans valeur et de rebuts provenant par exemple du pansement et du nettoyage des salles de malades; passer ces objets à l'étuve chargerait inutilement le service de la désinfection et entraînerait une dépense hors de proportion avec leur valeur; on préfère donc les brûler.

Cette opération doit être faite dans un appareil hermétiquement fermé, pour éviter que des parcelles contaminées puissent s'échapper au dehors. MM. Geneste et Herscher

construisent dans ce but un four complètement enveloppé
d'une garniture métallique, qui assure l'étanchéité. Cet
appareil contient un foyer à garniture réfractaire, dans
lequel on brûle de préférence des combustibles à longue
flamme, et une cuvette en terre réfractaire, placée au-dessus
du foyer, et qui reçoit les objets à brûler. Cette cuvette est
disposée pour éviter l'entraînement par la flamme de détritus
enflammés. La porte qui donne accès à la cuvette est munie
d'une garniture d'amiante et d'un levier à contrepoids qui
assurent une fermeture hermétique.

———————

CHAPITRE XXI

CRÉMATION

Avantages et inconvénients de la crémation. — Installation d'un
four crématoire. — Fours Poma et Venini, Polli et Clericetti,
Gorini, Siemens, anglais, Muller et Fichet. — Four portatif
Kuborn et Jacques.

Avantages et inconvénients de la crémation. — La
difficulté croissante de trouver aux abords des grandes villes
des terrains assez étendus pour y établir des cimetières,
où les corps puissent reposer pendant une longue suite
d'années sans déplacement, a ramené à plusieurs reprises, et
notamment dans ces dernières années, l'attention publique
sur la question de la crémation au moins facultative des
cadavres.

La crémation présente évidemment l'avantage de remplacer les cadavres par des cendres qui occupent moins de
place. De plus, l'inhumation dans la fosse commune,

où un espace insuffisant est réservé à chaque corps, peut causer des émanations fétides et altérer les eaux souterraines, lorsque la terre se trouve saturée de matières organiques en décomposition et que l'air ne pénètre pas dans le sol en quantité suffisante pour produire une combustion lente, mais complète, de ces matières. Cet inconvénient disparaîtrait facilement par une bonne installation de la fosse commune. Enfin il semble que la crémation permette, en cas d'épidémie, de faire disparaître plus rapidement les cadavres et avec eux les dangers de contagion.

Le Conseil d'hygiène et de salubrité de la Seine, consulté en 1883 sur cette dernière question, a émis l'avis, d'après un rapport du Dr Brouardel, auquel nous empruntons ces détails, que la crémation n'est pas préférable à l'inhumation parce qu'elle entraîne plus de manipulations des cadavres, et comporte par suite plus de dangers, jusqu'au moment où le corps est mis dans le four, que pour le déposer dans la terre. Lorsque le corps est inhumé ou brûlé, tout danger a disparu dans l'un ou dans l'autre procédé. De plus, il est impossible, la crémation exigeant au moins deux heures, d'avoir assez de fours pour faire disparaître assez vite les cadavres qui s'accumulent si rapidement dès les premiers jours d'une épidémie sérieuse. Enfin, et c'est le plus grave reproche, la crémation enlève la possibilité de rechercher sur un cadavre les substances toxiques ; elle est donc nuisible aux intérêts de la justice et aussi à ceux des personnes qui, accusées injustement d'un empoisonnement, se trouveraient incapables de prouver leur innocence. C'est là un fait d'autant plus grave que, dans certains pays au moins, l'empoisonnement criminel est fréquent pendant les épidémies.

D'autre part, le Conseil d'hygiène a adopté, l'année suivante, un rapport du même auteur concluant à l'utilité de détruire par la crémation les débris ayant servi aux études anatomiques dans les amphithéâtres des hôpitaux et de l'école pratique.

Installation d'un four crématoire[1]. — La crémation doit être faite d'une manière rationnelle : il faut d'abord lancer dans le four de grandes masses d'air à une température peu élevée, afin de vaporiser l'eau qui forme environ les trois quarts du poids du corps, et chauffer ensuite plus fortement pour réduire le cadavre en cendres. La température ne doit cependant pas dépasser 1100 à 1200 degrés, afin d'éviter le frittage des os. L'opération doit être rapide, économique, exempte d'odeurs. Les manipulations de combustible ou autres doivent être cachées et l'appareil doit permettre de recueillir les cendres sans aucun mélange.

Four Poma-Venini. — Les fours crématoires sont

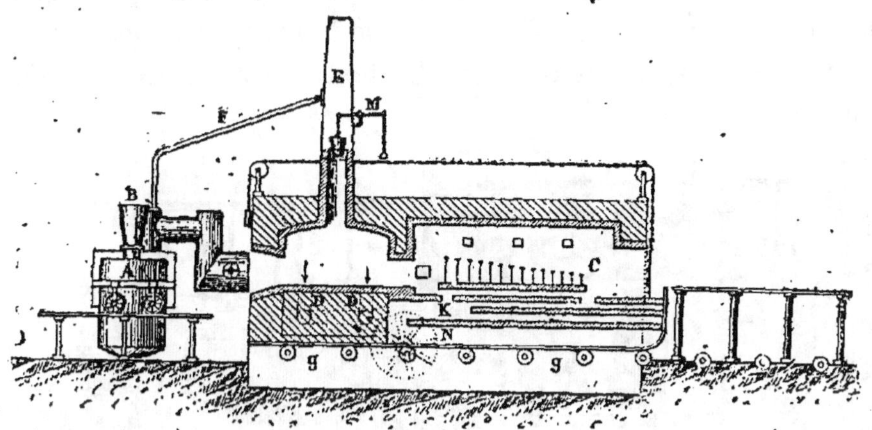

Fig. 178. — Four Poma-Venini.

nombreux en Italie ; celui de MM. G. Poma et Venini fournit une solution très satisfaisante au point de vue scientifique, mais trop compliquée dans la pratique.

Les gaz de la combustion sont fournis par un gazogène en bois A ; ils vont par une série de tuyaux (fig. 178) échauffer l'air amené dans l'espace K, où se fait un appel constant de l'air extérieur. Les gaz s'enflamment ainsi au contact de l'air et se rendent à la chambre crématoire, où la tempéra-

[1] Nous empruntons les détails suivants au travail de MM. de Pietra Santa et Max de Nansouty, *La Crémation*, Paris, 1881.

ture peut atteindre 1500 degrés ; ils vont ensuite à la cheminée E, qui est munie d'un registre conique M, pour régler le tirage. Un tuyau latéral F appelle le surplus des gaz non détruits et les ramène au gazogène. Ce four a l'avantage de fournir une flamme oxydante ; il en est de même des fours Siemens et Fichet, que nous décrivons plus loin et qui sont plus simples.

Four Polli et Clericetti. — Cet appareil, inauguré à Milan en 1876, se compose d'un four en briques réfractaires, muni d'un générateur de gaz, et dans lequel circulent des tuyaux en fer, divisés à l'intérieur en deux compartiments qui amènent séparément le gaz et l'air comprimé dans une série de becs disposés sur la sole. Le cadavre est placé sur une grille, au-dessous de laquelle se trouve un large bassin en tôle qui reçoit les résidus. La température s'élève à 900 ou 1000 degrés.

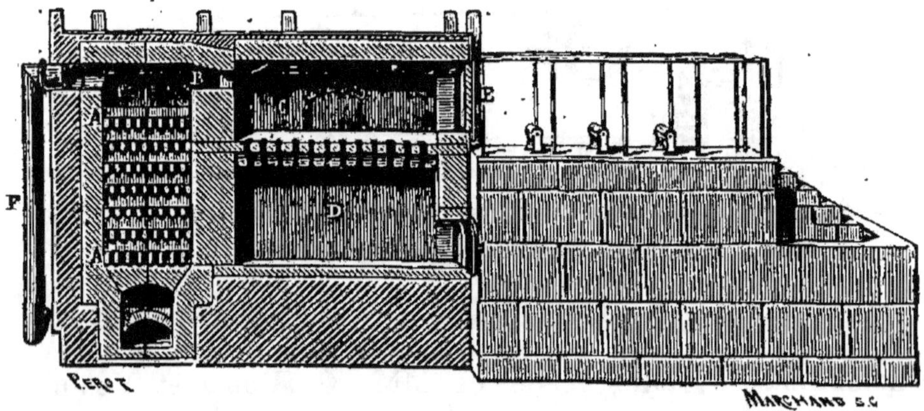

Fig. 179. — Four crématoire Siemens.

Four Gorini. — Le gaz, produit dans un gazogène en bois, se mélange avec l'air chaud sortant d'un récupérateur. La température peut atteindre 1500 degrés. La durée d'une opération dépasse deux heures et la dépense est assez forte. Un four de ce système a été installé au Père-Lachaise à Paris.

Four Siemens. — Le gaz extrait de la houille dans un

récepteur ordinaire est conduit sous un grillage en briques à étages superposés A, appelé *régénérateur* (fig, 179), où il se mélange avec l'air. On peut aussi brûler du charbon sur une grille placée au-dessus de A. La flamme passe par B dans la chambre de calcination C, qui est voûtée et séparée du cendrier D par une sorte de grille en briques réfractaires. Quand le four est chaud, on pousse le cadavre sur une planche par la porte E. Les cendres sont recueillies sur le sol du cendrier, qui est bien uni. La cheminée communique avec le cendrier; des registres permettent de régler le tirage.

Cet appareil est caractérisé par l'existence de deux conduits allant à la cheminée et remplis de briques réfractaires disposées en forme de grilles; les produits de la combustion traversent alternativement chacun de ces deux canaux, tandis que l'air froid circule dans l'autre et s'y échauffe avant de se rendre au foyer. L'opération exige cinq heures.

Four anglais. — Une puissante société de crémation, fondée en Angleterre en 1874 par le célèbre chirurgien sir Henry Thompson, a fait construire à Woking (Surrey) un monument crématoire bien compris, dont la figure 180 représente la partie la plus importante, c'est-à-dire le four [1]. Le combustible est introduit sur la grille A par la porte B : le corps est disposé sur la sole C, dont les bords latéraux s'élèvent de quatre pouces. La voûte N est fortement surbaissée. La flamme redescend par E et se rend à la cheminée par FG. Le corps est introduit par la porte D, munie d'une double porte D[1], insensible au feu; on le place pour cela sur un chariot semblable à celui qu'on emploie dans le four Fichet. Au moment de l'introduction, on ferme les registres M et F et on ouvre le registre J ; la flamme se rend momentanément à la cheminée par le tuyau supplémentaire H et par JG.

---

[1] H. Thompson, *The Cremation*, London, 1891.

Four Muller et Fichet. — En 1890, un four crématoire
a été construit au cimetière de l'Est, à Paris, sur les plans
de MM. Muller et Fichet[1]. Il est à chauffage continu, de
manière à fonctionner toute la journée et à être toujours
prêt. Dans l'intervalle entre les crémations particulières, il
sert à brûler les débris provenant des amphithéâtres de
dissection de l'École de médecine ; on introduit alors trois

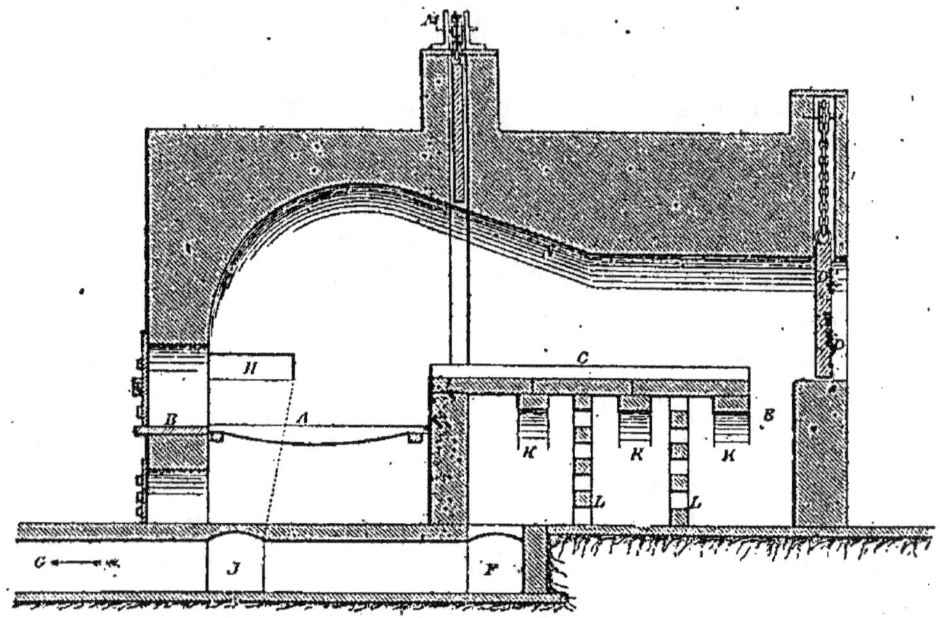

Fig. 180. — Four crématoire de Woking.

corps à la fois, ce qui exige une assez grande capacité. Le
corps est toujours enfermé dans un cercueil.

Pour les crémations particulières, le cercueil est placé
sur une toile d'amiante qui garnit une plaque en tôle à
rebords, de 2 mètres de longueur sur 70 centimètres de
largeur. L'introduction du corps se fait au moyen d'un
lourd chariot en fonte, à quatre roues, portant en avant
deux bras en fer creux, faisant saillie de $2^m,50$ environ,

[1] A. Fichet, *Notice sur l'appareil crématoire construit au cimetière de l'Est, en 1890,* Paris, 1891.

et sur lesquels on dépose la plaque de tôle portant le
cercueil. On pousse le chariot dans le four; les bras
s'abaissent par un mécanisme rapide et pénètrent dans deux
longues rainures pratiquées dans la sole, sur laquelle ils

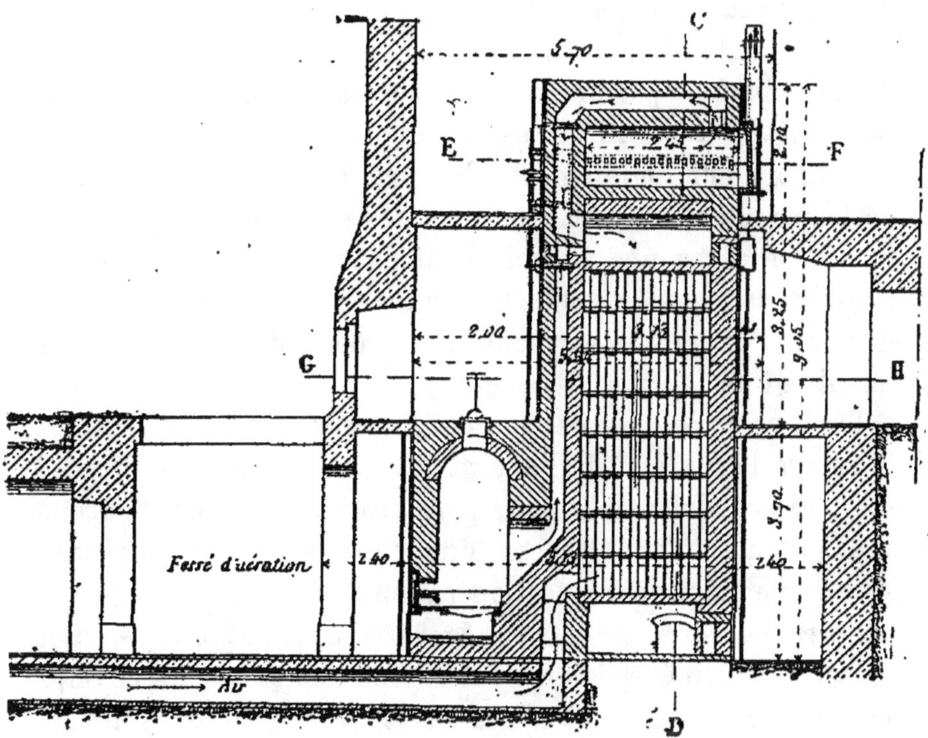

Fig. 181. — Four Muller et Fichet.

abandonnent la plaque de tôle; le chariot est ensuite ramené
en arrière. Cet appareil est dû à MM. O. André et Piat.

La crémation se fait dans une chambre voûtée de 2^m,50
de longueur sur 90 centimètres de largeur et 70 de hauteur
sous clé, qui est fermée en avant par une porte en dalles
réfractaires, équilibrée par des contrepoids qui permettent de
la soulever et de la refermer facilement (fig. 181). Un gazogène fournit l'oxyde de carbone nécessaire au chauffage. L'air
traverse de bas en haut un récupérateur placé au-dessous
du four et dans lequel circulent, en sens inverse, les pro-

duits de la combustion pour se rendre à la cheminée, placée latéralement. Ce récupérateur est formé de poteries rectangulaires placées verticalement et entretoisées de façon à ménager des intervalles pour le passage de l'air. Les gaz chauds circulent dans les poteries.

Le mélange d'air et d'oxyde de carbone pénètre dans la chambre voûtée par une série d'orifices latéraux placés d'un même côté à 10 centimètres au-dessus de la sole. Il traverse la chambre horizontalement; les produits de la combustion s'échappent par des orifices disposés en face des premiers et passent dans une chambre inférieure, où s'ouvrent les conduits du récupérateur. Des orifices d'admission pour l'air et pour l'oxyde de carbone sont ménagés aussi dans la chambre inférieure.

Trois regards, situés au fond, sur le mur, permettent de suivre la marche de l'opération. Le gazogène est disposé avec grille horizontale pour permettre au besoin la marche intermittente. Tous les conduits sont munis de registres pour régler la marche de l'opération.

Four portatif de MM. Kuborn et Jacques. — Cet appareil, destiné spécialement à fonctionner sur les champs de bataille, se compose d'une sorte de wagon dans lequel les corps sont disposés sur une sole inclinée placée au-dessus d'un foyer; les gaz de toute nature dégagés sous l'action de ce foyer viennent passer sur un autre foyer, placé à l'autre extrémité du wagon, où ils achèvent de brûler.

CHAPITRE XXII

PRODUCTION ET APPLICATIONS DU FROID

Objet du refroidissement. — Refroidissement à la température ambiante : eaux de condensation, moût de bière. — Refroidissement
un peu au-dessous de la température ambiante. — Production
des basses température. — Conservation de la glace. — Mélanges réfrigérants — Glacières artificielles. — Machines à
détente. — Machines à compression : à acide sulfureux, à acide
carbonique, à chlorure de méthyle. — Machines à affinité. —
Applications.

Objet du refroidissement. — Le refroidissement a pour
objet d'abaisser la température des corps. Les procédés employés dans ce but sont très nombreux ; on peut les diviser
en deux séries, ceux qui servent à produire seulement un
refroidissement de quelques degrés, et ceux qui sont employés pour obtenir une température beaucoup plus basse.

Refroidissement à la température ambiante. — Lorsqu'on veut ramener un corps chaud à la température
ambiante, il suffit parfois de le laisser exposé à l'air : il
perd sa chaleur par rayonnement et par convection, et revient
plus ou moins vite à la température du milieu environnant.
lorsqu'on veut refroidir une masse assez considérable; ce
procédé primitif doit être un peu modifié : le plus souvent,
on augmente la surface de contact en étendant le corps en
couche mince, ou bien on l'expose à un courant d'air ou
d'eau froide. Ce dernier système est employé dans la distillation.

Refroidissement des eaux de condensation. — Lorsqu'il
est difficile de se procurer assez d'eau pour alimenter le condenseur d'une machine ou d'un appareil à évaporation, on
refroidit l'eau qui sort chaude du condenseur, afin de pou-

voir l'utiliser de nouveau. Pour cela, on expose cette eau à l'air sur une grande surface, par exemple en la faisant couler sur des fagots ou le long de cordes verticales.

Signalons aussi une solution toute différente, qui consiste à supprimer l'eau de condensation, en faisant usage d'un condenseur à air. L'aéro-condenseur de M. Fouché, décrit plus haut (voy. page 210), remplit bien cette condition, soit avec de l'air sec, soit au moyen de l'air humide.

Refroidissement du moût de bière. — Dans la fabrication de la bière, il est nécessaire de refroidir le moût avant sa fermentation. On l'expose parfois à l'air dans de grands bacs, mais ce procédé l'expose trop au contact direct de l'atmosphère et aux altérations produites par les germes qui peuvent y tomber. On se sert le plus souvent d'appareils spéciaux.

Le réfrigérant Tamisier est formé de plaques métalliques disposées de manière à former deux conduits plats superposés. La bière circule dans le conduit supérieur, et l'eau froide dans le canal inférieur, mais en sens inverse, de façon à produire un refroidissement systématique.

Dans le réfrigérant Neubecker, le moût traverse deux séries de tubes parallèles, autour desquels l'eau froide circule en sens inverse.

L'appareil Lawrence est formé de deux surfaces métalliques ondulées, repliées sur elles-mêmes, et entre lesquelles circule l'eau froide ; on augmente ainsi les surfaces de contact, sans accroître la hauteur totale.

Refroidissement un peu au-dessous de la température ambiante. — Ce cas se présente souvent pour l'air de ventilation qu'on doit insuffler dans un local pendant l'été. On peut faire passer cet air dans des galeries souterraines, où la température reste voisine de 12 degrés ; on obtient même ainsi quelquefois, lorsque la ventilation est intermittente, un refroidissement trop énergique et qu'on est obligé de modérer. Un système de ce genre est employé à la nouvelle Sorbonne, à la grande salle des fêtes du Palais du Trocadéro, à la Chambre des Députés.

On peut aussi faire circuler l'air dans des tuyaux entourés d'eau plus froide que l'atmosphère, ou même l'obliger par une pression suffisante à passer à travers de très petits trous pratiqués dans la paroi d'un vase plein d'eau froide, constamment renouvelée. Mais cette dernière disposition absorbe un travail assez considérable.

On peut utiliser aussi l'évaporation de l'eau. On fait passer l'air sur une toile sans fin qui tourne d'un mouvement uniforme en plongeant dans l'eau pendant une partie de sa rotation, ou bien on réduit l'eau en une pluie fine, en la projetant avec force sur un petit disque métallique. L'évaporation de l'eau est encore utilisée dans l'aéro-saturateur de M. Fouché, décrit plus haut; on peut même, dans cet appareil, obtenir un refroidissement plus intense, en faisant d'abord passer l'eau sur de la glace ; on se procure facilement ainsi un très grand volume d'air froid.

L'évaporation des liquides est aussi un des moyens les plus simples pour refroidir de quelques degrés les corps solides et liquides, c'est ce qui a lieu dans les carafes en terre, appelées *alcarazas*, qui servent à rafraîchir les boissons.

Production des basses températures. — Pour obtenir une température notablement inférieure à celle de l'atmosphère, on peut, suivant les cas, se servir de la glace ou de mélanges réfrigérants, ou de machines basées sur différents principes. Les deux premiers procédés servent surtout pour refroidir de petits objets ; dans l'industrie, on se sert plutôt des machines. Celles-ci peuvent être divisées en trois séries : les machines à détente de gaz comprimé, qui utilisent le froid dû à la détente d'un gaz ; les machines à compression, qui produisent le refroidissement par l'évaporation d'un liquide volatil, dont les vapeurs sont ensuite ramenées par la compression à l'état liquide ; enfin les machines à affinité, dans lesquelles on emploie encore l'évaporation d'un liquide, mais où les vapeurs sont enlevées par dissolution.

Conservation de la glace. — L'emploi de la glace est un procédé très simple, quand on n'a pas besoin d'une température inférieure à 0°. Il est souvent utile alors de pouvoir conserver pendant les chaleurs de l'été la glace recueillie l'hiver. On emploie dans ce but des chambres appelées glacières, qui se composent ordinairement d'une cavité légèrement conique, creusée dans le sol, et ayant des parois en maçonnerie épaisses, recouvertes à l'intérieur d'un enduit de ciment. Une grille placée à la partie inférieure laisse échapper l'eau provenant de la fusion lente d'une partie de la glace. Le haut de la glacière est fermé par une voûte en maçonnerie recouverte de terre, ou par un toit en chaume très épais. L'ouverture est tournée vers le nord, et fermée par deux portes formant sas. La glace est complètement entourée et recouverte d'une couche épaisse de paille. Il y a évidemment avantage à augmenter les dimensions des glacières, car le volume croît plus vite que la surface, et le réchauffement est proportionnel seulement à cette surface.

Mélanges réfrigérants. — Lorsque les objets à refroidir n'ont qu'un petit volume, on peut se contenter de les placer dans un mélange réfrigérant. On nomme ainsi des mélanges dans lesquels le froid est produit par la dissolution d'un sel, ou par la fusion d'un corps, ou par les deux causes ensemble ; dans ce dernier cas, le corps qui fond est ordinairement de la glace. Voici la composition en poids des principaux mélanges réfrigérants, avec l'indication des températures qu'ils permettent d'obtenir.

Neige.	1 partie	— 20°
Sel marin.	1 —	
Eau.	1 —	— 16°
Azotate d'ammoniaque.	1 —	

Neige.   .   .   .   .   .   .   2 — } — 51°.
Chlorure de calcium cristallisé et pulv. 3 — }

Neige.   .   .   .   .   .   .   2 — } — 56°
Acide nitrique concentré du commerce. 1 partie }

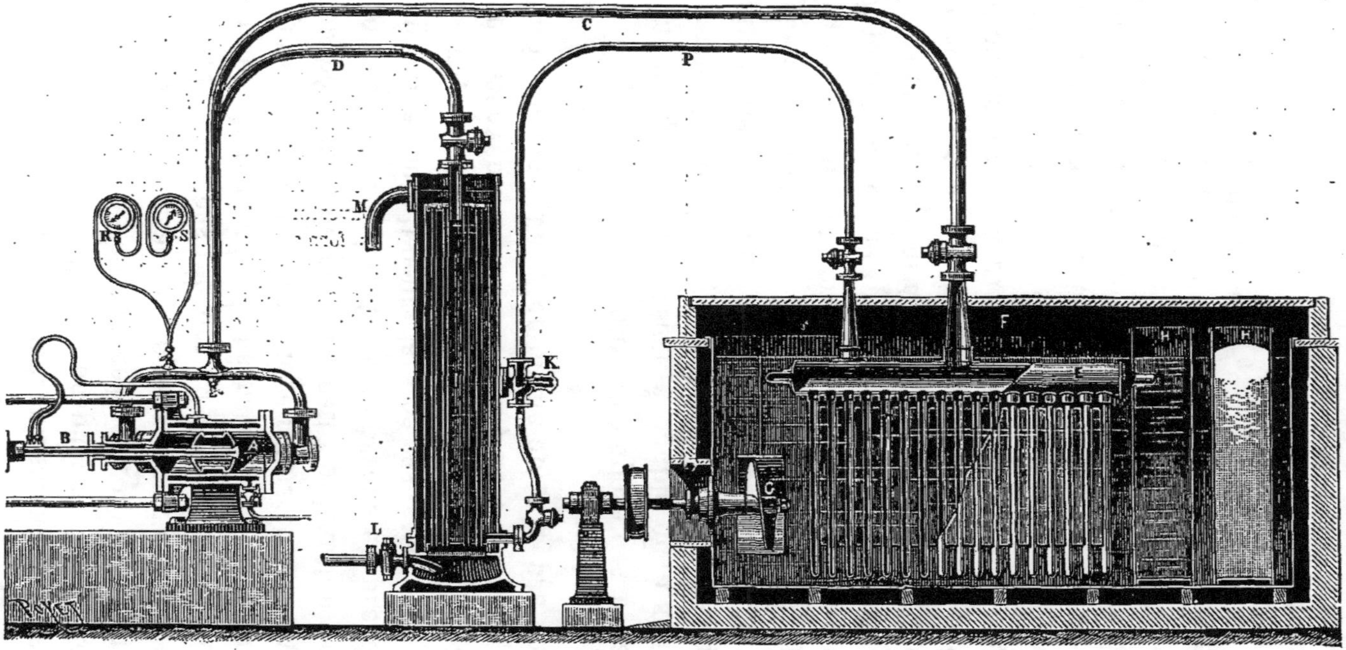

l'on doit alors recourir aux mélanges qui ne contiennent pas de glace ni de neige. C'est ce qui a lieu dans les usages domestiques, lorsqu'on veut congeler l'eau où les boissons.

On se sert alors du mélange de sulfate de soude et d'acide

Fig. 182. — Machine Raoul Pictet à anhydride sulfureux (vue en coupe).

On peut remplacer la neige par la glace pilée, mais le refroidissement est beaucoup moins intense.

Glacières artificielles. — Le mélange de glace et de sel chlorhydrique, ou, si l'on veut éviter la manipulation de l'acide, du mélange d'eau et de nitrate d'ammoniaque. Le mélange est placé dans une glacière artificielle, vase cylindrique entouré d'une substance peu conductrice et muni d'un agitateur. On y plonge le liquide à congeler, enfermé dans un vase en métal mince et à grande surface.

Machines à détente. — Ces machines utilisent le froid produit par la détente d'un gaz ; elles peuvent être alimentées par un gaz quelconque, suffisamment éloigné de son point de liquéfaction ; l'air atmosphérique offre de grands avantages, car il ne coûte rien, se trouve partout en quantité illimitée et n'attaque pas les métaux usuels.

Si l'on n'a pas recours à l'air, on n'emploie qu'une masse limitée de gaz, qu'on fait sans cesse revenir dans la machine, après s'en être servi pour le refroidissement. Avec l'air, il n'est pas nécessaire de prendre cette précaution : on peut laisser perdre le gaz qui sort des appareils et prendre sans cesse du fluide neuf. Il peut, dans ce cas, se produire une perte, si l'air qu'on laisse échapper est encore froid ; on peut atténuer cet inconvénient en le faisant passer dans un récupérateur, où il refroidit l'air comprimé qui n'a pas encore servi au refroidissement

Une machine à détente se compose des organes suivants : une pompe à compression, à double ou à simple effet, mue par un moteur, comprime le gaz à une pression de plusieurs atmosphères. Mais, comme la compression dégage de la chaleur, on refroidit pendant et après cette première opération : pour cela on peut refroidir la pompe ou même y injecter un peu d'eau froide, et enfin on dirige le gaz à travers un réfrigérant à eau ou à air, qui le ramène à peu près à sa température initiale, sans changer son volume, mais en diminuant un peu sa pression. Le gaz passe ensuite dans un détendeur, où il se dilate en agissant sur un piston relié à l'arbre moteur de la machine, ce qui permet de retrouver une partie du travail moteur dépensé pour la compression. Il a alors une température très basse et il se rend au frigorifère, qu'il parcourt dans toute sa longueur, en refroidissant les corps qui l'entourent.

Si l'air froid doit servir à la ventilation, on supprime ce dernier organe, et, au sortir du détendeur, on l'envoie dans les locaux à ventiler. Si la machine est destinée à produire de la glace, on remplace le frigorifère par un congélateur, récipient rempli d'un liquide incongelable et disposé comme on le verra plus loin (appareil Raoul Pictet, fig. 182).

Lorsqu'il y a dans une ville, comme à Paris, une distribution d'air comprimé, on peut employer le fluide ainsi distribué pour produire le froid. Si l'on se sert d'un moteur à air comprimé, par exemple pour actionner une dynamo destinée à l'éclairage électrique, il suffit de faire fonctionner ce moteur à froid, c'est-à-dire sans chauffage préalable, et le fluide qui s'en échappe est assez refroidi pour être employé à la ventilation, à la fabrication de la glace, à la conservation des matières alimentaires. Il suffit d'adapter à la sortie de la machine un tuyau en bois pour le recueillir. Dans ces conditions, l'air froid coûte beaucoup moins cher que lorsqu'il est produit par une machine frigorifique spéciale.

Machines à compression. — Ces machines utilisent le froid produit par l'évaporation d'un liquide très volatil, dont les vapeurs sont ensuite condensées dans un réfrigérant; elles n'emploient jamais qu'une masse limitée de liquide, qui accomplit dans l'appareil un cycle fermé. Elles ne diffèrent des machines précédentes que par la suppression du cylindre de détente, qui est remplacé par un robinet destiné à régler le passage du liquide du réfrigérant au frigorifère.

Les machines à éther sont les plus anciennes; elles sont à peu près abandonnées. D'autres appareils, tels que celui de Fixary, utilisent le gaz ammoniac liquéfié. Ce corps est facile à préparer et n'exige pour se liquéfier qu'une pression moyenne; mais on est obligé d'éviter la présence du cuivre, qu'il attaque en présence de l'air, et il est difficile de chasser complètement ce gaz de l'appareil.

Machines à acide sulfureux. — L'anhydride sulfureux est facile à liquéfier, son point d'ébullition normal étant à

— 8 degrés. Il a l'avantage d'être lubrifiant, ce qui dispense de graisser le piston de la pompe de compression. Mais il n'a qu'une chaleur latente assez faible, 97 calories. Il a aussi l'inconvénient de produire de l'acide sulfurique, s'il y a un peu d'eau dans l'appareil. Son odeur forte et désagréable avertit des fuites, mais les rend fort désagréables.

L'anhydride sulfureux est employé dans l'appareil Raoul Pictet. Il est préparé par l'action du soufre sur l'acide sulfureux vers 400 degrés. La pompe A, aspirante et foulante, à double effet, est actionnée par un moteur, non représenté (fig. 182). Pour éviter l'échauffement produit par la compression, on fait passer un courant d'eau froide, non seulement dans une double enveloppe, qui entoure le corps de pompe, mais aussi dans le piston B et sa tige, qui sont creux. Cette pompe aspire par C les vapeurs provenant du réfrigérant E et les refoule par D dans le condenseur vertical I ; de là, l'anhydride liquide retourne par le tuyau P, muni d'un robinet de réglage K, au frigorifère E.

Ce frigorifère est formé de deux collecteurs horizontaux de $0^m,15$ de diamètre et de longueur variable, réunis par une série de tubes en U de $0^m,04$. En marche normale, il est rempli d'acide liquide jusqu'aux deux tiers de la hauteur des cylindres horizontaux. Il est placé dans une cuve F, remplie d'un liquide incongelable (solution concentrée de chlorure de magnésium), que brasse constamment l'hélice G, à axe horizontal. Dans ce bain plongent les moules ou mouleaux H, en métal mince, qui renferment l'eau à congeler.

Le condenseur I est formé de deux cylindres concentriques ; le cylindre central est traversé par un faisceau de tubes parallèles. L'anhydride circule dans ce cylindre de haut en bas ; un courant d'eau, qui entre par L et sort par M, traverse en sens contraire les tubes et l'enveloppe extérieure.

Deux manomètres R et S servent à contrôler le fonctionnement de la pompe pour l'aspiration et le refoulement.

D'après M. Pictet, la glace revient à un centime par kilogramme.

Machines à acide carbonique. — L'acide carbonique est le plus énergique des réfrigérants employés. Son point d'ébullition normal est à — 32 degrés ; à 0°, il faut déjà une pression de 40 atmosphères pour le liquéfier. Il faut donc employer des appareils très résistants et refroidir énergiquement le condenseur. Avec ces fortes pressions, il est difficile d'obtenir des joints étanches, et aucune odeur n'avertit des fuites.

L'appareil Windhausen présente les mêmes organes que les machines précédentes. Le corps de pompe, renfermant un piston plein, communique à la base avec un cylindre rempli de glycérine. Le mouvement du piston fait varier le niveau de ce liquide, ce qui produit l'aspiration et le refoulement de l'acide carbonique. Le condenseur et le frigorifère sont en forme de serpentins. Des agitateurs à ailettes brassent sans cesse les liquides dans ces deux appareils. Des dispositions particulières évitent les pertes de glycérine.

Machines à chlorure de méthyle. — Le chlorure de méthyle bout à — 23 degrés et se liquéfie à 0° sous une pression de 25 atmosphères environ. Il n'a pas les propriétés toxiques de l'acide sulfureux, mais, comme il est inflammable, il exige des joints parfaitement étanches. Son emploi est devenu beaucoup plus pratique depuis que M. Vincent l'a préparé économiquement. On peut se servir d'appareils peu volumineux.

Le chlorure de méthyle peut être facilement conservé liquide dans des cylindres métalliques P, munis d'un robinet à vis b. Pour refroidir des corps de petit volume, on peut se servir du frigorifère Vincent (fig. 183), qui se compose d'un vase clos A, dont la double enveloppe E est remplie de matières peu conductrices. Dans la cavité intérieure M, on verse de l'alcool, pour former un bain incongelable. Quand on veut charger le frégorifère A de chlorure de méthyle, on réunit les ajutages des robinets *b* et B par un caoutchouc, qu'on maintient au moyen d'une ligature en fil de laiton ; on desserre la vis S, pour laisser échapper l'air, on ouvre le robinet B, puis on soulève le cylindre P au-dessus du frigorifère ; enfin on ouvre *b* et l'appareil se remplit en moins d'une minute. On referme alors les robinets.

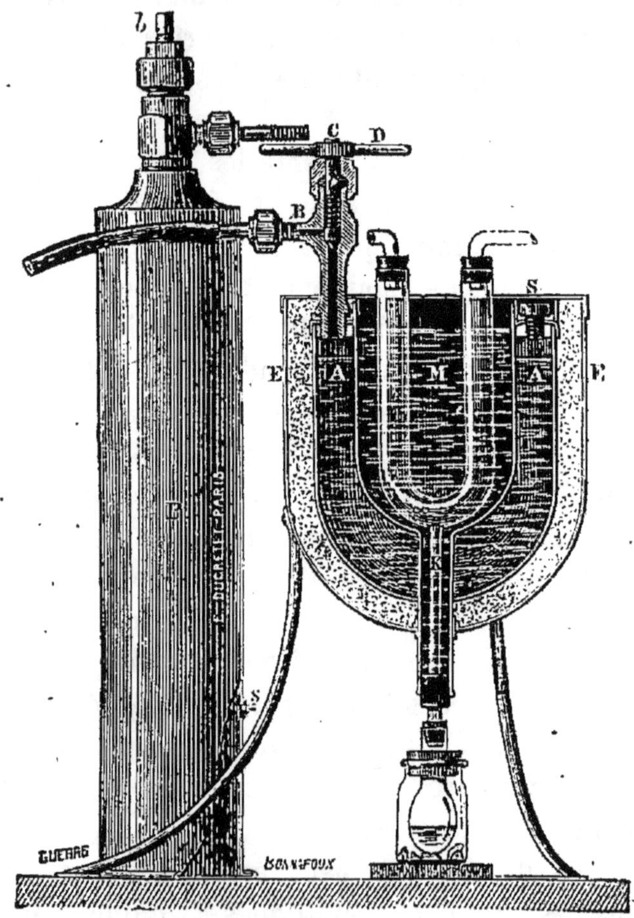

Fig. 183. — Frigorifère Vincent.

.Pour se servir du frigorifère, il suffit d'ouvrir plus ou moins largement le robinet B. Le chlorure de méthyle entre en ébullition et abaisse la température à — 23 degrés ; en reliant B avec une machine pneumatique, on peut refroidir à

— 45 ou — 50 degrés et solidifier le mercure. S'il
reste du liquide dans l'enveloppe A à la fin de l'expérience,
il n'y a qu'à refermer B et l'appareil est tout préparé pour
servir une autre fois.

M. Vincent a imaginé aussi une machine industrielle, qui
est formée, comme les appareils décrits plus haut, d'une

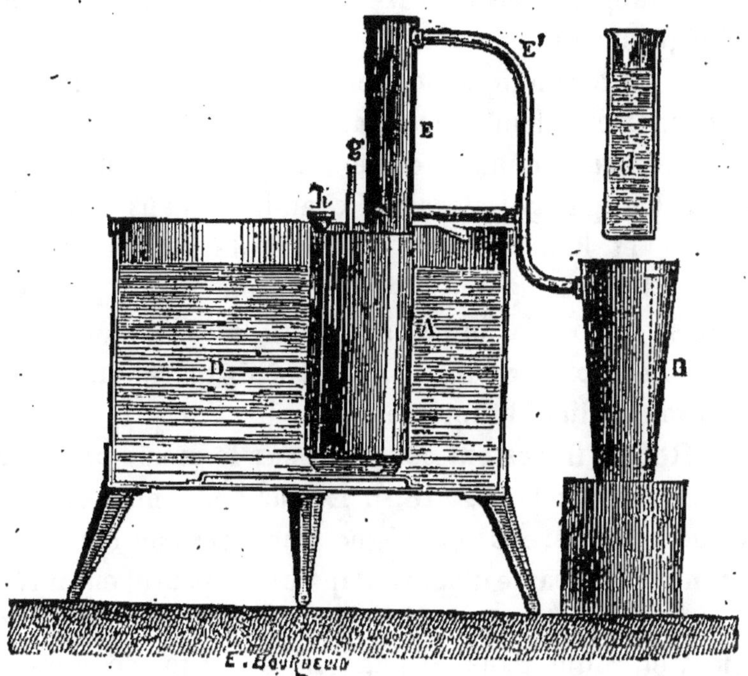

Fig. 184. — Congélateur F. Carré.

pompe, d'un condenseur, d'un robinet de réglage et d'un
frigorifère. La pompe se compose de deux cylindres verticaux conjugués, contenant chacun un piston à simple effet,
et plongés dans une boîte où circule un courant d'eau froide,
Une couche de glycérine, placée au fond des cylindres,
s'oppose aux fuites de gaz. Le condenseur est formé de deux
serpentins concentriques, réunis en surface et communiquant avec un réservoir central, qui reçoit le liquide sous
pression. Le frigorifère est également constitué par un double
serpentin.

Machines à affinité. — Dans ces machines, les vapeurs émises par le liquide volatil sont absorbées par dissolution.

L'appareil de M. F. Carré peut donner une masse cylindrique de glace. Une solution très concentrée de gaz ammoniac est renfermée dans une chaudière très résistante A, qui communique avec un vase B, formant à l'intérieur une cavité légèrement conique.

Le tout est hermétiquement clos. Le vase B plongeant dans l'eau froide, on chauffe la chaudière A. Le gaz se dégage sous l'action de le chaleur et se liquéfie en B par sa propre pression. On plonge alors la chaudière dans l'eau froide (fig. 184), et l'on place à l'intérieur de B le liquide D à congeler. Le gaz liquéfié s'évapore rapidement, puisque ses vapeurs se dissolvent immédiatement dans l'eau de la chaudière A. Le froid produit par cette évaporation amène la congélation du liquide intérieur.

MM. Rouart frères ont construit sur le même principe des appareils industriels (fig. 185). Le gaz ammoniac est produit dans une chaudière C, où règne une pression d'environ 10 kilogrammes ; il passe d'abord dans un serpentin entouré d'un courant d'eau froide R, s'y liquéfie, à cause de la forte pression, et coule dans le frigorifère F, formé aussi d'un serpentin placé dans un bain incongelable. L'autre extrémité de ce serpentin communique avec un vase plein d'eau A, qui absorbe les vapeurs ammoniacales ; de là résulte une aspiration qui détermine l'évaporation, et par suite le refroidissement dans le congélateur. La dissolution ainsi produite est puisée par une pompe P qui l'envoie au haut de la chaudière. Dans la moitié supérieure de cette chaudière, qui est verticale, la solution coule sur des plateaux analogues à ceux des appareils distillatoires ; elle devient de plus en plus chaude et perd son gaz, qui se dégage par une tubulure placée vers le haut ; arrivée à la partie inférieure, elle retourne au vase A, où elle doit se recharger de vapeurs ammoniacales, après avoir traversé un échangeur de température E, où elle se refroidit.

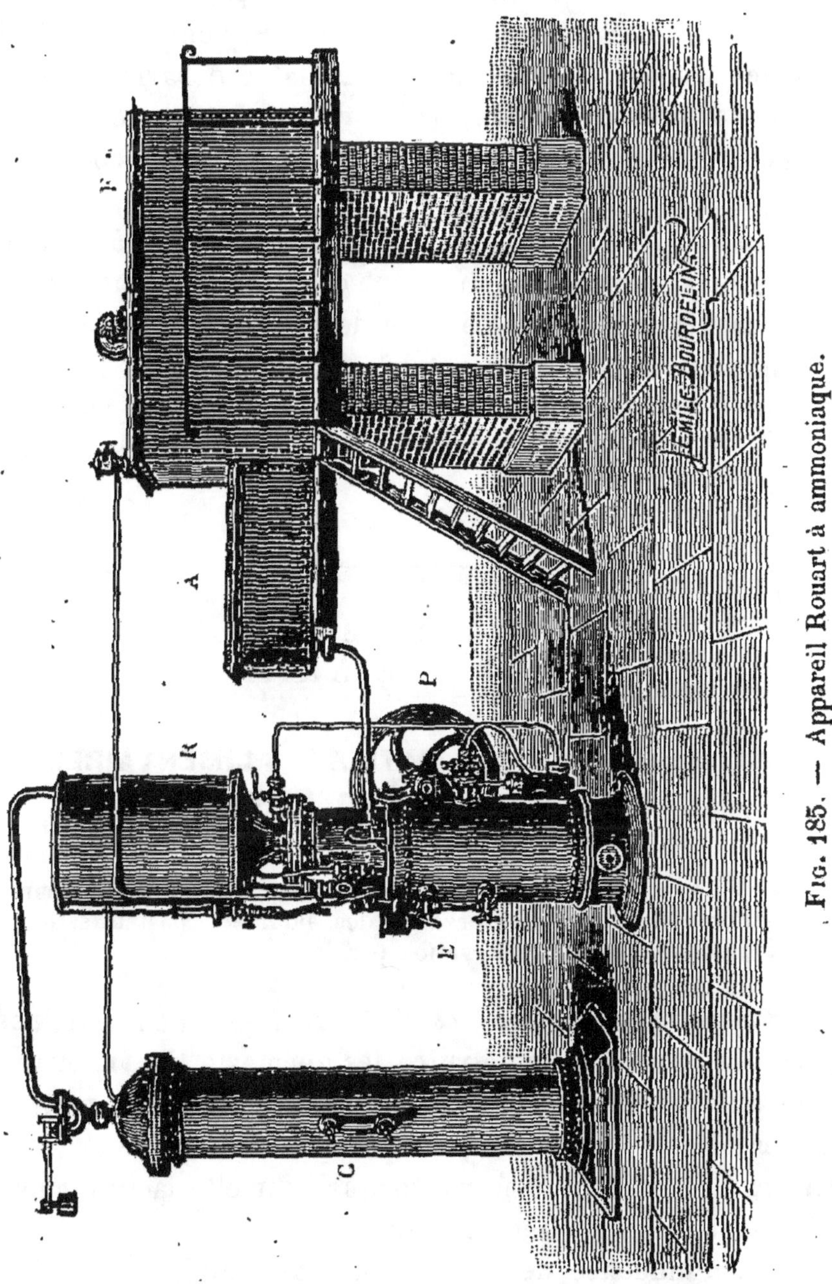

Fig. 185. — Appareil Rouart à ammoniaque.

La chaleur qu'elle perd dans cet appareil est cédée à la dissolution, qui regagne la chaudière et commence à l'échauffer.

Applications des machines frigorifiques. — Pour la fabrication de la glace, on plonge les moules dans un bain incongelable, comme nous l'avons indiqué plus haut. La glace ainsi produite est généralement opaque. Si l'on veut avoir de la glace transparente, il faut au préalable débarrasser l'eau à congeler de l'air dissous, par distillation ou par ébullition. On peut encore se servir dans ce but des eaux de condensation des machines à vapeur.

Les machines frigorifiques peuvent encore servir à refroidir l'air. Nous avons décrit plus haut des procédés plus simples destinés à refroidir en été l'air de ventilation; mais, dans certains cas, il est utile d'obtenir de l'air plus froid et on a recours à ces machines. C'est ce qui a lieu dans les chambres froides destinées à la conservation des matières alimentaires.

———

CHAPITRE XXIII

CONSERVATION DES MATIÈRES ALIMENTAIRES
PAR LA CHALEUR ET LE FROID

Action de la chaleur et du froid. — Conservation par la chaleur: matières solides. — Conservation des liquides; pasteurisation: vin, lait, bière. — Conservation par le froid.

Action de la chaleur et du froid. — La chaleur, possédant la propriété de détruire les germes et les microbes, joue un rôle important dans la conservation des matières alimentaires. Cette conservation est d'une très grande importance, surtout à notre époque, car elle facilite singulièrement l'alimentation publique.

Sous l'influence de l'air et de l'humidité, ces matières subissent assez rapidement une fermentation spontanée, qui les décompose et les rend impropres à la consommation. Pour leur conserver leurs propriétés pendant un temps plus ou moins long, il faut détruire les germes apportés par l'air ou empêcher leur développement. L'action des antiseptiques et celle de la chaleur constituent les deux procédés les plus employés pour la destruction des germes [1].

Le froid permet aussi de conserver les matières alimentaires, en empêchant le développement des germes qu'elles renferment.

Conservation par la chaleur : matières solides. — La cuisson assure à elle seule une conservation de quelques jours, surtout si l'on a soin de porter, toutes les vingt-quatre heures, ces substances à une température suffisante ; mais, si l'on veut obtenir une conservation beaucoup plus prolongée, il est indispensable, après la cuisson, de soustraire les aliments au contact de l'air, qui déposerait bientôt à leur surface de nouveaux germes. On peut obtenir ce résultat en entourant les substances d'un enrobage convenable, qui peut agir en même temps comme antiseptique, ou servir seulement à empêcher le contact de l'air. Dans le premier cas se place l'emploi de l'alcool, du sucre, de l'oxygène comprimé, etc. le second comprend la pratique agricole de conserver les graines et les racines dans des fosses profondes appelées *silos*, qu'on recouvre ensuite de terre.

Le procédé qui donne les meilleurs résultats et qui assure la conservation la plus prolongée est celui qui a été imaginé par Appert en 1804, et qui, perfectionné successivement par Collin, Fastier, Martin de Lignac, Chevalier-Appert, a pris, depuis le milieu du siècle, un développement considérable. Les aliments sont introduits dans des boîtes de fer blanc, soit crus, soit après avoir subi une cuisson complète par les procédés ordinaires. On ferme ces boîtes hermétiquement,

---

[1] Voy. J. de Brevans, *Le pain et la viande*. Paris, 1892, art. Conservation par les antiseptiques, p. 321.

lorsqu'elles sont complètement remplies, et on les porte dans un bain-marie à fermeture autoclave, qui permet de les chauffer à 108 degrés, pendant un temps suffisant pour détruire les germes. On retire alors ces conserves du bain-marie ; la préparation est terminée.

Dans les applications domestiques, les boîtes de fer blanc peuvent être remplacées par de simples bouteilles, dont les bouchons sont, pendant le chauffage, maintenus par un fil de fer, puis cachetés, pour rendre la fermeture hermétique.

Conservation des liquides; pasteurisation. — Le chauffage peut aussi exercer une action utile pour la conservation des liquides, notamment pour le vin et le lait. M. Pasteur a montré en 1864 que les nombreuses altérations spontanées auxquelles le vin est exposé sont dues à la présence, dans ce liquide, de divers ferments, dont le développement ultérieur fait naître les différentes maladies. Le muttage et le collage servent depuis longtemps à débarrasser le liquide de ces germes ou à s'opposer à leur développement M. Pasteur a montré qu'on arrive plus sûrement à ce résultat en portant le vin pendant quelques instants à une température de 55 à 65 degrés. Il ne faut pas dépasser sensiblement cette température, ni même la maintenir trop longtemps, car le vin perdrait son goût naturel. Il faut aussi avoir soin d'opérer à l'abri de l'air, pour éviter une oxydation qui donnerait au liquide une saveur de vin cuit et lui enlèverait une partie de son bouquet. Le refroidissement doit aussi avoir lieu à l'abri de l'air, afin d'éviter l'introduction de nouveaux germes.

Le chauffage peut se faire sur le vin déjà mis en bouteilles (fig. 186). On remplit les bouteilles jusqu'à 2 centimètres environ du bouchon, on les ferme, et l'on maintient les bouchons par des ficelles ; puis on les place debout dans un bain-marie où elles plongent jusqu'à la cordeline. On ajoute une bouteille remplie d'eau et contenant un thermomètre. On chauffe jusqu'à ce que cet instrument marque 60 degrés, puis on retire les bouteilles. Il se fait généralement un suintement entre le bouchon et le verre. Après le refroidissement, on frappe sur les bouchons pour les enfoncer, et l'on coupe les ficelles. On place les bouteilles à la cave, où on les laisse quelques jours debout, puis on les couche comme d'habitude.

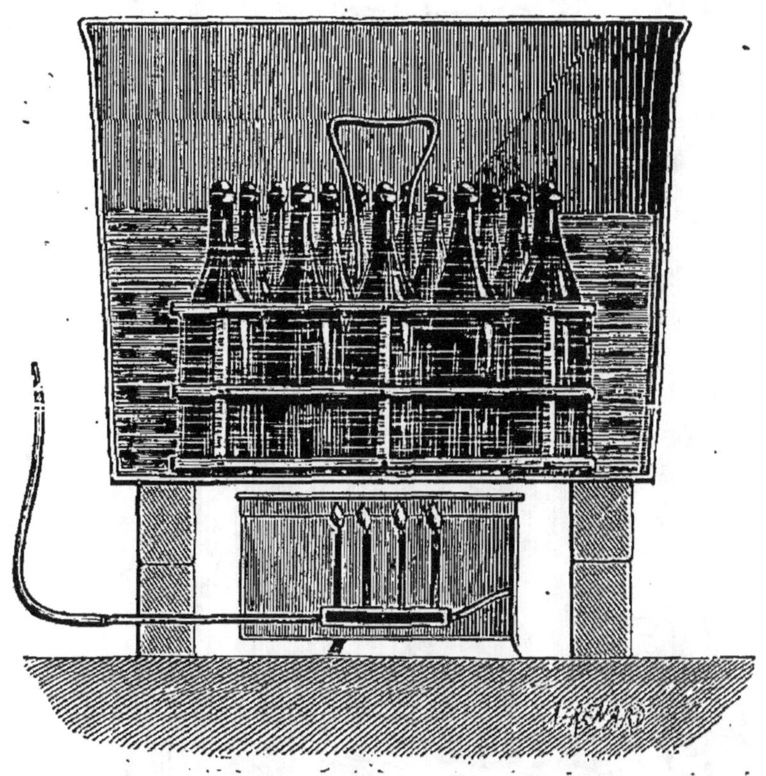

Fig. 186. — Chauffage du vin en bouteilles.

Un grand nombre d'appareils sont employés dans l'industrie pour le chauffage des vins en grand [1]. L'un des meilleurs est l'appareil Houdart, qui permet de conduire l'opération d'une façon très rationnelle.

Cet appareil (fig. 187) se compose d'une chaudière D, surmontée d'un chauffe-vin C et d'un réfrigérant B. Le vin

[1] Voy. V. Cambon, *Le Vin et la vinification*, Paris, 1892.

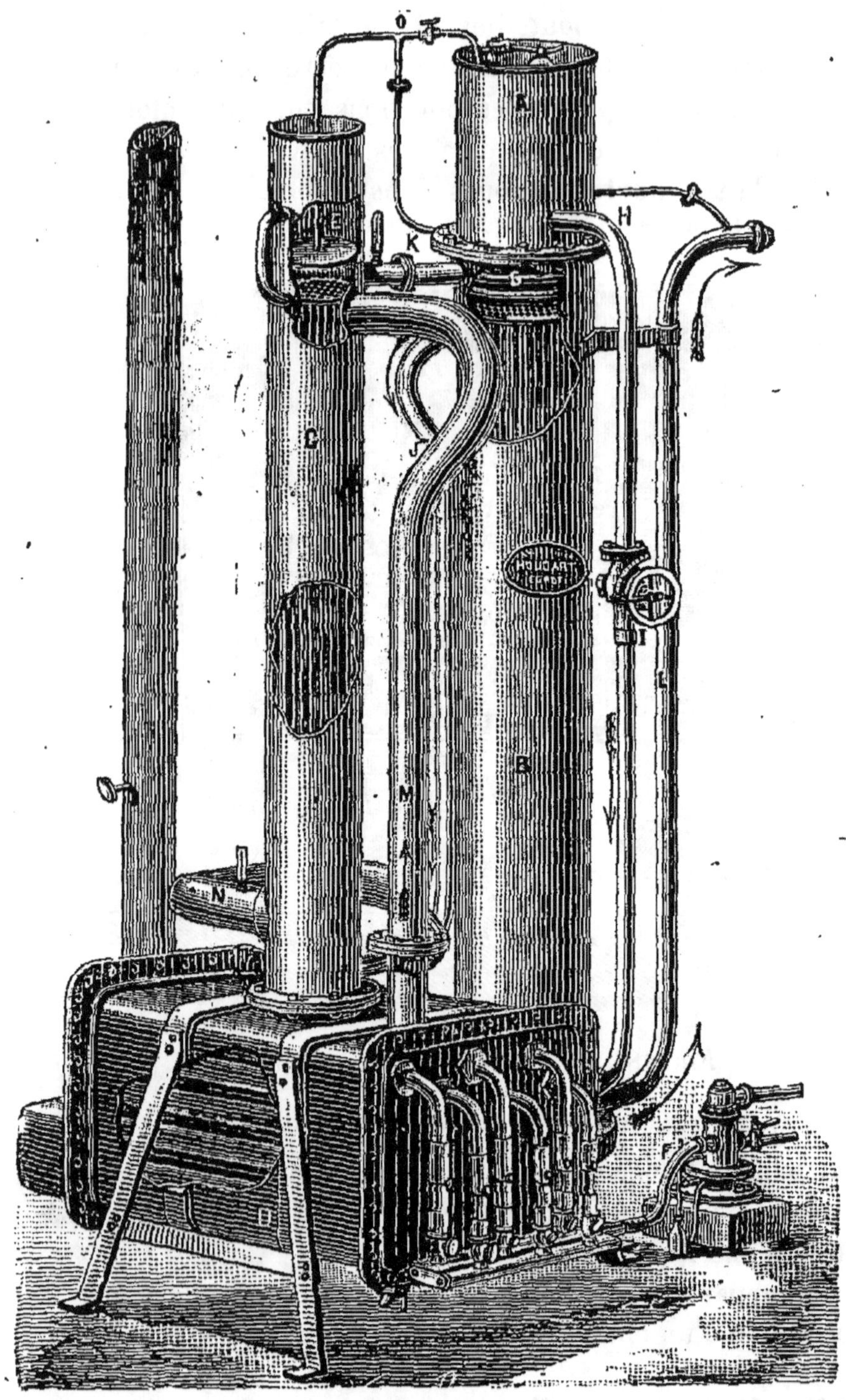

Fig. 187. — Appareil Houdart.

subit une double circulation. Au sortir des fûts, qui se trouvent ordinairement placés au-dessus de l'appareil, il arrive
au récipient A, où un robinet à flotteur maintient le niveau
constant; de ce récipient, qui est fermé à la partie inférieure,
il coule par HI au bas du réfrigérant B. Là, il circule autour
des tubes étroits où passe le vin à refroidir et s'échauffe déjà
à leur contact. Arrivé au haut du réfrigérant, il sort par le
tuyau J et se rend au bas du chauffe-vin C, où il pénètre
dans des tubes étroits, entourés d'eau chaude, et atteint
rapidement la température de 60 degrés; de la partie supérieure de cet appareil, il est conduit par le tuyau K au
réfrigérant qu'il traverse de haut en bas, dans les tubes
étroits entourés par le courant de vin froid; il lui cède une
grande partie de sa chaleur, se refroidit jusqu'à 20 degrés
et sort enfin par le tuyau L.

Le chauffage est obtenu par une circulation d'eau chaude.
Cette eau est placée dans la chaudière D, munie de becs
Bunsen qu'on voit en avant: la flamme de ces becs traverse
des tubes horizontaux, placés dans la chaudière D et entourés
d'eau, et qui aboutissent à la cheminée, située à gauche.
L'eau ainsi échauffée monté par M, traverse la colonne C
de haut en bas, en passant autour des tubes étroits, et
revient à la chaudière par le tube N, contenant un thermomètre qui doit marquer un peu plus de 60 degrés. Un
second thermomètre, placé dans le tube K, doit indiquer une
température du vin aussi voisine que possible de 60 degrés;
on règle la vitesse d'écoulement en conséquence. L'appareil,
une fois réglé, peut marcher très longtemps sans la moindre
irrégularité, car il est muni d'un régulateur de température,
dont une partie se trouve en F, sur le tuyau d'arrivée du
gaz, et l'autre G au haut du réfrigérant. On voit en E, au
haut de la colonne C, une sorte d'entonnoir, muni d'un tube
étroit O, destiné à recueillir les gaz qui peuvent se dégager
pendant le chauffage et à les conduire, soit à la sortie du
tuyau L, soit au réservoir A, de sorte qu'aucun des éléments

du vin ne se trouve perdu. Ces appareils peuvent traiter, suivant la grandeur, de 500 à 3000 litres par heure.

Dans ces conditions, le chauffage donne d'excellents résultats. Le vin n'est pas altéré, et le changement de goût est insensible ou à peine sensible. Le vin qui a été chauffé vieillit plus vite, et son bouquet se développe davantage, de sorte qu'après un petit nombre d'années il devient supérieur au vin qui n'a pas été chauffé ; il perd la verdeur et l'âpreté qu'il pouvait avoir ; il devient inaltérable et incapable de

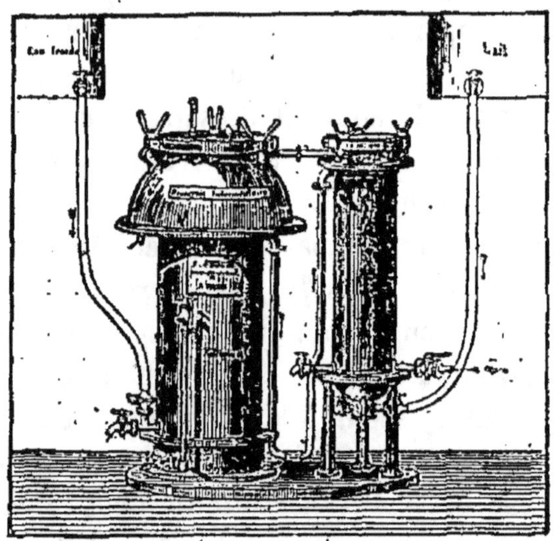

Fig. 188. — Pasteurisateur multitubulaire pour le lait (Fouché).

contracter aucune maladie. Enfin le chauffage peut même souvent arrêter une maladie déjà développée et corriger une partie des défauts déjà acquis ; dans ce cas, la température doit être portée à 70 degrés.

La figure 188 représente un appareil multitubulaire destiné au chauffage du lait, qui se compose d'un chauffe-lait et d'un réfrigérant, tous deux multitubulaires, et d'un récipient intermédiaire. Le lait, placé dans un réservoir au-dessus de l'appareil, descend par un tuyau au bas du chauffe-lait tubulaire qu'il traverse de bas en haut ; il en sort à la partie supérieure et passe par un tube court dans le réser-voir intermédiaire qui est placé au-dessus du réfrigérant. Là, il conserve sa température pendant un temps suffisant pour opérer la destruction des germes nuisibles, et l'on n'a pas à craindre l'altération que produirait une température trop élevée.

De plus, le lait se maintient chaud sans être en contact avec une paroi chaude ; cette disposition évite le *gratinage*, sans qu'il soit nécessaire d'agiter le liquide.

- A mesure qu'il se refroidit, le lait tombe au fond du réservoir intermédiaire, où il s'engage dans le réfrigérant, qu'il parcourt de haut en bas. Le chauffage est produit par un courant de vapeur qui circule dans le chauffe-lait.

Cet appareil, qui est simple et économique, donne d'excellents résultats. Le lait se conserve par tous les temps et son goût ne diffère pas de celui du lait qui n'a pas été chauffé ; enfin la montée de la crème ne se trouve nullement modifiée.

Le chauffage de la bière présente aussi des difficultés spéciales : si l'on veut éviter qu'elle acquière un goût particulier et désagréable, il faut la chauffer rapidement et la ramener aussitôt à la température ambiante. Dans le procédé W. Kuhn, on la fait arriver, au moyen de l'air comprimé, dans un cylindre entouré d'une double enveloppe et contenant un serpentin allongé. On fait passer dans l'enveloppe et dans le serpentin, d'abord un courant d'eau chaude qui la porte à la température nécessaire pour la stérilisation ; puis un courant d'eau froide qui commence à la refroidir, et enfin un courant de liquide incongelable, refroidi par une machine Pictet à acide sulfureux. La bière est ramenée très vite à une température d'environ 10 degrés.

Conservation par le froid. — Les aliments peuvent aussi se conserver longtemps si on les maintient à une température voisine de 0°, le froid empêchant le développement des germes qu'ils peuvent contenir. Dans les applications domestiques, on peut se servir de caisses entourées de glace ; dans l'industrie, on emploie les machines frigorifiques. On peut insuffler dans les chambres de l'air qu'on fait passer à travers une couche de liquide incongelable, refroidi par une machine. Mais il est plus simple, et c'est ce qu'on fait le plus souvent, d'employer des tuyaux lisses ou à ailettes, dans lesquels circule le liquide incongelable. Ces tuyaux se placent près du plafond du local ; l'air se refroidit à leur contact, devient plus dense et tombe sur le sol, tandis qu'une nouvelle couche gazeuse arrive au contact des tuyaux froids. Toutes les machines frigorifiques peuvent servir à cette application.

On peut même obtenir un froid suffisant par la détente de l'air comprimé. C'est ce qui a lieu à la Bourse de Commerce de Paris, où l'on se sert de l'air comprimé distribué par la Compagnie Popp. Cet établissement possède une machine de 50 chevaux, dont l'échappement d'air est employé au refroidissement de dix grandes chambres réfrigérantes, louées à des abonnés pour la conservation des denrées alimentaires de toutes sortes et de viandes importées des pays d'outre-mer. On peut voir dans ces chambres des matières alimentaires de toute espèce, gibier, viande de bœuf, de veau, de mouton, poissons, fromages, beurre, etc. Ces locaux devront être doublés prochainement, leur nombre étant déjà insuffisant. L'air froid est distribué dans ces chambres par de gros tuyaux.

Les machines frigorifiques peuvent encore servir à maintenir froides les caves des brasseries. Les tuyaux dans lesquels circule le liquide incongelable sont encore disposés à la partie supérieure des voûtes : ils peuvent être remplacés par des bacs, dont la partie supérieure est découverte, et dans lesquels le liquide est à — 5 ou — 6 degrés.

FIN

TABLE DES MATIÈRES

INTRODUCTION   1

   I. PRINCIPES GÉNÉRAUX DE LA VENTILATION   5

  II. VENTILATION NATURELLE 11

 III. VENTILATION PAR-CHEMINÉE CHAUFFÉE. 26

 IV. VENTILATION MÉCANIQUE 35

  V. PRINCIPES GÉNÉRAUX DU CHAUFFAGE 55

 VI. CHAUFFAGE PAR LES CHEMINÉES 64

 VII. CHAUFFAGE PAR LES POÊLES 95

VIII. POÊLES ET CHEMINÉES MOBILES 127

 IX. CHAUFFAGE PAR L'AIR CHAUD. 142

  X. CHAUFFAGE PAR L'EAU CHAUDE 165

 XI. CHAUFFAGE INDIRECT PAR L'EAU CHAUDE 186

 XII. CHAUFFAGE PAR LA VAPEUR 191

XIII. CHAUFFAGE INDIRECT PAR LA VAPEUR ET CHAUFFAGE

    MIXTE 210

XIV. EXEMPLES D'INSTALLATION DE VENTILATION ET DE

    CHAUFFAGE. 216

 XV. CHAUFFAGE DES CUISINES 237

XVI. APPAREILS DE CHAUFFAGE POUR L'ÉCONOMIE DOMES-

    TIQUE ET L'INDUSTRIE 251

XVII. DISTILLATION 265

XVIII. ÉVAPORATION 279

XIX. SÉCHAGE 289

 XX. STÉRILISATION ET DÉSINFECTION 302

XXI. CRÉMATION 324

XXII. PRODUCTION ET APPLICATIONS DU FROID 332

XXIII. CONSERVATION DES MATIÈRES ALIMENTAIRES PAR LA

    CHALEUR ET LE FROID 346

FIN DE LA TABLE DES MATIÈRES

Lyon — Imp. Pitrat Ainé, A. Rey Successeur, 4, rue Gentil — 4656.

DICTIONNAIRE D'ÉLECTRICITÉ

ET DE MAGNÉTISME

COMPRENANT

LES APPLICATIONS AUX SCIENCES, AUX ARTS ET A L'INDUSTRIE

Par Julien LEFÈVRE
Agrégé des sciences physiques

Avec la collaboration de professeurs, d'ingénieurs et d'électriciens

Introduction par M. BOUTY
Professeur à la Faculté des sciences de Paris

Un volume grand in-8 à deux colonnes, 1022 pages avec 1125 fig. 25 fr.

Le *Dictionnaire d'Électricité et de Magnétisme* est une véritable encyclopédie électrique, où le lecteur trouvera un exposé complet des principes admis aujourd'hui, ainsi que la description des applications si nombreuses à l'industrie, aux sciences, aux arts, aux chemins de fer, etc.

Ce livre écrit immédiatement après l'Exposition universelle de 1889, composé et imprimé tout entier en moins de dix-huit mois, est le seul ouvrage de ce genre qui soit au courant des découvertes les plus nouvelles et qui fasse connaître les appareils qui se sont produits récemment, tant en France qu'à l'étranger.

Toute la partie technique est traitée avec un soin scrupuleux et un grand luxe d'informations; j'y ai appris pour ma part bien des particularités que j'ignorais; beaucoup de lecteurs, j'espère, feront volontiers le même aveu, et ce n'est pas un petit éloge pour un livre dont l'objet essentiel est d'être un recueil de renseignements.

Dans l'ordre des applications il ne suffit pas d'un style net, sobre et précis; il faut savoir parler aux yeux. Un schéma bien choisi, une bonne figure d'ensemble ne sont pas de purs ornements, une simple *illustration* du texte, ils permettent de le rendre très concis sans obscurité et pourraient parfois y suppléer presque entièrement. Celui qui feuillettera d'un œil distrait le *Dictionnaire* sera promptement arrêté par quelque belle gravure qui éveillera sa curiosité et forcera son attention : ce sera pour lui comme une promenade dans une exposition avec un guide à la fois très discret et universellement compétent.

La multiplicité des gravures, leur choix, leur parfaite exécution contribueront pour une bonne part au succès de cet ouvrage, tant auprès du grand public que chez les hommes spéciaux auxquels il sera plus particulièrement indispensable.

E. BOUTY.
Professeur à la Faculté des sciences de Paris

ENVOI FRANCO CONTRE UN MANDAT POSTAL